Altium Designer 21
实战从入门到精通

布克科技 赵景波 赵燕成 向华◎编著

人民邮电出版社
北京

图书在版编目（CIP）数据

Altium Designer 21实战从入门到精通 / 布克科技等编著. -- 北京 : 人民邮电出版社, 2024.6
ISBN 978-7-115-64248-6

Ⅰ. ①A… Ⅱ. ①布… Ⅲ. ①印刷电路－计算机辅助设计－应用软件 Ⅳ. ①TN410.2

中国国家版本馆CIP数据核字(2024)第084678号

内 容 提 要

本书以典型的应用实例为主线，介绍 Altium Designer 21 的特点和功能，并详细介绍利用该软件完成原理图设计和 PCB 设计的方法及流程。本书的主要内容包括初识 Altium Designer 21，工程的组成、创建及管理，原理图库与元件库，原理图设计，PCB 设计，PCB 的 DRC 与文件输出，2 层 Leonardo 主板的 PCB 设计，4 层智能车主板的 PCB 设计等。

本书结构合理、层次清楚、内容翔实，适合作为高等院校电子信息工程、通信工程、自动化、电气控制类专业相关课程的教材及电子产品设计工程技术人员的参考书。

◆ 编　　著　布克科技　赵景波　赵燕成　向　华
责任编辑　李永涛
责任印制　胡　南

◆ 人民邮电出版社出版发行　　北京市丰台区成寿寺路 11 号
邮编　100164　　电子邮件　315@ptpress.com.cn
网址　https://www.ptpress.com.cn
北京天宇星印刷厂印刷

◆ 开本：787×1092　1/16
印张：15.75　　2024 年 6 月第 1 版
字数：403 千字　　2024 年 6 月北京第 1 次印刷

定价：79.90 元

读者服务热线：(010)81055410　印装质量热线：(010)81055316
反盗版热线：(010)81055315
广告经营许可证：京东市监广登字 20170147 号

前　言

随着电子工业和微电子设计技术与工艺的飞速发展，电子信息类产品的开发明显地出现了两个特点：一是开发产品的复杂程度加深，设计者往往要将更多的功能、更高的性能和更丰富的技术集成于所开发的电子系统之中；二是开发产品的周期缩短，减少延误以及尽早推出产品变得十分重要。

Altium Designer 21 是一款一体化的电子产品开发系统，主要运行在 Windows 操作系统上。该软件将原理图设计、电路仿真、PCB 绘制与编辑、拓扑逻辑自动布线、信号完整性分析和设计输出等技术完美地融合，为设计者提供了一套全新的设计解决方案，使设计工作变得更为轻松。设计者熟练使用这款软件将大大提高 PCB 设计的质量和效率。Altium Designer 21 不仅全面继承了包括 Protel 99SE、Protel DXP 在内的先前一系列软件的功能和优点，还增加了许多改进和高端功能。

为了帮助广大电路设计初学者及有一定基础的电路设计从业者快速掌握电路设计软件，尽快提高实际工程应用能力，编者尽可能地从读者易于接受的角度出发编写了本书。本书的介绍由浅入深、从易到难，各部分既相对独立又相互关联。在编写本书的过程中，编者将自身电路设计与制作的经验进行总结，适当地给出相关提示，以供读者进一步理解。

内容和特点

（1）实例贯穿全书。所选实例非常典型，由浅入深，讲解透彻，可以帮助读者快速入门。

（2）重点突出。重点介绍 Altium Designer 21 常用、主要的功能，便于读者抓住学习重点。

（3）技巧性强。具体讲解实例时，会介绍一些实际操作的技巧及常见问题的处理方法。

（4）可操作性强。书中所举例子均经过充分验证，按所述步骤操作可以顺利实现最终结果。

配套资源及用法

本书配套资源主要包括以下两部分内容。

1．“.PcbDoc”制版文件和“.SchDoc”原理图文件

本书实例需要使用的“.PcbDoc”和“.SchDoc”文件都收录在配套资源的“素材”文件夹下，读者可以调用和参考这些文件。

2．“.mp4”视频文件

本书部分实例的设计过程录制成了“.mp4”视频文件，并收录在配套资源的“操作视频”文件夹下。

本书由青岛理工大学的赵景波、赵燕成及东营市胜利锦华中学的向华编著，参与编写工作的还有赵子豪、邵滨、马昊辰、孟欢、张家恺、魏天旭、于洋、杨东旭、白邵宙、刘吉庆、沈精虎、宋一兵、冯辉、董彩霞、管振起等。由于编者水平有限，书中难免存在疏漏之处，敬请读者批评指正。

感谢您选择了本书，也欢迎您把对本书的意见和建议告诉我们，电子邮箱：liyongtao@ptpress.com.cn。

布克科技

2024年2月

目　录

第1章 初识 Altium Designer 21

印制电路板（Printed-Circuit Board，PCB）是电子元器件、微型集成电路芯片、FPGA（Field Programmable Gate Array，现场可编程门阵列）芯片、机电部件及嵌入式软件的载体。PCB 上元件之间的电气连接是通过导电走线、焊盘和其他特性对象实现的。PCB 设计越来越复杂，需要更强大的电子设计自动化软件支持。Altium Designer 21 作为新一代的板卡级设计软件，具有简单易用、功能强大、与时俱进的特点，其以友好的工作界面及智能化的功能为电路设计者提供优质的服务。

本章基于 Altium Designer 21，介绍 Altium Designer 的特点、功能及常用系统参数的设置，帮助读者初步了解该软件的基本结构和工作界面。

【本章要点】

- Altium Designer 21 的特点及功能。
- 常用系统参数的设置及导入与导出。

1.1 Altium Designer 的发展概况

Altium 公司的前身为 Protel 国际有限公司，于 1985 年在澳大利亚成立，专注于开发基于个人计算机（Personal Computer，PC）的计算机辅助工程（Computer-Aided Engineering，CAE）软件，主要致力于 PCB 的辅助设计。Altium Designer 是其推出的一款新一代的板卡级设计软件。

最初，DOS 环境下的 PCB 设计工具得到了澳大利亚电子行业的广泛认可。在 1986 年中期，Altium 公司通过经销商将 PCB 设计软件包出口到美国和欧洲。随着 PCB 设计软件包的成功，Altium 公司开始扩大其产品范围，生产了原理图输入、PCB 自动布线及自动 PCB 元件布局等软件。

1991 年，Altium 公司发布了世界上第一个基于 Windows 的 PCB 设计系统——Advanced PCB。凭借各种产品附加功能和增强功能，Altium 公司奠定了具有创新优势的 EDA（Electronic Design Automation，电子设计自动化）软件开发商的地位。

1997 年，Altium 公司发布了专为 Windows NT 平台构建的 Protel 9，这是首次将所有 5 种核心 EDA 工具集成于一体的产品，这 5 种核心 EDA 工具分别支持原理图输入、可编程逻辑器件（Programmable Logic Device，PLD）设计、仿真、板卡设计和 PCB 自动布线。

1999 年，Altium 公司又发布了 Protel 99 和 Protel 99 SE，这些软件进一步提高了设计流程的自动化程度，并对各种设计工具进行了更深度的集成。特别是设计浏览器平台的出现，使得电子设计的各个方面（包括设计工具、文档管理及元件库等）能够实现无缝集成。这标志着 Altium 公司向构建涵盖所有电子设计技术的完全集成化设计系统的理念迈出了重要一步。

Protel 国际有限公司在 2001 年 8 月正式更名为 Altium 公司。在 2006 年初，Altium 公司推出了一款电子电路设计软件——Altium Designer 6。这款软件继承了 Protel 系列软件的全部功能，并在其基础上进行了一系列改进和完善，为用户提供了全新的设计解决方案，使用户可以轻松地进行各种复杂的电子电路设计。

2021 年，Altium 公司在对 Altium Designer 产品进行不断改进的基础上，推出了 Altium Designer 21。本书基于 Altium Designer 21，讲解 Altium Designer 的应用方法。

1.2 Altium Designer 21 的特点

Altium Designer 21 的原理图编辑器不仅可以用于设计电子电路的原理图，还可以用于输出设计 PCB 所必需的网络表文件、设定 PCB 设计的电气法则、输出满足用户要求的原理图设计图纸。对于较大的设计项目，Altium Designer 21 支持层次化原理图设计，用户可以把设计项目分为若干子项目，子项目可以再划分成若干功能模块，功能模块还可以再往下划分直至底层的基本模块，然后分层逐级设计。

Altium Designer 21 的 PCB 编辑器提供了元件的自动和交互式布局功能，能够极大地减少布局工作的负担。此外，它还提供多种走线模式以适应不同的设计需求。在规则冲突时，PCB 编辑器会立即高亮显示，以避免在交互式布局或布线过程中出现错误。它不仅能够满足基本的设计要求（如放置半通孔、深埋导孔等），还提供了各种类型的焊盘供用户选择。通过详尽、全面的设计规则定义，为 PCB 设计符合实际要求提供了保证。它具有很高的手动设计和自动设计的融合程度。对于元件多、连接复杂、有特殊要求的电路，用户可以选择自动布线与手动调整相结合的方法。元件的连接采用智能化的连线工具，在 PCB 设计完成后，可以通过设计规则检查（Design Rule Check，DRC）来保证 PCB 完全符合设计要求。

Altium Designer 21 提供了功能强大的模拟/数字仿真器，可以对各种不同的电子电路进行数据和波形分析，使设计者能够在设计过程中对所设计的电路进行局部或整体的工作过程仿真分析，以完善设计。

Altium Designer 21 以强大的设计输入功能为特点，在 FPGA 和板级设计中同时支持原理图输入和 VHDL（超高速集成电路硬件描述语言）输入模式，还支持基于 VHDL 的设计仿真、混合信号电路仿真和信号完整性分析。

Altium Designer 21 不仅全面集成了 FPGA 设计功能和 SOPC（可编程片上系统）设计实现功能，还拓宽了板级设计的传统界限。电子工程师现在可以将系统设计中的 FPGA 与 PCB 设计及嵌入式设计紧密地集成在一起。Altium Designer 21 提供了丰富的元件库，几乎覆盖了所有电子元器件厂商的元件种类。更值得一提的是，Altium Designer 21 还具有强大的库元件查询功能，并且支持旧版本的元件库，实现了向下兼容。

Altium Designer 21 是真正的多通道设计软件，可以简化多个完全相同的子模块的重复输入设计。在进行 PCB 设计时，用户可以利用复制操作进行布局、布线，避免了一一布局、布线的烦琐工作。Altium Designer 21 采用了一种查询驱动的规则定义方式，通过语句来约束规则的适用范围，并且可以定义同类别规则间的优先级。用户可以按照需要选择不同的标注单位、精度、文字方向及指示箭头的样式。

Altium Designer 21 具有丰富的输出特性，支持第三方软件格式的数据交换，输出格式为标准的 Windows 输出格式，支持几乎所有的打印机和绘图仪的 Windows 驱动程序，具有页面设置、打印预览等功能。

Altium Designer 21 能够创建互连的多板项目，并能快速、准确地呈现高密度和复杂的 PCB 装配系统，其时尚的用户界面及布线功能、BOM（Bill of Material，物料清单）创建功能、规则检查功能和与制造相关的辅助功能的更新，使用户可以实现更高的设计效率和生产效率。具体体现在以下几个方面。

(1) 互连的多板装配。多板之间的连接关系管理和增强的三维引擎可以实时呈现设计模型和多板装配情况，使显示更快速、直观和逼真。

(2) 时尚的用户界面。全新、紧凑的用户界面提供了一个直观的环境，并进行了优化，可以实现可视化设计工作流程。

(3) 强大的 PCB 设计。利用 64 位 CPU 的架构优势和多线程任务优化功能，使得用户能够更快速地设计和发布大型、复杂的 PCB。

(4) 快速、高质量地布线。视觉约束和用户指导的交互结合使用户能够跨板层进行复杂的拓扑布线，并以计算机的速度和人的智慧保证布线质量。

(5) 实时的 BOM 管理。链接到 BOM 的最新供应商元件信息，使用户能够根据自己的时间表作出有根据的设计决策。

(6) 简化的 PCB 文档处理流程。用户可以在单一、紧密的设计环境中记录所有装配和制造视图，并通过链接的源数据进行一键更新。

1.3 Altium Designer 21 的功能

Altium Designer 21 主要由 5 个核心部分组成：电路原理图（SCH）设计、印制电路板设计、可编程逻辑电路设计、电路的仿真和信号完整性分析。

1. 电路原理图设计

电路原理图设计系统主要由原理图编辑器、原理图库（SCHLib）编辑器和各种文本编辑器等组成。该系统的主要功能包括绘制和编辑电路原理图、制作和修改原理图元件符号或元件库，以及生成原理图与元件库的各种报表。

2. 印制电路板设计

印制电路板设计系统主要由 PCB 编辑器、PCB 元件库编辑器和板层管理器等组成。该系统的主要功能包括设计和编辑 PCB、制作和管理元件的封装，以及设置和管理板型。

3. 可编程逻辑电路设计

可编程逻辑电路设计系统由具有语法功能的文本编辑器和波形发生器等组成。该系统的主要功能是对可编程逻辑电路进行分析和设计，以及观测波形。这种设计方式可以最大限度地精简逻辑电路，使数字电路设计达到最简。

4. 电路的仿真

Altium Designer 21 具有一个功能强大的模拟数字仿真器。该仿真器的功能是对模拟电子电路、数字电子电路和混合电子电路进行仿真实验，以便验证电路设计的正确性和可行性。

5. 信号完整性分析

Altium Designer 21 提供了一个精确的信号完整性分析模拟器。该模拟器可以用来检查 PCB 设计规则和电路设计参数、测量超调量和阻抗、分析谐波等，帮助用户避免设计中的盲目性，提高设计的可靠性，缩短研发周期并降低设计成本。

1.4 常用系统参数的设置

Altium Designer 21 是一款功能强大的 PCB 设计软件，在使用该软件进行 PCB 设计之前，对常用参数进行一些常规设置是必要的。这可以帮助用户优化配置环境参数，高效地使用 Altium Designer 21。

1.4.1 General 参数设置

打开 Altium Designer 21，单击菜单栏右侧的 按钮，打开【优选项】对话框，默认显示【System】/【General】（【系统】/【常规】）子选项卡，该选项卡主要用来设置系统的基本特性，如图 1-1 所示。

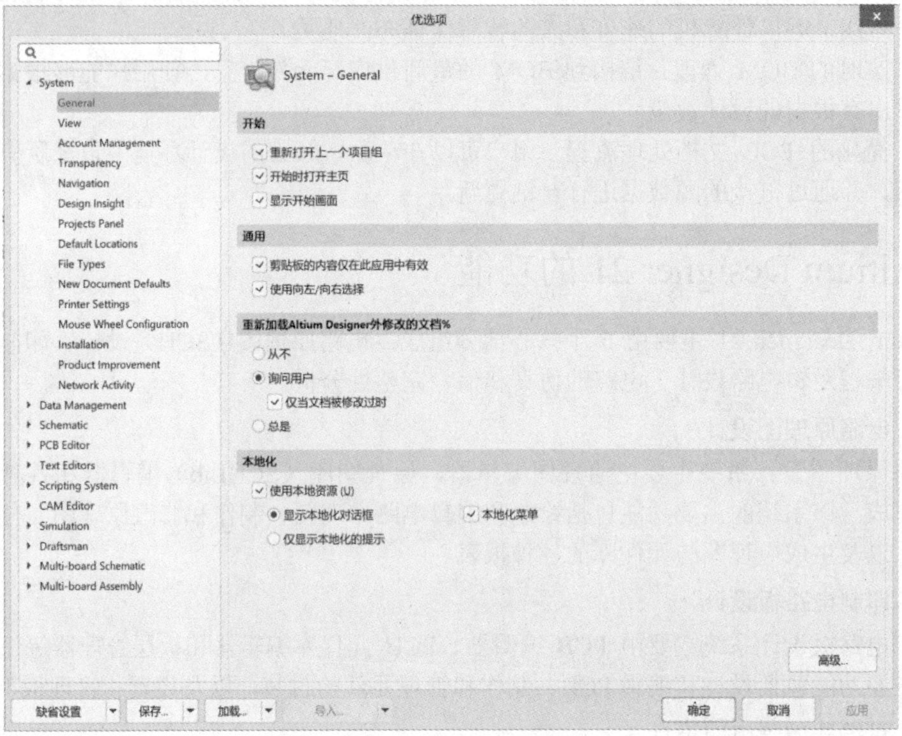

图1-1 【System】/【General】子选项卡

【System】/【General】子选项卡中有 4 个选项组，分别是【开始】【通用】【重新加载 Altium Designer 外修改的文档%】【本地化】。下面介绍各选项组中的主要选项。

1. 【开始】选项组

(1) 【重新打开上一个项目组】：勾选该复选框，启动 Altium Designer 21 将自动打开之前关闭的工作环境。

(2) 【开始时打开主页】：勾选该复选框，用户可以在主页打开项目、获取帮助、检索系统信息、配置版本控制系统等。取消勾选该复选框将不显示主页。

(3) 【显示开始画面】：勾选该复选框，启动 Altium Designer 21 将显示启动画面。该画面以动画形式显示系统版本信息，用户每次打开 Altium Designer 21，计算机都会显示软件正在加载的提示。

2. 【通用】选项组

在该选项组中，用户可以设定打开或保存设计文件、项目文件及项目组文件时的默认路径。单击指定按钮，可弹出文件夹浏览对话框。在该对话框中指定一个已存在的文件夹，即设置默认路径。一旦设定好默认路径，在使用 Altium Designer 21 进行设计时就可以快速保存设计文件、项目文件或项目组文件，为操作带来极大方便。

3. 【重新加载 Altium Designer 外修改的文档%】选项组

该选项组用于设置系统显示的字体、字形和字号。

4. 【本地化】选项组

该选项组用于设置中、英文界面切换。

1.4.2 View 参数设置

切换到【System】/【View】(【系统】/【视图】)子选项卡，设置视图参数，如图 1-2 所示。

图1-2 【System】/【View】子选项卡

【System】/【View】子选项卡中有 5 个选项组，分别是【桌面】【弹出面板】【通用】【Document Bar】【UI 主题】。下面介绍常用的 3 个选项组的部分功能。

1. 【桌面】选项组

该选项组可以用于设定系统关闭时是否自动保存定制的桌面(实际上就是工作区)。

(1) 【自动保存桌面】：勾选该复选框，则系统关闭时将自动保存定制的桌面及文件窗口的位置和大小。

(2) 【恢复打开文档】：自动保存打开的文档。

2.　【弹出面板】选项组

该选项组可以用于调整弹出式面板的弹出及隐藏过程的等待时间，还可以选择是否使用动画效果。

(1)　【弹出延迟】：右侧的滑块可以改变面板弹出时的等待时间。滑块越靠右，等待时间越长；滑块越靠左，等待时间越短。

(2)　【隐藏延迟】：右侧的滑块可以改变面板隐藏时的等待时间。同样，滑块越靠右，等待时间越长；滑块越靠左，等待时间越短。

(3)　【使用动画】：勾选该复选框，则面板弹出或隐藏时将使用动画效果。

(4)　【动画速度】：右侧的滑块用来调节动画的速度。若不想在面板弹出或隐藏时等待，则应取消勾选【使用动画】复选框。

3.　【UI 主题】选项组

(1)　【电流】：Altium Designer 21 中有两种 UI（User Interface，用户界面）主题可供选择，即【Altium Dark Gray】（深灰色）和【Altium Light Gray】（浅灰色）。

(2)　【预览】：显示所选 UI 主题的应用效果。

1.4.3　Account Management 参数设置

切换到【System】/【Account Management】（【系统】/【账户管理】）子选项卡，对 Altium 账户进行设置，如图 1-3 所示。Altium Designer 21 提供了多种按需使用的功能，可以访问 Altium 服务网站，登录 Altium 账户后获取使用权限。这些功能包括软件授权许可证、自动更新软件、检索和调用供应链在线元器件数据库信息等。

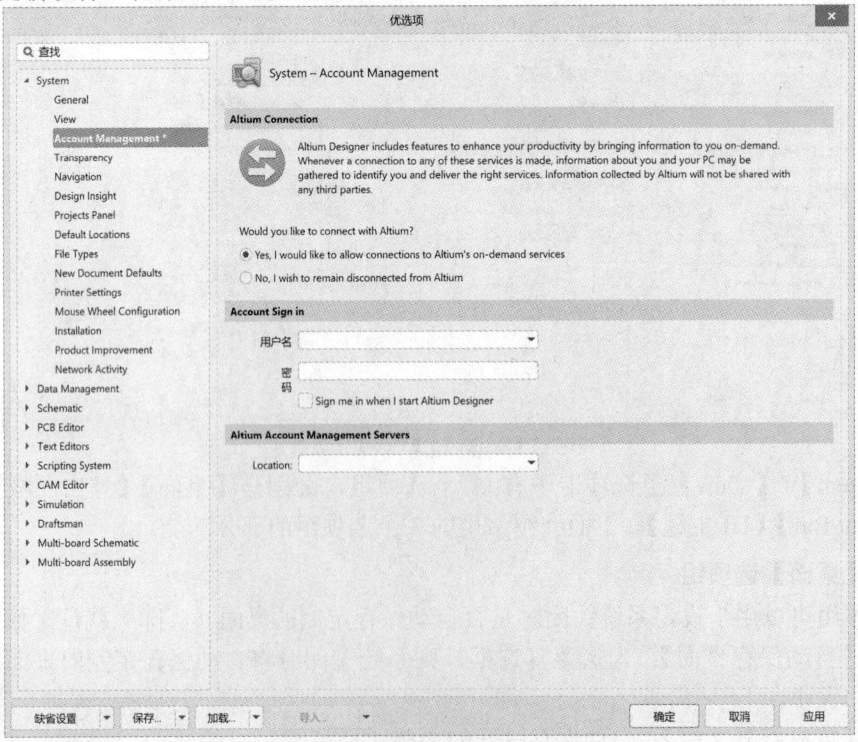

图1-3　【System】/【Account Management】子选项卡

1.4.4 Navigation 参数设置

切换到【System】/【Navigation】(【系统】/【导航】) 子选项卡，其中的选项主要用于设置导航器面板工作状态、工作内容和精度。用户可以根据自己的需要设置高亮方式和交叉选择模式，如图 1-4 所示。

在操作的过程中选择对象时，对象会高亮显示并放大，以帮助用户更精确地定位到所选对象。对于高亮方式，一般建议勾选【缩放】【变暗】两个复选框。同时，用户也可以选择要显示的内容，通常勾选【Pin 脚】【端口】【网络标签】等复选框。

交叉选择模式为在原理图编辑器和 PCB 编辑器之间选择对象提供了便利，在这种模式下，当在一个编辑器中选择一个对象时，另一个编辑器中与之关联的对象也会被选中，这大大简化了对象的选择操作。

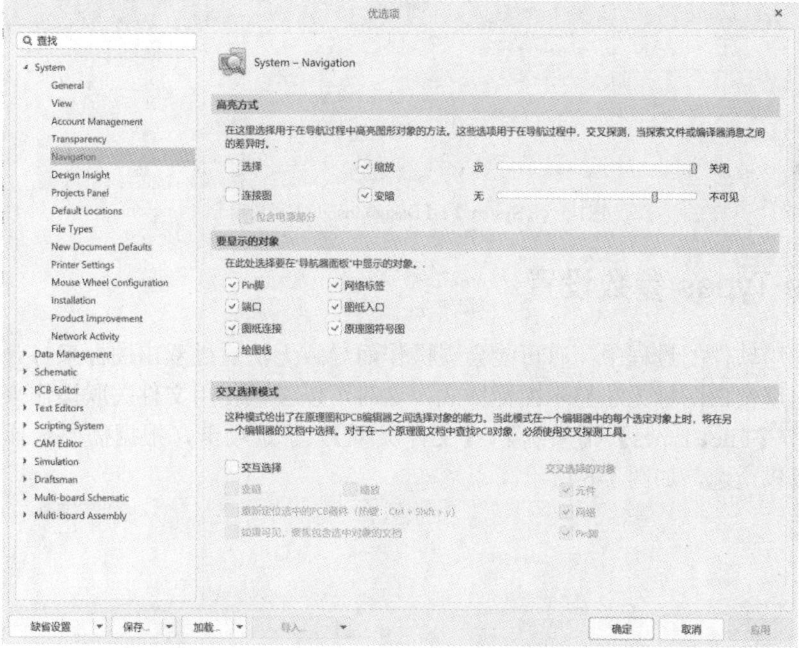

图1-4 【System】/【Navigation】子选项卡

1.4.5 Design Insight 参数设置

切换到【System】/【Design Insight】(【系统】/【设计查看】) 子选项卡，用户可以控制设计查看的各个方面，例如文档预览、供应链信息和超链接。用户可按图 1-5 进行设置，实现原理图编译之后网络对象的连接检视，便于查看整个工程中某一网络的分布，也可保持默认设置。

- 【鼠标盘旋的延迟】：使用滑块控制连接检视信息出现的延迟，范围为 0s 到 4s，建议不要设置过小或过大的延迟。过小的延迟（如 0s）可能会导致连接检视信息频繁出现，给用户带来困扰，影响查看效率。而过大的延迟（如 4s）则会使连接检视信息出现得较慢，不利于用户快速了解相关信息。
- 【启动风格】：支持使用【鼠标悬停】或按住 Alt 键的同时双击这两种方式来

启动连接检视信息。

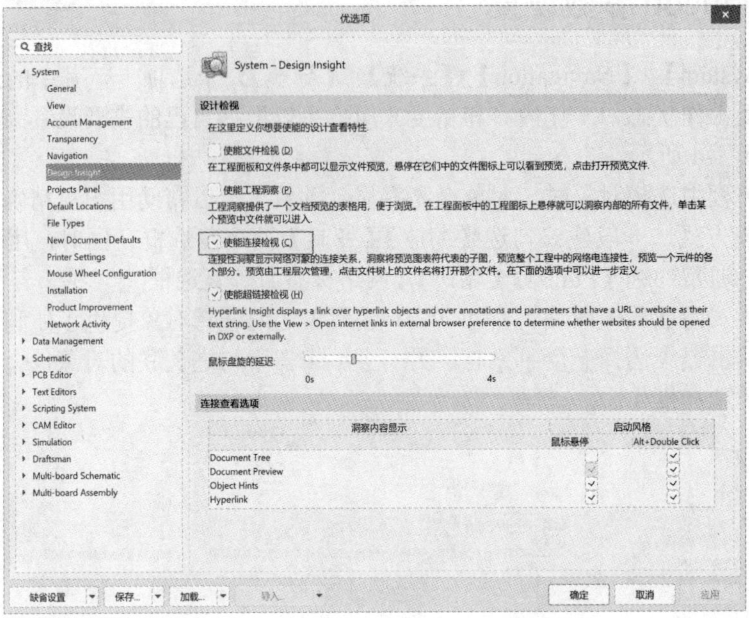

图1-5 【System】/【Design Insight】子选项卡

1.4.6 File Types 参数设置

用户在使用软件的过程中，有可能会误操作而导致无法通过双击图标来打开文件，或者重装系统后出现空白图标无法显示图标样式，这时可以尝试使用文件关联操作来解决。切换到【System】/【File Types】(【系统】/【文件类型】) 子选项卡，根据需要选择想关联的文件类型，也可以全选，如图 1-6 所示。

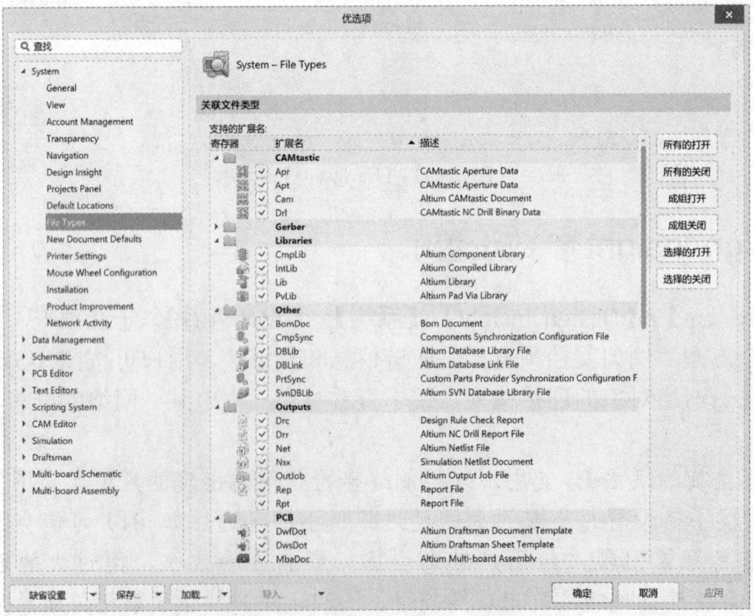

图1-6 【System】/【File Types】子选项卡

1.4.7 Mouse Wheel Configuration 参数设置

在 Altium Designer 21 中，鼠标滚轮可以用于控制图的移动和缩放，熟练地运用鼠标滚轮可以提高画图效率。Altium Designer 21 允许用户自定义鼠标滚轮的功能，以配合个人喜好和习惯。

切换到【System】/【Mouse Wheel Configuration】(【系统】/【鼠标滚轮配置】) 子选项卡，如图 1-7 所示，用户可以根据需要进行设置。

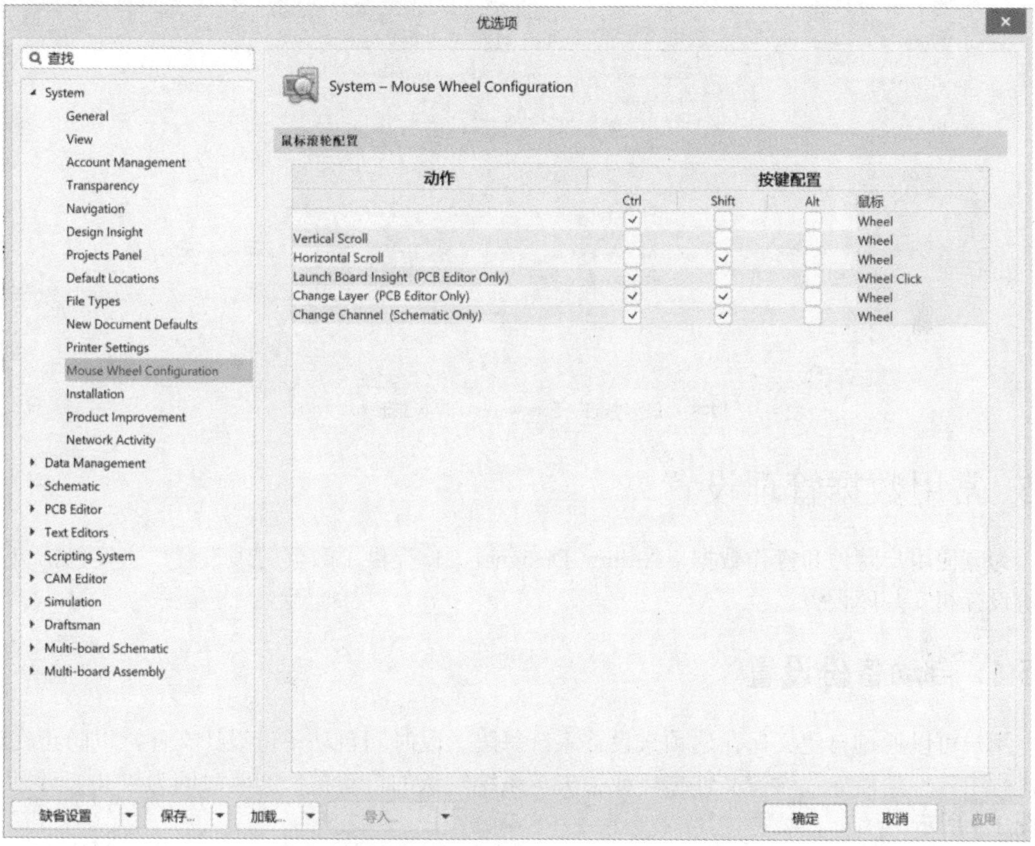

图1-7 【System】/【Mouse Wheel Configuration】子选项卡

1.4.8 Network Activity 参数设置

在 Altium Designer 21 中，用户可以利用互联网和第三方服务器连接到 Altium 云、供应商及寻找更新等资源。在某些情况或环境下，用户可能需要离线工作。

切换到【System】/【Network Activity】(【系统】/【网络活动】) 子选项卡，用户可以通过勾选或取消勾选相应的复选框来允许或禁用特定的网络活动或所有网络活动，如图 1-8 所示。如果不希望软件联网，可以取消勾选【允许网络活动】复选框，这样软件的联网功能将被禁用。

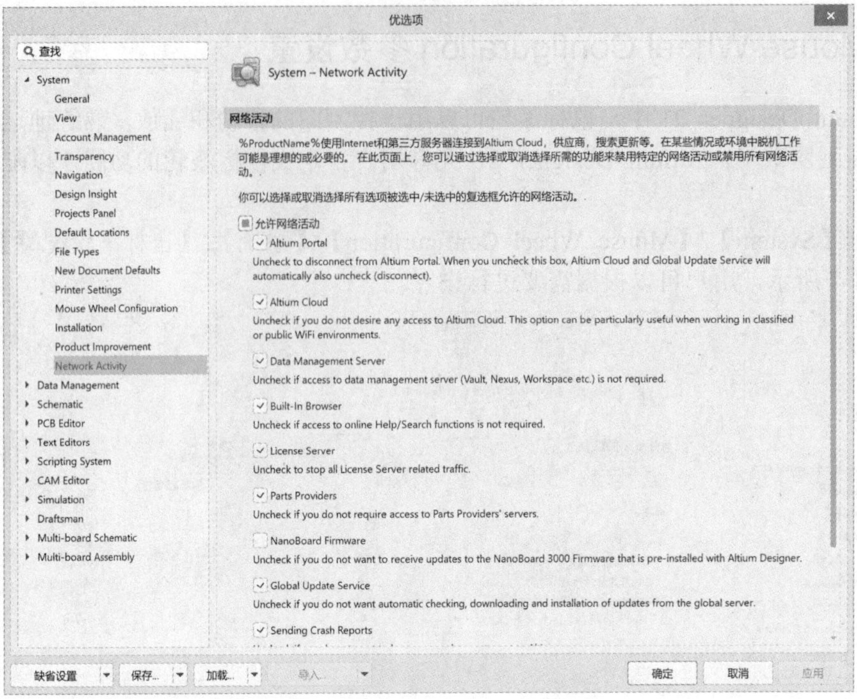
优选项
查找
System
General
View
Account Management
Transparency
Navigation
Design Insight
Projects Panel
Default Locations
File Types
New Document Defaults
Printer Settings
Mouse Wheel Configuration
Installation
Product Improvement
Network Activity
Data Management
Schematic
PCB Editor
Text Editors
Scripting System
CAM Editor
Simulation
Draftsman
Multi-board Schematic
Multi-board Assembly
System – Network Activity
网络活动
%ProductName%使用Internet和第三方服务器连接到Altium Cloud，供应商，搜索更新等。在某些情况或环境中脱机工作可能是理想的或必要的。在此页面上，您可以通过选择或取消选择所需的功能来禁用特定的网络活动或禁用所有网络活动。
你可以选择或取消选择所有选项被选中/未选中的复选框允许的网络活动。
允许网络活动
Altium Portal
Uncheck to disconnect from Altium Portal. When you uncheck this box, Altium Cloud and Global Update Service will automatically also uncheck (disconnect).
Altium Cloud
Uncheck if you do not desire any access to Altium Cloud. This option can be particularly useful when working in classified or public WiFi environments.
Data Management Server
Uncheck if access to data management server (Vault, Nexus, Workspace etc.) is not required.
Built-In Browser
Uncheck if access to online Help/Search functions is not required.
License Server
Uncheck to stop all License Server related traffic.
Parts Providers
Uncheck if you do not require access to Parts Providers' servers.
NanoBoard Firmware
Uncheck if you do not want to receive updates to the NanoBoard 3000 Firmware that is pre-installed with Altium Designer.
Global Update Service
Uncheck if you do not want automatic checking, downloading and installation of updates from the global server.
Sending Crash Reports
缺省设置
保存...
加载...
导入...
确定
取消
应用

图1-8 【System】/【Network Activity】子选项卡

1.5 常用数据管理设置

为方便用户管理和操作数据，Altium Designer 21 提供了数据管理设置，主要包括自动备份设置和安装库设置。

1.5.1 自动备份设置

用户可以通过自定义保存选项来设置系统每隔一段时间自动备份设计文件，以防止在设计过程中软件崩溃导致设计文件损坏或丢失。系统默认的自动备份间隔时间为“30 分钟”，如图 1-9 所示。

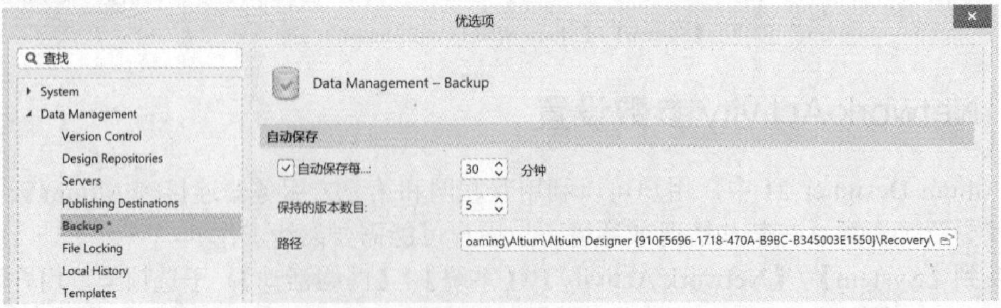
优选项
查找
System
Data Management
Version Control
Design Repositories
Servers
Publishing Destinations
Backup *
File Locking
Local History
Templates
Data Management – Backup
自动保存
自动保存每...
30
分钟
保持的版本数目:
5
路径
oaming\Altium\Altium Designer {910F5696-1718-470A-B9BC-B345003E1550}\Recovery\

图1-9 自动备份设置

建议用户使用系统默认的自动备份间隔时间，既不设置过短的间隔时间以避免频繁自动备份造成卡顿，也不设置过长的间隔时间以防止未自动备份的设计文件损坏或丢失。同时，为了确保设计工作顺利进行，强烈建议读者时常按快捷键 Ctrl+S 手动保存，配合系统的自动备份功能，有效、顺利地完成设计工作。

1.5.2 安装库设置

Altium Designer 21 提供用于管理 File-based Libraries 列表的控件，此列表上定义的库是 Altium Designer 21 环境的一部分，因此其中的组件或模型可用于所有打开的项目。

在【优选项】对话框中切换到【Data Management】/【File-based Libraries】子选项卡，如图 1-10 所示，用户可以通过该选项卡给软件加载个人的库文件。

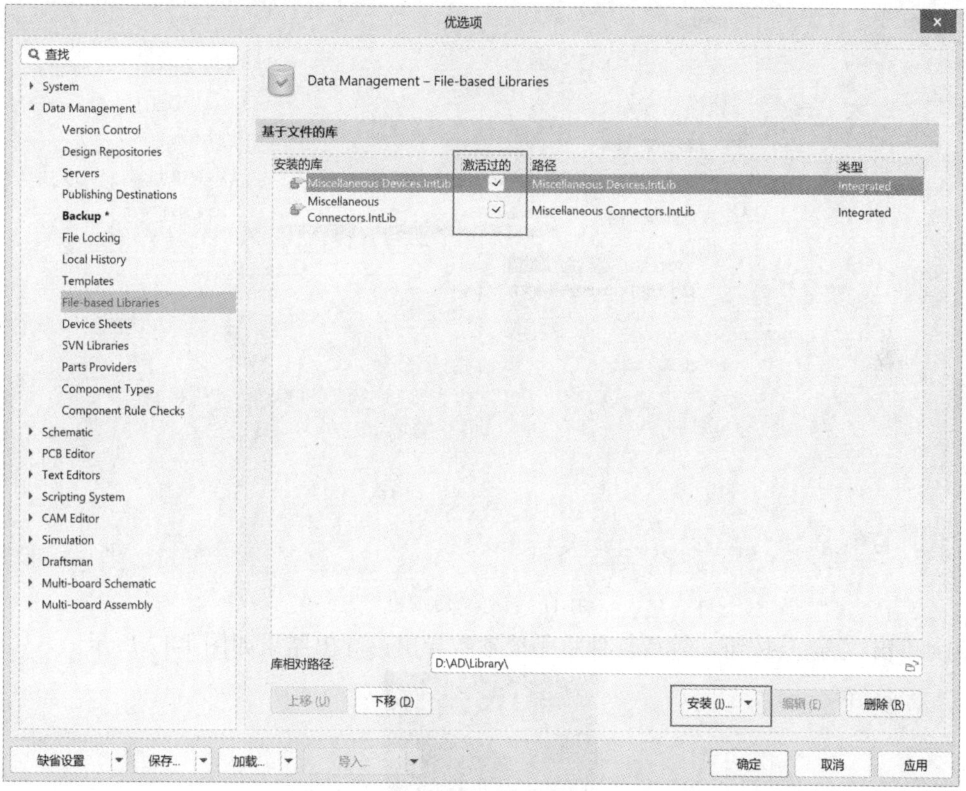

图1-10 【Data Management】/【File-based Libraries】子选项卡

1.6 系统参数的导出/导入

完成常用系统参数的设置后，可以随时调用系统参数，以方便进行后续操作。

1.6.1 系统参数的导出

为了方便调用系统参数，需要将设置好的系统参数导出，即将系统参数设置文件另存到指定的路径下。下面介绍详细的导出步骤。

(1) 单击菜单栏右侧的 按钮，打开【优选项】对话框。

(2) 单击该对话框左下角的 保存... 按钮，打开【保存优选项】对话框，选择好保存路径并输入文件名，如“DXPPreferences1”，如图 1-11 所示。

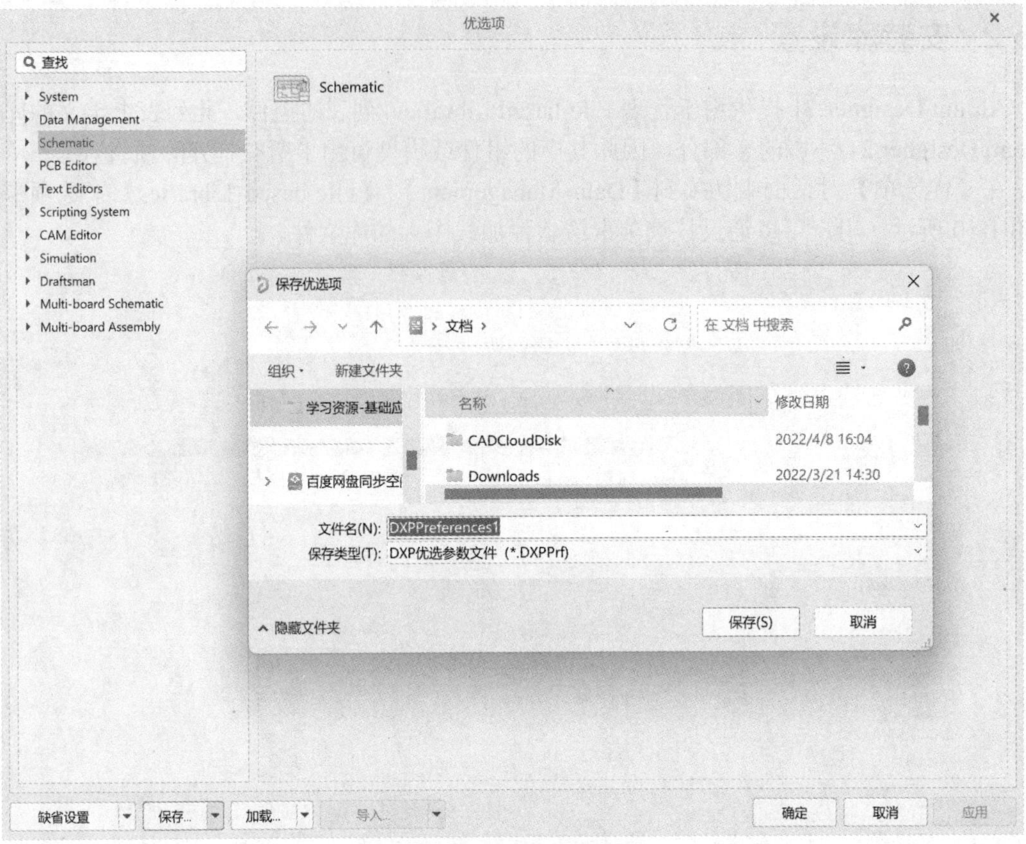

图1-11　系统参数的导出

(3) 单击[保存(S)]按钮，等待软件将系统参数导出，导出结果如图 1-12 所示。

图1-12　导出的系统参数设置文件

1.6.2 系统参数的导入

有时由于计算机系统软件升级或 Altinm Designer 21 重装，用户预先设置的系统参数可能会被清除，这时就可以通过导入之前导出的系统参数设置文件来恢复相应的设置。下面介绍详细的导入步骤。

(1) 单击菜单栏右侧的⚙按钮，打开【优选项】对话框。

(2) 单击该对话框左下角的[加载...]按钮，在弹出的【加载优先项】对话框中选择需要导入的系统参数设置文件，然后单击[打开(O)]按钮，如图 1-13 所示。

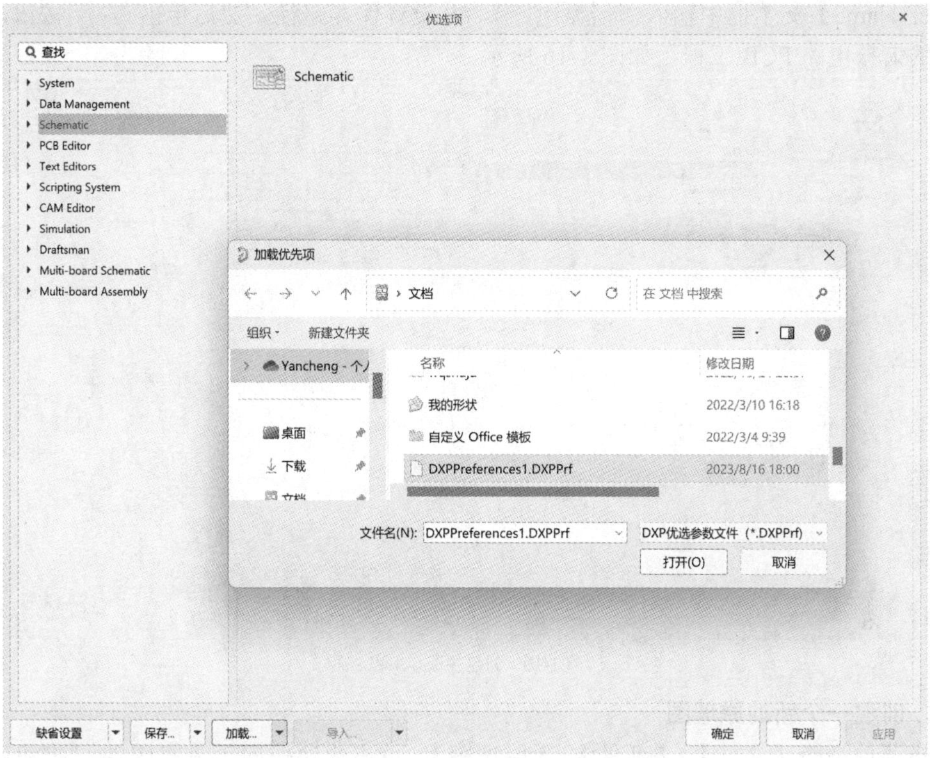

图1-13　系统参数的导入

(3) 弹出【Load preferences from file】对话框，如图 1-14 所示，单击 导入 按钮，等待完成系统参数的导入。

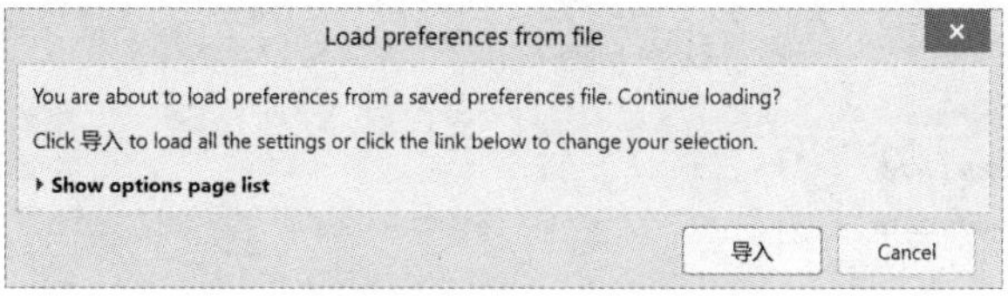

图1-14　【Load preferences from file】对话框

1.7 实战演练

为了让读者对 Altium Designer 21 有初步的认识，下面将以谐振电路为例，简单介绍一下该软件的使用方法。图 1-15 所示是一个常见的并联谐振电路，具体的绘制流程如下。

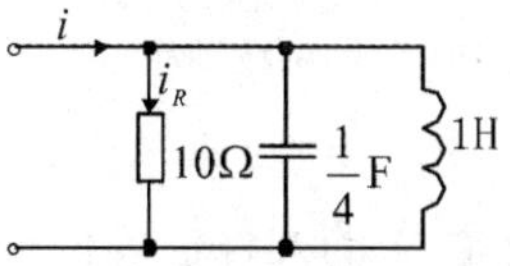

图1-15　并联谐振电路

1. 创建一个新的 PCB 工程

选择菜单命令【文件】/【新的】/【项目】，打开【Create Project】对话框，打开【Local Projects】选项卡，在【Project Type】列表框中选择【<Empty>】类型，在右侧的

【Project Name】文本框中输入“谐振电路”，并设置保存路径，然后单击Create按钮，创建一个新的谐振电路 PCB 工程，如图 1-16 所示。

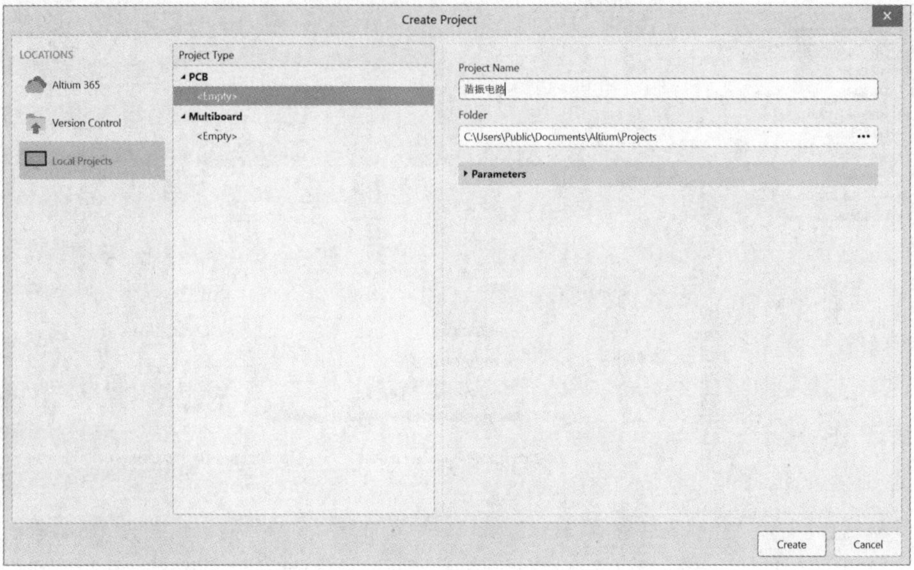

图1-16　创建并保存工程

2.　创建一个新的原理图

选择菜单命令【文件】/【新的】/【原理图】，单击快速访问工具栏中的按钮或按快捷键Ctrl+S，打开【Save [Sheet1.SchDoc] As...】对话框，保存新建的原理图到工程文件路径下，如图 1-17 所示。

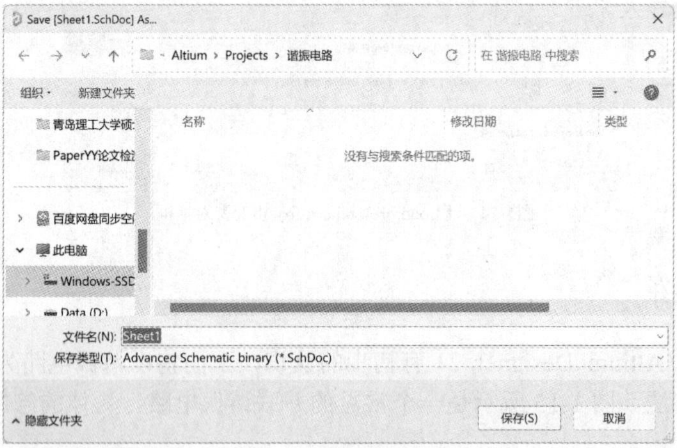

图1-17　保存原理图文件

3.　绘制谐振电路原理图

Altium Designer 21 为了管理数量巨大的元件，专门提供了强大的库搜索功能。

(1)　查找元件。

用户应该根据电路原理图查找并放置元件，下面以放置电源为例进行介绍。在工作界面右侧【Components】面板中选择自带的元件库，在元件列表中搜索并找到元件【Battery】，如图 1-18 所示。

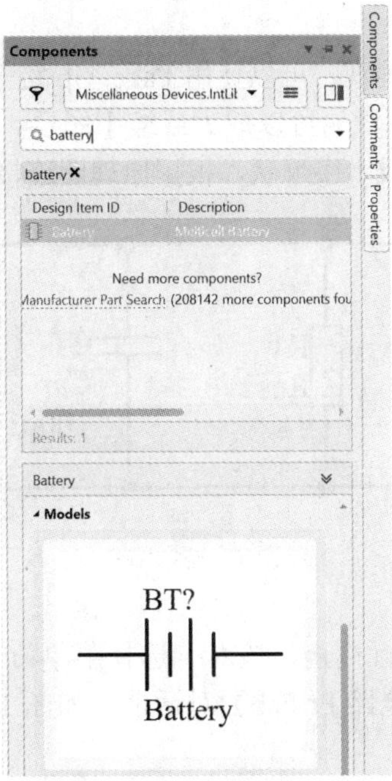

图1-18 查找【Battery】元件

(2) 放置元件。

选中【Battery】元件后，单击鼠标右键，在弹出的快捷菜单中选择【Place Battery】命令，或者双击元件名，鼠标指针变成十字形状，同时鼠标指针上面悬浮着一个【Battery】元件符号的轮廓。放置元件之前按 Space（空格）键可以使元件旋转，以调整元件的方向。在所需的位置单击即可在原理图中放置元件，按 Esc 键或单击鼠标右键退出。

(3) 设置元件的属性。

双击需要编辑的元件，或者在放置元件的过程中按 Tab 键，打开【Properties】(属性)面板，如图 1-19 所示，将【Battery】元件重命名为“BT1”。使用类似的操作将电阻、电容、电感分别放到合适位置并设置它们的属性。

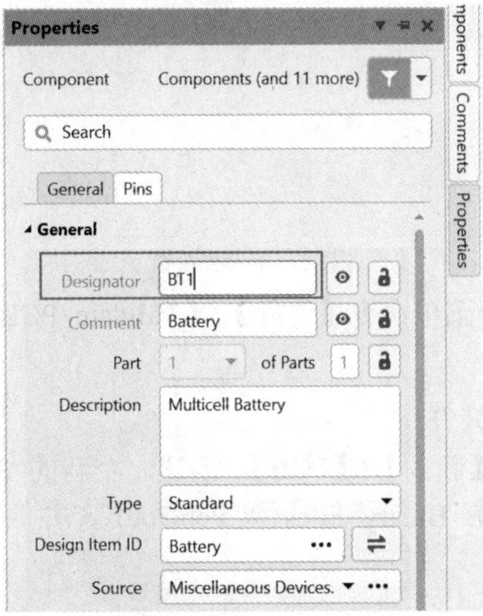

图1-19 【Properties】面板

(4) 连接电路。

为了使电路图层方便观察和美观，可以使用 Page Up 键来放大，或者使用 Page Down 键来缩小。按住 Ctrl 键，使用鼠标滚轮可以放大或缩小图层。选择菜单命令【放置】/【线】，进入导线绘制状态，鼠标指针变成十字形状，根据原理图连接电路，如图 1-20 所示。

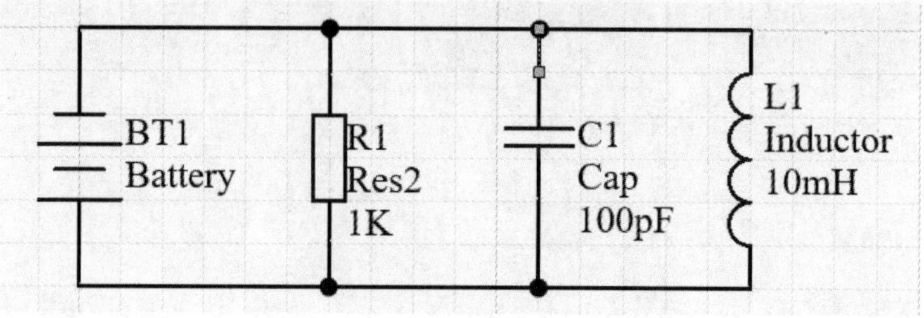

图1-20 连接电路

(5) 检查与编译。

完成连接电路后需要对其进行检查、核对。选择菜单命令【工程】/【工程选项】，打开【Options for PCB Project 谐振电路.PrjPcb】对话框，如图 1-21 所示。若出现错误，用户可根据提示进行修改。

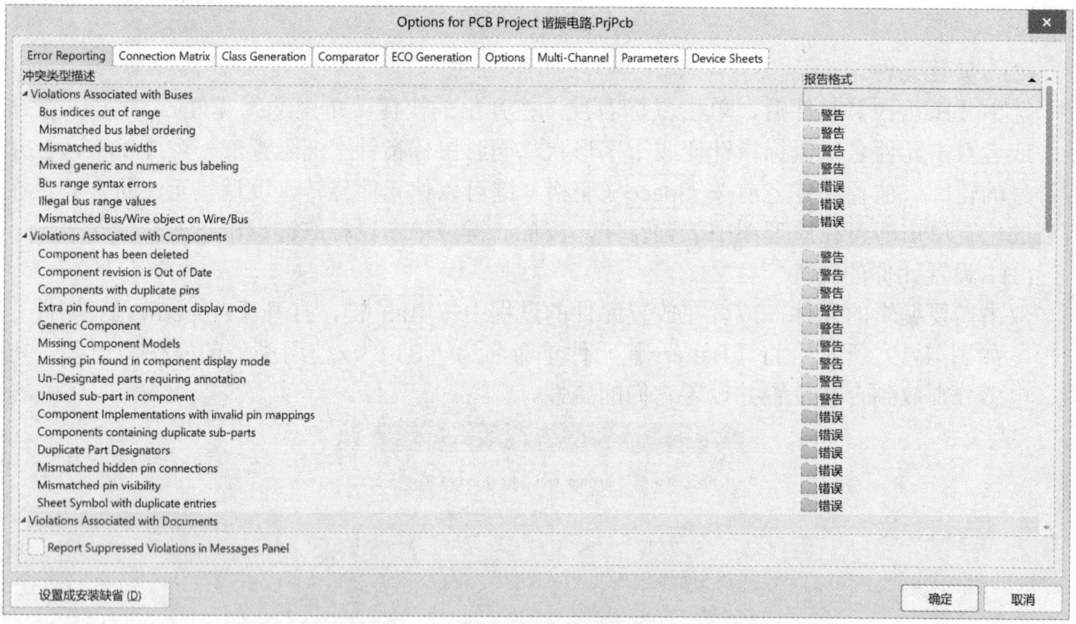

图1-21 原理图检查

确定原理图无误后，选择菜单命令【工程】/【Validate PCB Project 谐振电路.PrjPcb】，对原理图进行编译。

4. 创建一个新的 PCB 文件

选择菜单命令【文件】/【新的】/【PCB】，创建一个新的 PCB 文件，将其命名为“谐振电路”，保存类型设为“PCB Binary Files(*.PcbDoc)”，并保存到当前工程中，如图 1-22 所示。

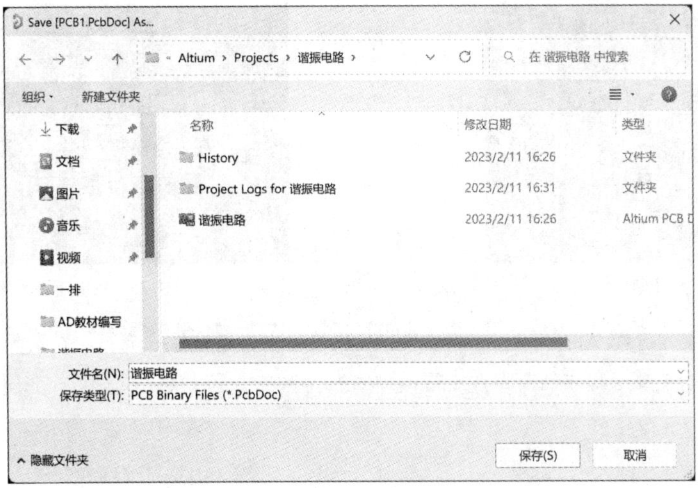

图1-22 保存 PCB 文件

5. 更新 PCB 文件

编译原理图且无误后，接下来就要将原理图更新到 PCB 中。

(1) 选择菜单命令【设计】/【Update PCB Document 谐振电路.PcbDoc】。

(2) 确认执行更新操作。

执行更新操作后会打开【工程变更指令】对话框，单击 执行变更 按钮，若无任何错误，则【完成】一栏中全部显示✓图标，如图 1-23 所示。若有错误，则会显示✗图标，这时需要检查错误项并返回原理图进行修改，直至没有错误提示为止。

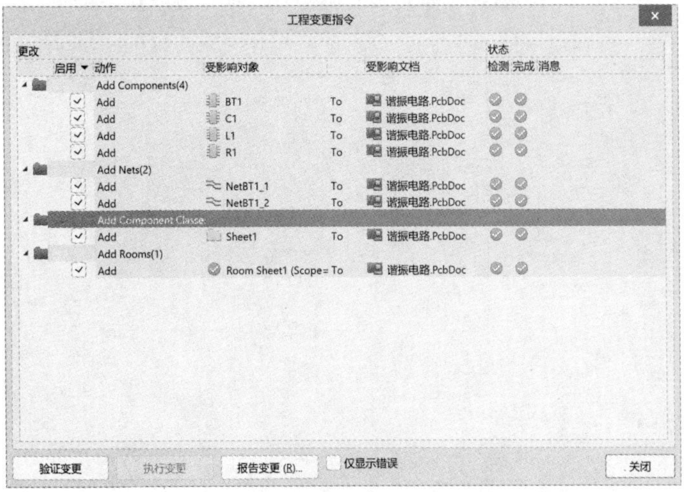

图1-23 更新 PCB 文件

关闭【工程变更指令】对话框，可以看到 PCB 编辑界面右下方已经变成图 1-24 所示的形式。

6. PCB 布局和布线

完成更新 PCB 文件后，需要对元件进行布局和布线，布局分为交互式布局和模块化布局，布线分为手动布线和自动布线。本例采用手动布局和布线方式，完成后的效果如图 1-25 所示。

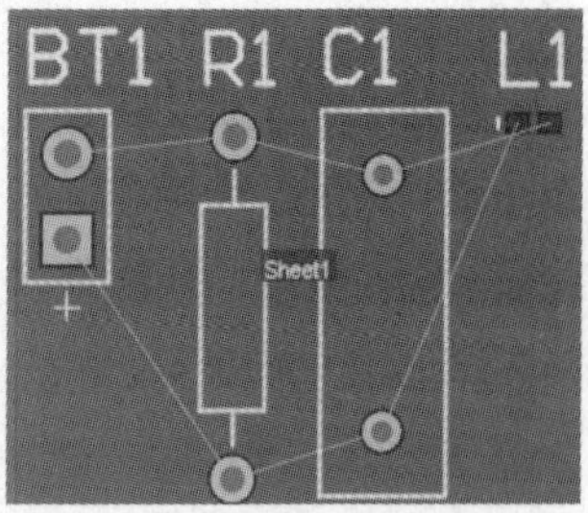

图1-24　PCB 编辑界面

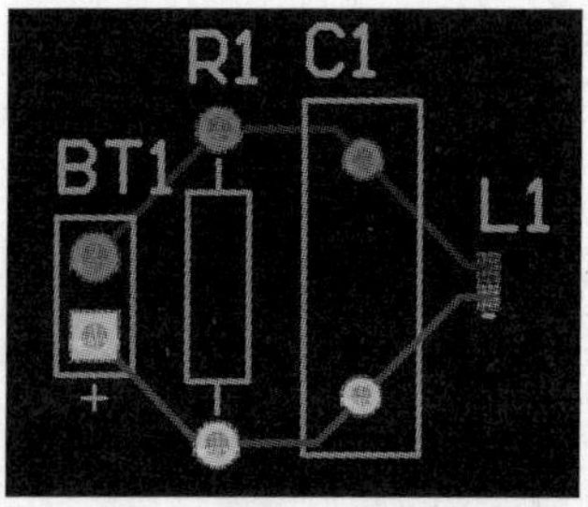

图1-25　PCB 布局和布线

要点提示　本例只是简单介绍 Altium Designer 21 在 PCB 设计中的基础操作流程，在实际工程中电路原理图和实际功能要远比本例复杂和丰富，详细内容将在接下来的章节中一一介绍。

1.8 习题

1. 简述 Altium Designer 21 的主要特点及功能。
2. 打开 Altium Designer 21 的各种编辑器，尝试操作相应的菜单栏和工具栏。

第2章 工程的组成、创建及管理

工程是每个电子产品设计的基础，可以将设计元素连接起来，包括原理图、PCB 和预留在项目中的所有库或模型。Altium Designer 21 允许用户通过【Projects】面板访问与项目相关的所有文档，还允许用户在通用的 Workspace（工作空间）中连接相关项目，轻松访问某种产品的所有相关文档。

本章介绍 Altium Designer 21 工程的组成、创建及管理，帮助读者了解并掌握该软件的基本操作。

【本章要点】

- Altium Designer 21 工程的组成。
- Altium Designer 21 工程的创建方法。
- Altium Designer 21 文件的管理方法。

2.1 工程的组成

一个完整的工程至少包含 5 个文件，如图 2-1 所示。同时，应保证每一个工程文件的唯一性，即每个工程应只有一份 PCB 文件、一份原理图文件等，一些不相关的文件应当及时删掉。工程所有的相关文件尽量放置到一个路径下面。良好的工程文件管理是提高工作效率的关键。

图2-1 完整工程的组成

为了方便读者认识 Altium Designer 21 中的文件，下面罗列了 Altium Designer 21 电子设计中的常见文件及其扩展名。

(1) 工程文件，扩展名为“.PrjPcb”。

(2) 原理图文件，扩展名为“.SchDoc”。

(3) 原理图库文件，扩展名为“.SchLib”。

(4) PCB 文件，扩展名为“.PcbDoc”。

(5) PCB 元件库文件，扩展名为“.PcbLib”。

2.2 创建新工程及各类组成文件

1. 工程文件的创建

选择菜单命令【文件】/【新的】/【项目】，创建工程文件，如图 2-2 所示，在弹出的【Create Project】对话框中打开【Local Projects】选项卡，在【Project Type】列表框中选择【<Empty>】类型，在右侧的【Project Name】文本框中输入工程名并设置保存路径，单击 Create 按钮即可创建一个新的 PCB 工程，如图 2-3 所示。

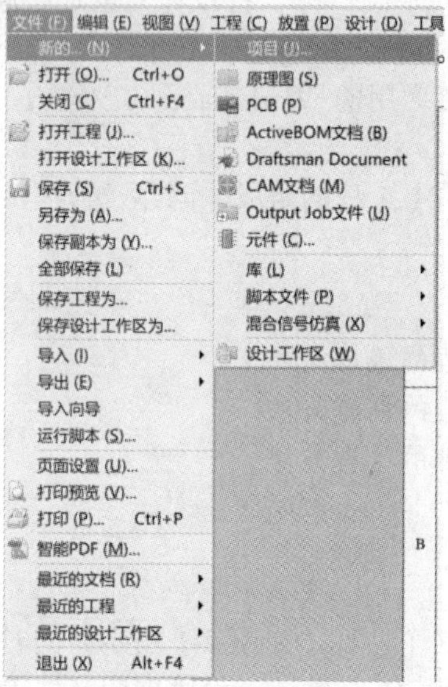

图2-2 创建工程文件

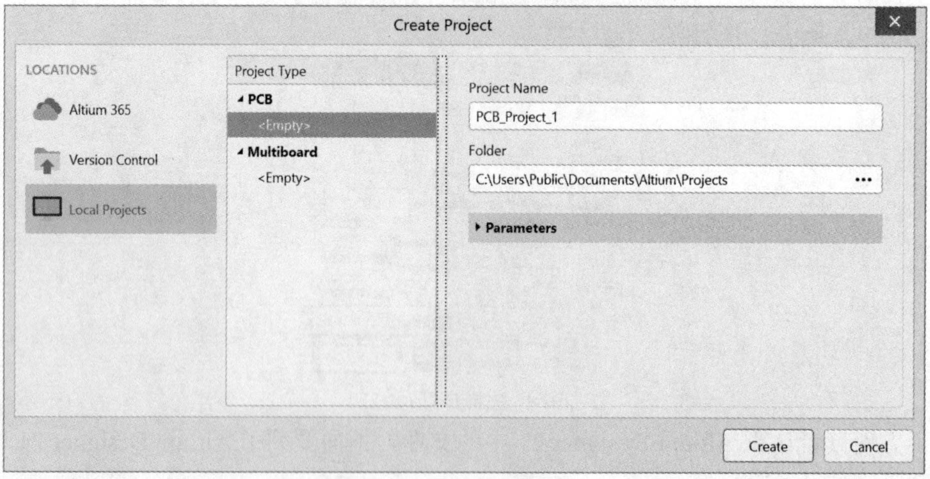

图2-3 保存工程

2. 原理图文件的创建

选择菜单命令【文件】/【新的】/【原理图】，创建原理图文件，如图 2-4 所示，然后单击快速访问工具栏中的按钮或按快捷键 Ctrl+S，打开【Save[Sheet1.SchDoc]As...】对话框，如图 2-5 所示，利用该对话框保存新建的原理图文件到工程文件路径下。

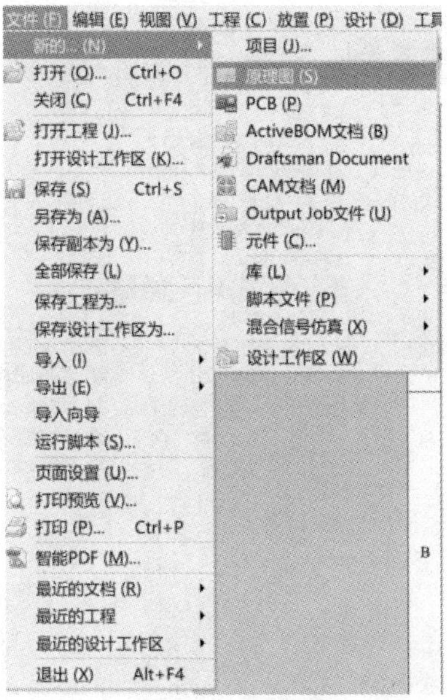

图2-4 创建原理图文件

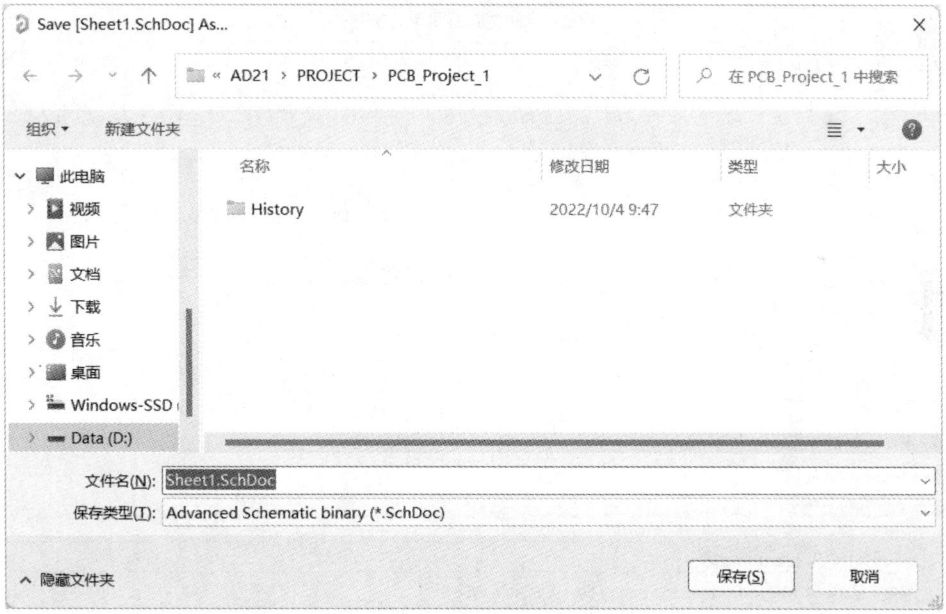

图2-5 保存原理图文件

3. 原理图库文件的创建

选择菜单命令【文件】/【新的】/【库】/【原理图库】，创建原理图库文件，如图 2-6 所示，然后单击快速访问工具栏中的按钮或按快捷键 Ctrl+S，打开【Save[Schlib1.SchLib]As...】对话框，如图 2-7 所示，利用该对话框保存新建的原理图库文件到工程文件路径下。

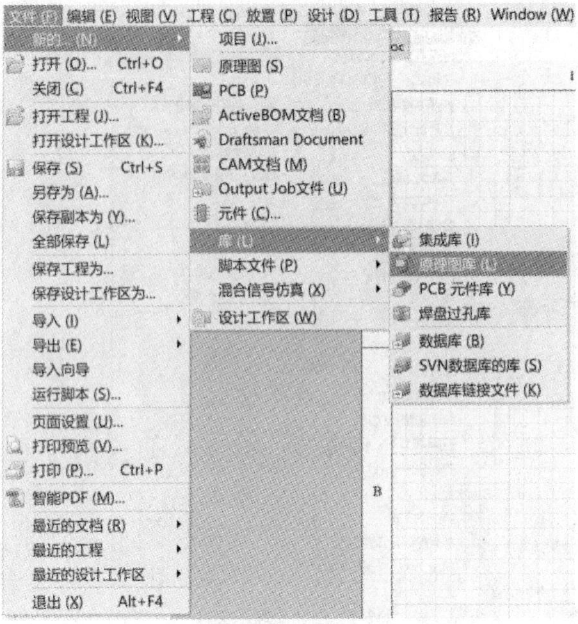

图2-6　创建原理图库文件

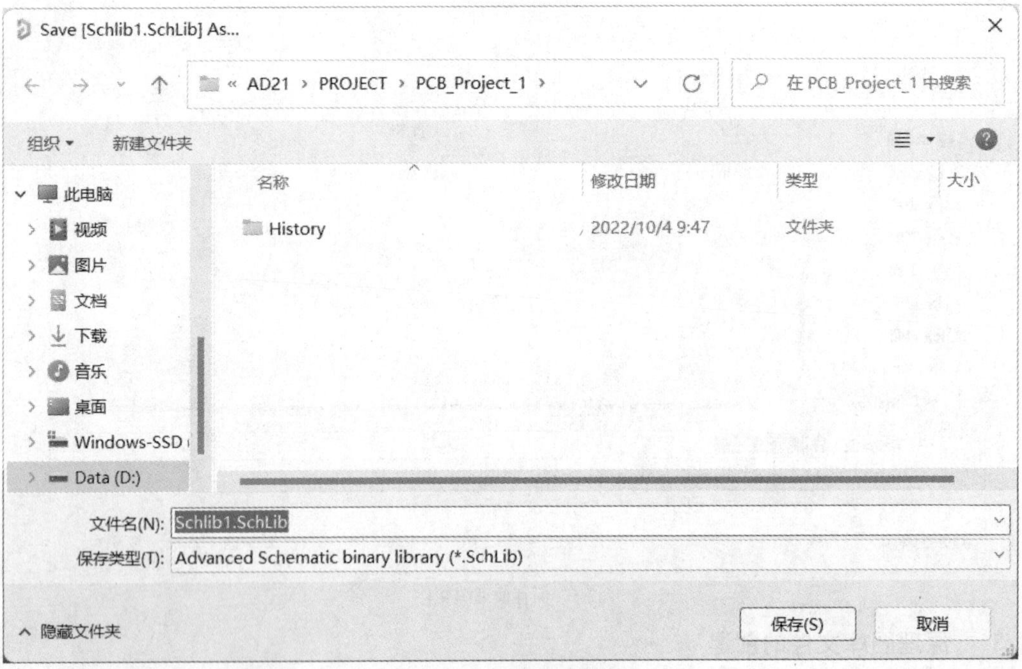

图2-7　保存原理图库文件

4.　PCB 文件的创建

选择菜单命令【文件】/【新的】/【PCB】，创建 PCB 文件，如图 2-8 所示，然后单击快速访问工具栏中的按钮或按快捷键 Ctrl+S，打开【Save[PCB1.PcbDoc]As...】对话框，如图 2-9 所示，利用该对话框保存新建的 PCB 文件到工程文件路径下。

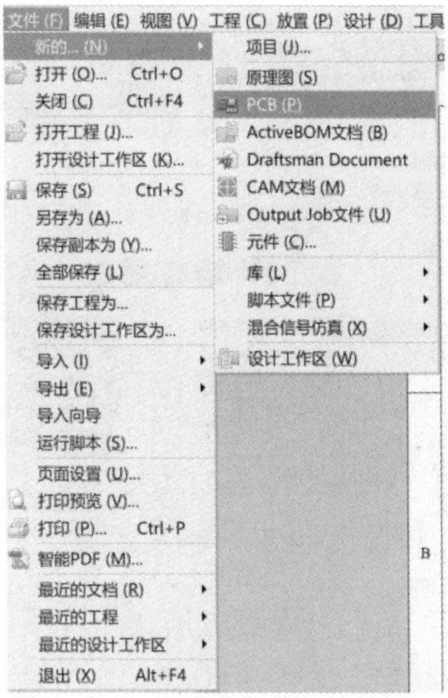

图2-8 创建 PCB 文件

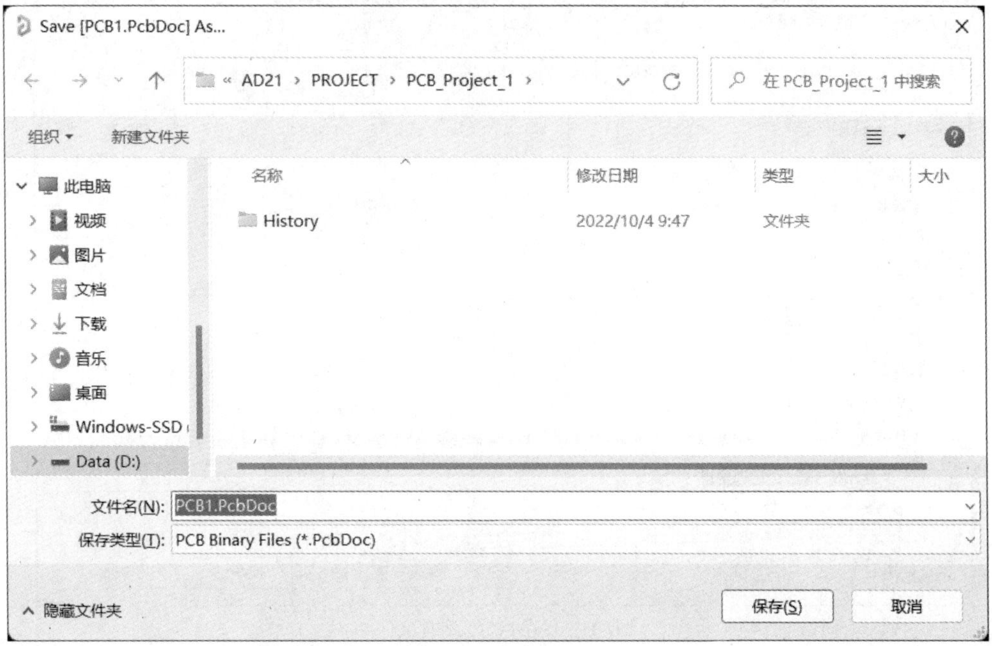

图2-9 保存 PCB 文件

5. PCB 元件库文件的创建

选择菜单命令【文件】/【新的】/【库】/【PCB 元件库】，创建 PCB 元件库文件，如图 2-10 所示，然后单击快速访问工具栏中的 按钮或按快捷键 Ctrl+S，打开【Save[PcbLib1.PcbLib]As...】对话框，如图 2-11 所示，利用该对话框保存新建的 PCB 元件库文件到工程文件路径下。

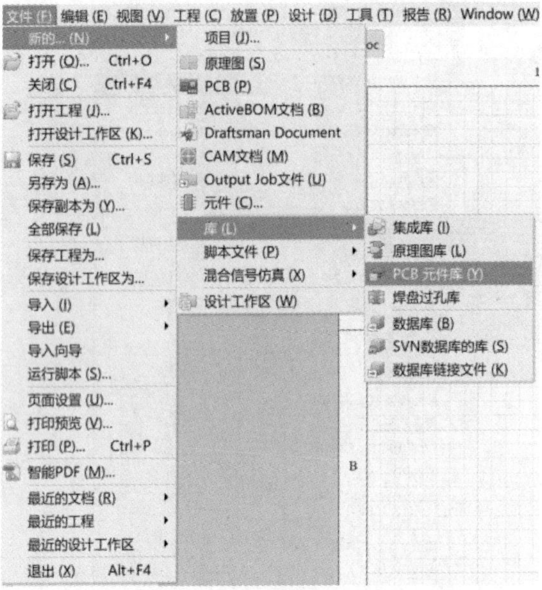

图2-10　创建 PCB 元件库文件

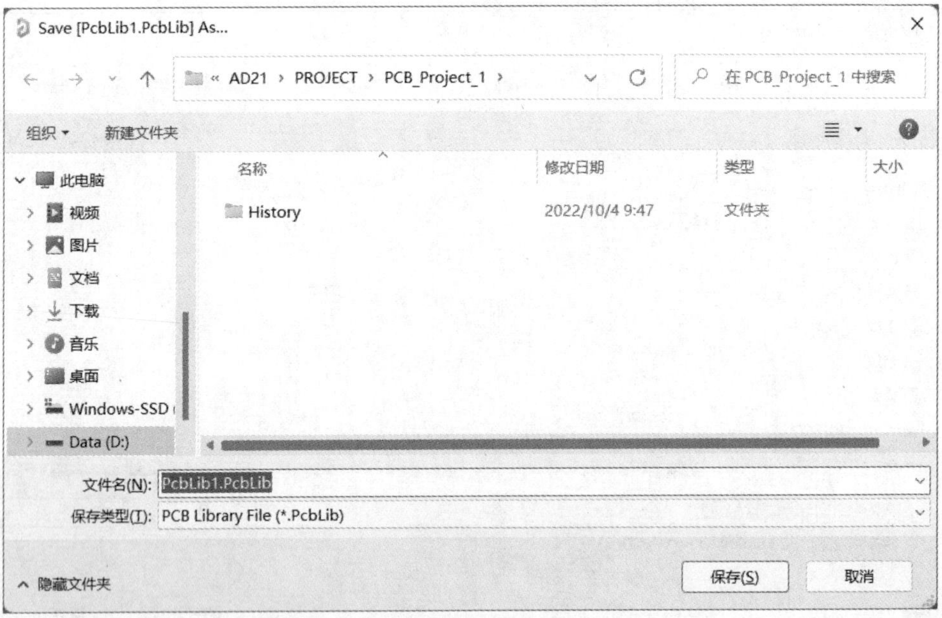

图2-11　保存 PCB 元件库文件

要点提示　Altium Designer 21 采用工程文件管理所有的设计文件，因此设计文件应当都保存在工程文件路径下，单独的设计文件则称为 Free Document。

2.3　为工程添加或移除已有文件

工程文件是用于存储和管理项目设计信息的文件，通常包括电路图、源代码、组件库等。在设计过程中，用户可以根据自己的需求添加或移除已有文件，以便在后期调用时更加方便。

2.3.1 为工程添加已有文件

如果要为工程添加已有文件，如原理图文件、PCB 文件、原理图库文件、PCB 元件库文件等，右击工程目录，在弹出的快捷菜单中选择【添加已有文档到工程】命令，如图 2-12 所示，然后选择需要添加到工程的文件。

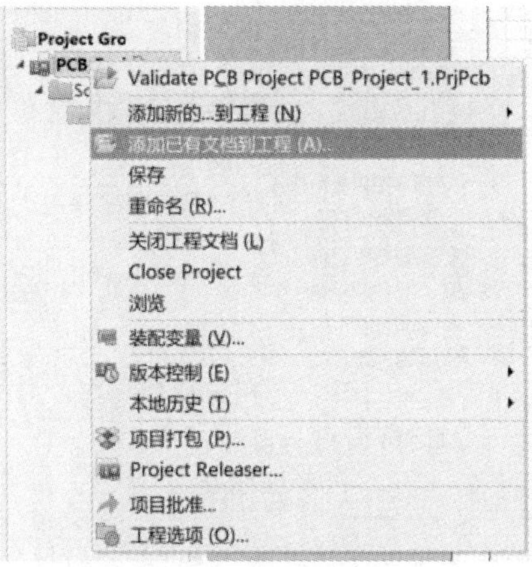

图2-12 为工程添加已有文件

2.3.2 从工程中移除已有文件

如果要从工程中移除已有文件，如原理图文件、PCB 文件、原理图库文件、PCB 元件库文件等，在工程目录下选择要移除的文件，然后单击鼠标右键，在弹出的快捷菜单中选择【从工程中移除】命令，如图 2-13 所示。

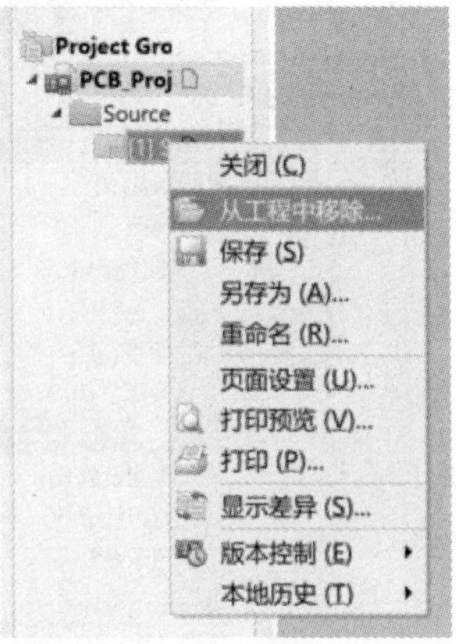

图2-13 从工程中移除已有文件

2.4 快速查询文件保存路径

在工程目录上右击，然后在弹出的快捷菜单中选择【浏览】命令，如图 2-14 所示，即可快速地找到工程文件的存放位置并查看文件。

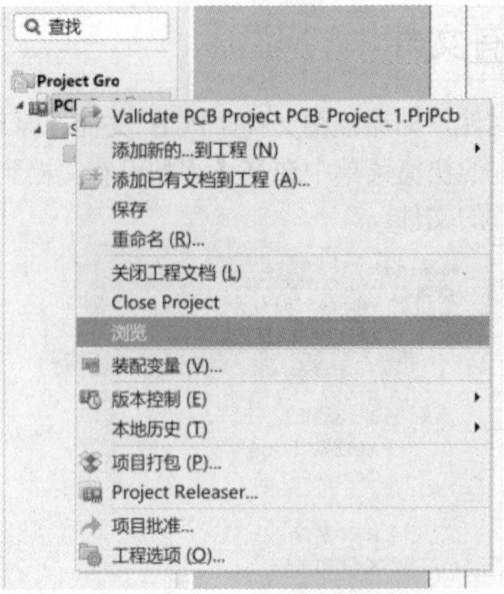

图2-14　快速查询文件保存路径

2.5　重命名文件

Altium Designer 21 支持在【Projects】面板中给文件重命名，避免在文件夹中重命名导致文件脱离工程的管理。在需要重命名的文件上单击鼠标右键，在弹出的快捷菜单中选择【重命名】命令，如图 2-15 所示，即可快速更改文件名称。

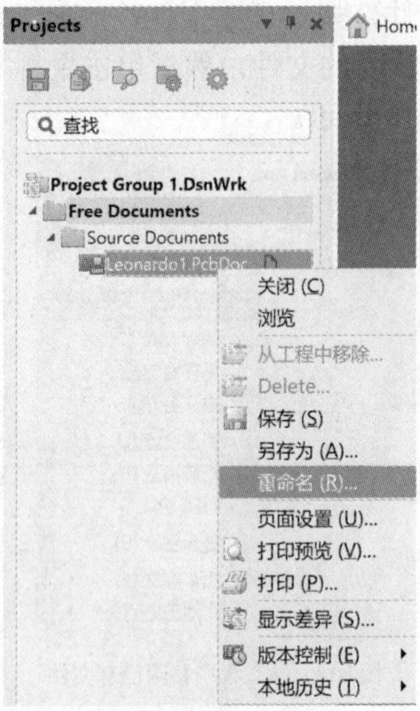

图2-15　重命名文件

2.6　实战演练

通过本章的学习，读者应对完整工程的组成、创建、管理有初步的认识。接下来演示一个工程的创建，具体操作步骤如下。

(1) 选择菜单命令【文件】/【新的】/【项目】，打开【Create Project】对话框，设置【Project Name】为“智能车主板”，并选择保存路径，如图 2-16 所示。

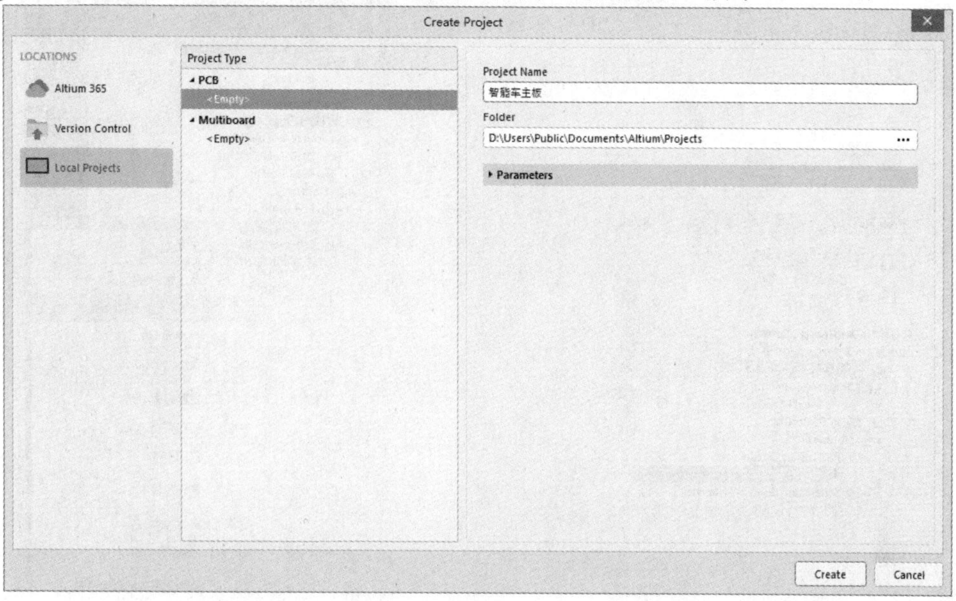

图2-16 创建并保存工程

(2) 为工程添加文件。右击刚创建好的工程，依次添加原理图（Schematic）、PCB、原理图库（Schematic Library）、PCB 元件库（PCB Library）等文件。添加原理图文件的示例如图 2-17 所示。

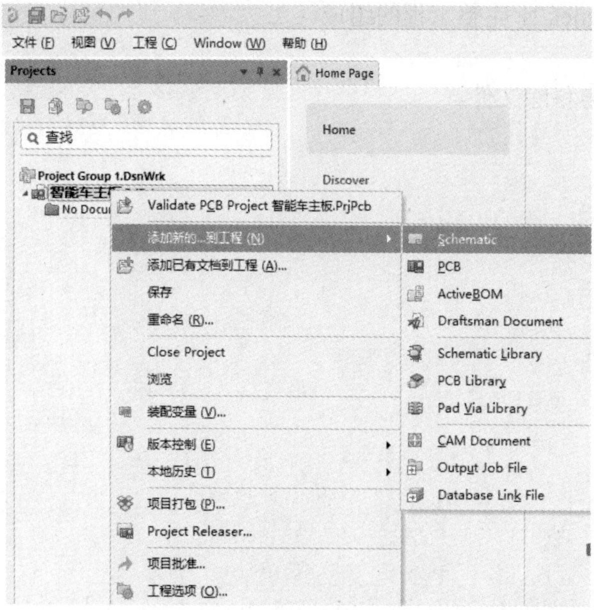

图2-17 添加原理图文件到工程

(3) 工程创建完毕，【Projects】面板如图 2-18 所示，所有的文件都在工程目录下。

(4) 右击需要保存的文件，在弹出的快捷菜单中选择【保存】命令，如图 2-19 所示。

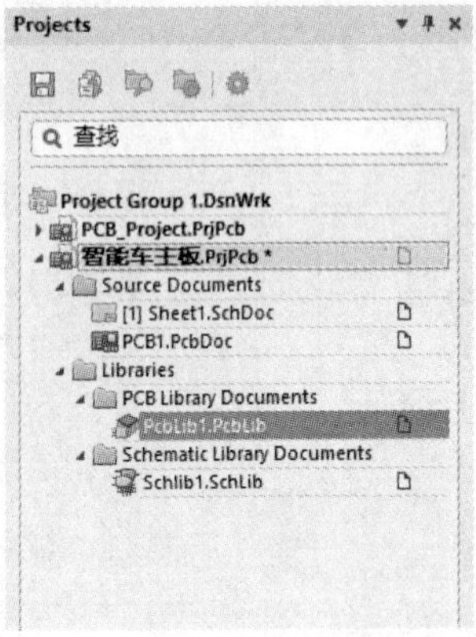

图2-18 【Projects】面板

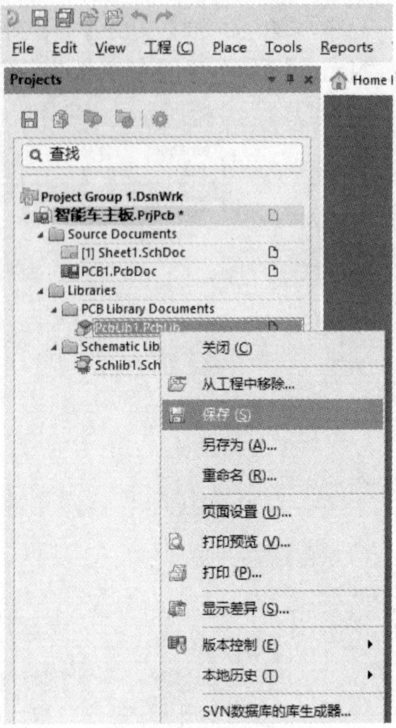

图2-19 保存文件

2.7 习题

1. 简述 Altium Designer 21 完整工程的组成。
2. 练习创建工程。
3. 练习为工程添加与移除文件。

第3章 原理图库与元件库

在用 Altium Designer 21 绘制原理图时，需要放置各种元件。虽然该软件内置的元件库很丰富，但是在实际的电路设计中，有些特定的元件仍需自行制作。另外，根据项目的需要，建立基于该项目的 PCB 元件库，有利于在以后的设计中更加方便、快捷地调用元件封装、管理工程文件。

本章将详细介绍如何创建原理图元件库，帮助读者学会创建和管理自己的元件库，从而更方便地进行 PCB 设计。

【本章要点】

- 元件和封装的命名规范。
- 原理图库和 PCB 元件库的常用操作命令。
- 原理图库元件符号的绘制方法。
- PCB 元件库封装的制作方法。
- 集成库的制作方法。

3.1 元件的分类及命名规范

1. 原理图库分类及命名

依据元件种类分类（元件一律用大写字母表示），原理图库分类及命名如表 3-1 所示。

表 3-1 **原理图库分类及命名**

元件库	元件种类	简称	元件名（Lib Ref）
RCL. LIB（电阻、电容、电感库）	普通电阻类，包括 SMD、碳膜、金属膜、氧化膜、绕线、水泥、玻璃釉等	R	R
	康铜丝类，包括各种规格康铜丝电阻	RK	RK
	排阻	RA	RA+电阻数-PIN 距
	热敏电阻类，包括各种规格热敏电阻	RT	RT
	压敏电阻类，包括各种规格压敏电阻	RZ	RZ
	光敏电阻类，包括各种规格光敏电阻	RL	RL
	可调电阻类，包括各种规格单路可调电阻	VR	VR-型号
	无极性电容类，包括各种规格无极性电容	C	CAP
	有极性电容类，包括各种规格有极性电容	C	CAE
	电感类	L	L+电感数-型号
	变压器类	T	T-型号
CON. LIB（接插件库）	端子排座，包括导电插片、四脚端子等	CON	CON+PIN 数
	排线	CN	CN+PIN 数
	其他连接器	CON	CON-型号

续表

元件库	元件种类	简称	元件名（Lib Ref）
DQ. LIB（二极管、晶体管库）	普通二极管类	D	D
	稳压二极管类	DW	DW
	双向触发二极管类	D	D-型号
	双二极管类，包括 BAV99	Q	D2
	桥式整流器类	BG	BG
	晶体管类	Q	Q-类型
	MOS 管类	Q	Q-类型
	IGBT 类	Q	IGBT
	单向可控硅（晶闸管）类	SCR	SCR-型号
	双向可控硅（晶闸管）类	BCR	BCR-型号
IC. LIB（集成电路库）	三端稳压 IC 类，包括 78 系列三端稳压 IC	U	U-型号
	光电耦合器类	U	U-型号
	IC	U	U-型号
DISPLAY. LIB（光电元件库）	发光二极管	LED	LED
	双发光二极管	LED	LED2
	数码管	LED	LED+位数-型号
	数码屏	LED	LED-型号
	背光板	BL	BL-型号
	LCD	LCD	LCD-型号
OTHER. LIB（其他元件库）	按键开关	SW	SW-型号
	触摸按键	MO	MO
	晶振	Y	Y-型号
	保险管	F	FUSE
	蜂鸣器	BZ	BUZ
	继电器	K	K
	电池	BAT	BAT

2. 原理图中元件值标注规则

原理图中元件值标注规则如表 3-2 所示。

表 3-2 原理图中元件值标注规则

元件	标注规则	
电阻	≤1Ω	以小数表示，而不以毫欧表示，可表示为 0RXX，例如 0R47（0.47Ω）、0R033（0.033Ω）
	≤999Ω	整数表示为 XXR，例如 100R（100Ω）、470R（470Ω）
	≤999kΩ	整数表示为 XXK，例如 100K（100kΩ）、470K（470kΩ）
	≤999Ω（包含小数）	表示为 XKX，例如 4K7（4.7kΩ）、4K99（4.99kΩ）、49K9（49.9kΩ）
	≥1MΩ	整数表示为 XXM，例如 1M（1MΩ）、10M（10MΩ）
	≥1MΩ（包含小数）	表示为 XMX，例如 4M7（4.7MΩ）、2M2（2.2MΩ）
	电阻如果只标电阻值，则代表其功率低于 1/4W；如果其功率大于 1/4W，则需要标明实际功率 为区分电阻种类，可在其后标明种类：CF（碳膜）、MF（金属膜）、PF（氧化膜）、FS（熔断）、CE（瓷壳）	
电容	≤pF	以小数加 p 表示，如 0p47（0.47pF）
	≤100pF	整数表示为 XXp，如 100p（100pF）
	≥100pF	采用指数表示，如 10^3pF
	≤999pF（包含小数）	表示为 XpX，如 4p7（4.7pF）、6P8（6.8pF）
	接近 1μF	可以用 0.Xμ 表示，如 0.1μ、0.22μ

续表

元件	标注规则	
电容	≥1μF	整数表示为 XXμF/耐压值，如 100μF/25V、470μF/16V
	≥1μF（包含小数）	表示为 X.X/耐压值，如 2.2μF/400V
	电容值后标明耐压值，以“/”隔开。电解电容必须标明耐压值，其他介质电容如果不标明耐压值，则默认耐压值为 50V	
电感	电感标法类似电容标法	
变压器	按实际型号	
二极管	按实际型号	
晶体管	按实际型号	
集成电路	按实际型号	
接插件	标明引脚数	
其他元件	按实际型号	

3.2　原理图库常用操作命令

打开或新建一个原理图库文件，进入原理图库编辑器，如图 3-1 所示。单击工具栏中的按钮，弹出的菜单中列出了原理图库常用的操作命令。这些命令与【放置】菜单中的命令具有对应关系，如图 3-2 所示。

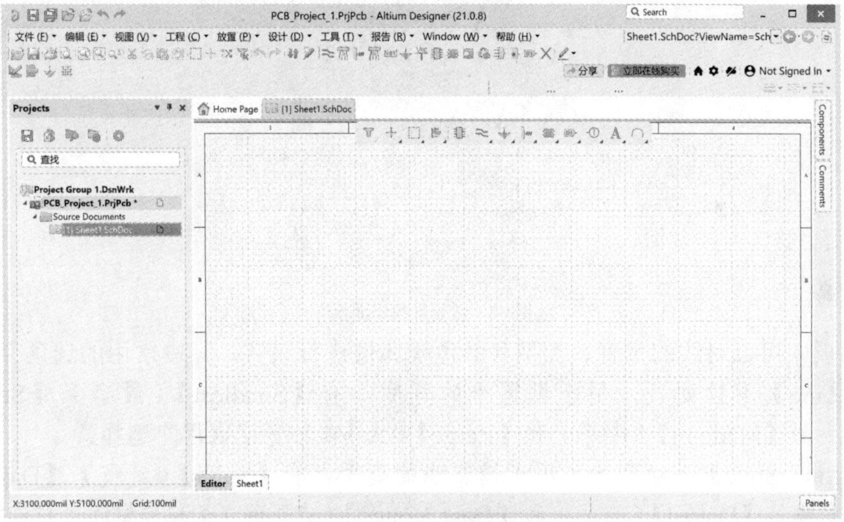

图3-1　原理图库编辑器

图3-2　原理图库常用的操作命令

1. **放置线**

在原理图库编辑器中，可以放置线来绘制元件的外形。该线在功能上完全不同于原理图中的导线，它不具有电气连接特性，不会影响电路的电气结构。

放置线的步骤如下。

(1) 选择菜单命令【放置】/【线】，或者单击工具栏中的“放置线”按钮，鼠标指针变成十字形状。

(2) 将鼠标指针移到要放置线的位置，单击确定线的起点，然后多次单击，确定多个固定点。在放置线的过程中，如果需要拐弯，可以单击确定拐弯的位置，同时按Shift+Space键切换拐弯的模式。在T形交叉点处，系统不会自动添加节点。线放置完毕后，右击或按Esc键退出。

(3) 设置线的属性。双击需要设置属性的线（或在放置状态下按Tab键），系统将弹出相应的线属性编辑面板，如图3-3所示。

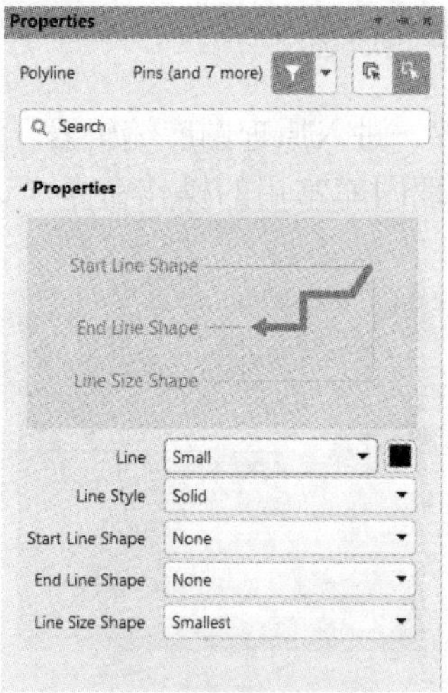

图3-3 线属性编辑面板

在该面板中可以对线的宽度、类型和颜色等属性进行设置。其中常用的选项介绍如下。

- 【Line】下拉列表：用于设置线的宽度，有【Smallest】（最小）、【Small】（小）、【Medium】（中等）和【Large】（大）4种宽度供用户选择。
- 【Line Style】下拉列表：用于设置线的类型，有【Solid】（实线）、【Dashed】（虚线）、【Dotted】（点线）和【Dash Dotted】（点画线）4种类型供用户选择。
- ■按钮：用于设置线的颜色。

2. **放置椭圆弧**

椭圆弧和圆弧的放置过程是一样的，圆弧实际上是椭圆弧的一种特殊形式。

放置椭圆弧的步骤如下。

(1) 选择菜单命令【放置】/【椭圆弧】，或者单击工具栏中的“放置椭圆弧”按钮，鼠标指针变成十字形状。

(2) 将鼠标指针移到要放置椭圆弧的位置，单击确定椭圆弧的中心，再次单击确定椭圆弧x轴的长度，第三次单击确定椭圆弧y轴的长度，从而完成椭圆弧的放置。

(3) 此时软件仍处于放置椭圆弧的状态，重复步骤（2）即可放置其他椭圆弧。右击或按 Esc 键退出操作。

3. 放置文本字符串

为了增强原理图的可读性，在某些关键的位置应该添加一些文字说明，即放置文本字符串，以便用户之间进行交流。

放置文本字符串的步骤如下。

(1) 选择菜单命令【放置】/【文本字符串】，或者单击工具栏中的“放置文本字符串”按钮 A，鼠标指针变成十字形状，并带有一个文本字符串“Text”标志。

(2) 将鼠标指针移到要放置文本字符串的位置，单击放置文本字符串。

(3) 此时软件仍处于放置文本字符串状态，重复步骤（2）即可放置其他文本字符串。右击或按 Esc 键退出操作。

(4) 设置文本字符串的属性。双击需要设置属性的文本字符串（或在放置状态下按 Tab 键），系统将弹出相应的文本字符串属性编辑面板，如图 3-4 所示。

图3-4　文本字符串属性编辑面板

其中常用的选项介绍如下。

- 【Rotation】下拉列表：用于设置文本字符串在原理图中的放置方向，有【0 Degrees】【90 Degrees】【180 Degrees】【270 Degrees】4 个选项。
- 【Text】下拉列表：用于选择文本字符串的具体内容，也可以在放置文本字符串后选择该对象，然后直接输入文本内容。
- 【Font】下拉列表：用于选择文本字符串的字体类型和字号等。
- ■按钮：用于设置文本字符串的颜色。
- 【Justification】列表框：用于设置文本字符串的位置。

4. 放置文本框

上面介绍的文本字符串针对的是简单的单行文本，如果需要大段的文字说明，就需要使用文本框。文本框可以放置多行文本，字数没有限制。

放置文本框的步骤如下。

(1) 选择菜单命令【放置】/【文本框】，或者单击工具栏中的“放置文本框”按钮，鼠标指针变成十字形状，并带有一个空白的文本框图标。

(2) 将鼠标指针移到要放置文本框的位置，单击确定文本框的一个顶点，移动鼠标指针到合适位置后再次单击确定其对角顶点，完成文本框的放置。

(3) 此时软件仍处于放置文本框的状态，重复步骤（2）即可放置其他文本框。右击或按 Esc 键退出操作。

(4) 设置文本框的属性。双击需要设置属性的文本框（或在绘制状态下按 Tab 键），系统将弹出相应的文本框属性编辑面板，如图 3-5 所示。

文本框属性的设置方法与文本字符串属性的设置方法大致相同，这里不再赘述。

5. 添加部件

选择菜单命令【工具】/【新部件】，或者单击工具栏中的“添加器件部件”按钮，即可为元件添加部件，如图 3-6 所示。

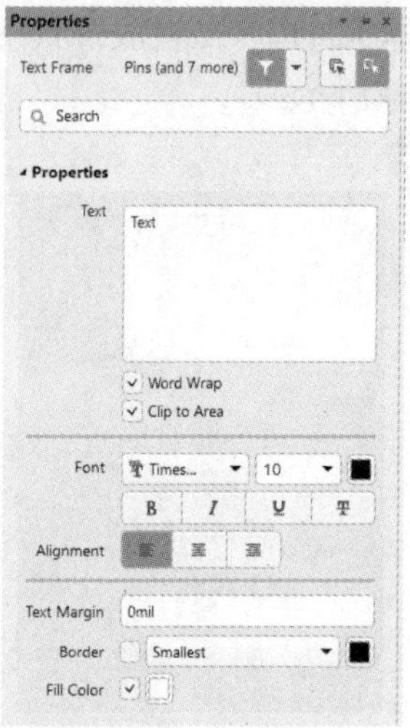

图3-5 文本框属性编辑面板

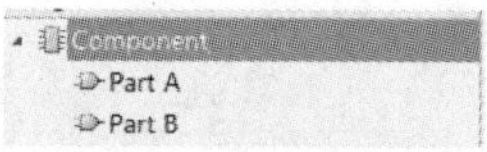

图3-6 添加部件

6. 放置圆角矩形

放置圆角矩形的步骤如下。

(1) 选择菜单命令【放置】/【圆角矩形】，或者单击工具栏中的“放置圆角矩形”按钮，鼠标指针变成十字形状，并带有一个圆角矩形图标。

(2) 将鼠标指针移到要放置圆角矩形的位置，单击确定圆角矩形的一个顶点，移动鼠标指针到合适的位置后单击，确定其对角顶点，从而完成圆角矩形的放置。

(3) 此时软件仍处于放置圆角矩形的状态，重复步骤（2）即可放置其他圆角矩形。右击或按 Esc 键退出操作。

(4) 设置圆角矩形的属性。双击需要设置属性的圆角矩形（或在放置状态下按 Tab 键），系统将弹出相应的圆角矩形属性编辑面板，如图 3-7 所示。

其中常用的选项介绍如下。

- 【Location】选项组：用于设置圆角矩形的起始顶点与终止顶点的位置。
- 【Width】文本框：用于设置圆角矩形的宽度。
- 【Height】文本框：用于设置圆角矩形的高度。
- 【Corner X Radius】文本框：用于设置 1/4 圆角在 x 方向的半径长度。
- 【Corner Y Radius】文本框：用于设置 1/4 圆角在 y 方向的半径长度。

- 【Border】：用于设置圆角矩形边框的宽度，有【Smallest】【Small】【Medium】【Large】4 种宽度可供选择。
- 【Fill Color】：用于设置圆角矩形的填充颜色。

7. 放置多边形

放置多边形的步骤如下。

(1) 选择菜单命令【放置】/【多边形】，或者单击工具栏中的“放置多边形”按钮，鼠标指针变成十字形状。

(2) 将鼠标指针移到要放置多边形的位置，单击确定多边形的一个顶点，接着每单击一次就确定一个顶点，放置完毕后单击鼠标右键退出。

(3) 此时软件仍处于放置多边形的状态，重复步骤（2）即可放置其他多边形。右击或按 Esc 键退出操作。

多边形属性的设置方法和圆角矩形属性的设置方法大致相同，这里不再赘述。

8. 创建器件

创建器件的步骤如下。

(1) 选择菜单命令【工具】/【新器件】，或者单击工具栏中的“添加器件部件”按钮，弹出【New Component】对话框。

(2) 输入器件名称，然后单击 确定 按钮，即可创建一个新的器件，如图 3-8 所示。

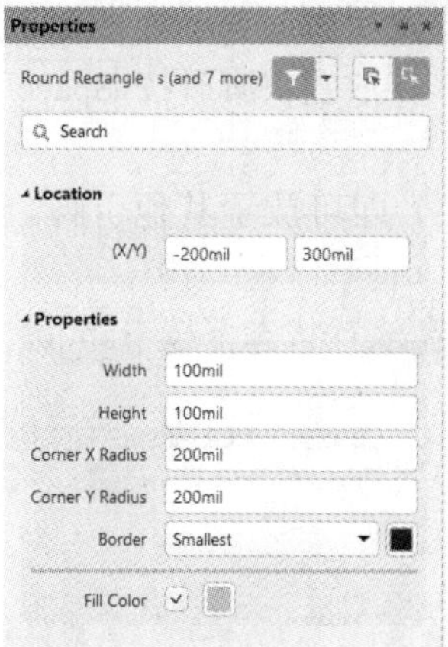

图3-7　圆角矩形属性编辑面板

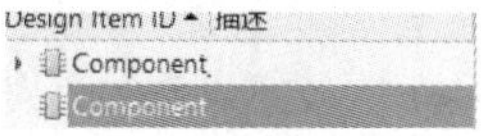

图3-8　创建器件

9. 放置矩形

放置矩形的步骤如下。

(1) 选择菜单命令【放置】/【矩形】，或者单击工具栏中的“放置矩形”按钮，鼠标指针变成十字形状，并带有一个矩形图标。

(2) 将鼠标指针移到要放置矩形的位置，单击确定矩形的一个顶点，移动鼠标指针到合适的位置再次单击，确定其对角顶点，完成矩形的放置。

(3) 此时软件仍处于放置矩形的状态，重复步骤（2）即可放置其他矩形。右击或按 Esc 键退出操作。

(4) 设置矩形的属性。双击需要设置属性的矩形（或在放置状态下按 Tab 键），系统将弹出相应的矩形属性编辑面板，如图 3-9 所示。

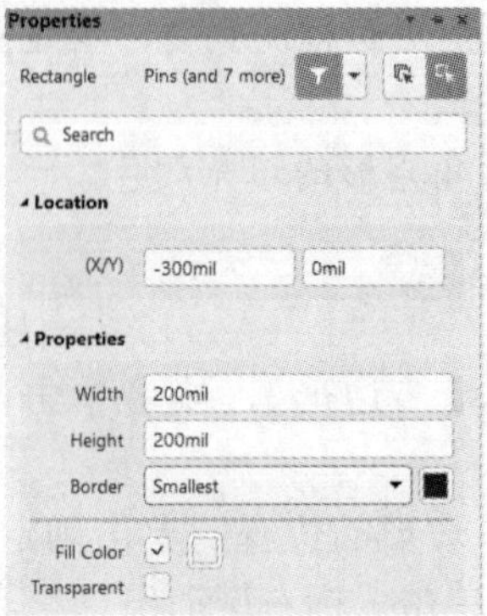

图3-9　矩形属性编辑面板

其中常用的选项介绍如下。

【Transparent】复选框：勾选该复选框，则矩形为透明的，即矩形内部无填充颜色。

10. 放置引脚

放置引脚的步骤如下。

(1) 选择菜单命令【放置】/【管脚】，或者单击工具栏中的“放置管脚”按钮，鼠标指针变成十字形状，并带有一个引脚图标。

(2) 将鼠标指针移到矩形边框处单击，完成放置。放置引脚时，一定要保证具有电气特性的一端，即带有“╳”的一端朝外，如图 3-10 所示。在放置引脚时按 Space 键可以旋转引脚。

(3) 此时软件仍处于放置引脚的状态，重复步骤（2）即可放置其他引脚。右击或按 Esc 键退出操作。

(4) 设置引脚的属性。双击需要设置属性的引脚（或在放置状态下按 Tab 键），系统将弹出相应的引脚属性编辑面板，如图 3-11 所示。

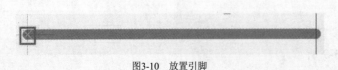

图3-10　放置引脚

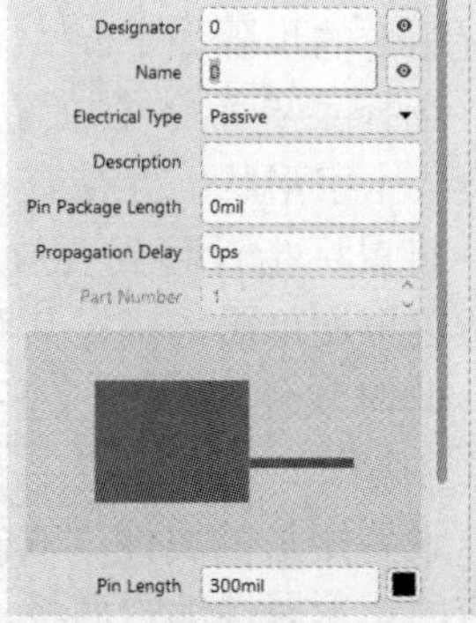

图3-11　引脚属性编辑面板

其中常用的选项介绍如下。

- 【Designator】文本框：用于设置引脚的标号，标号应与封装焊盘引脚相对应。该文本框右侧的“显示/隐藏”按钮用于设置标号的显示或隐藏。
- 【Name】文本框：用于设置引脚的名称。该文本框右侧的“显示/隐藏”按钮用于设置名称的显示或隐藏。
- 【Electrical Type】下拉列表：用于设置引脚的电气属性。
- 【Pin Package Length】文本框：用于设置引脚的长度。

3.3 元件符号的绘制方法

下面以绘制 NPN 晶体管和 DAC0832 芯片为例，详细介绍元件符号的绘制过程。

3.3.1 绘制元件符号

1. NPN 晶体管元件符号的绘制方法

(1) 绘制库元件的原理图符号。

绘制库元件的原理图符号的步骤如下。

① 选择菜单命令【文件】/【新的】/【库】/【原理图库】，如图 3-12 所示，启动原理图库编辑器，并创建一个新的原理图库文件。

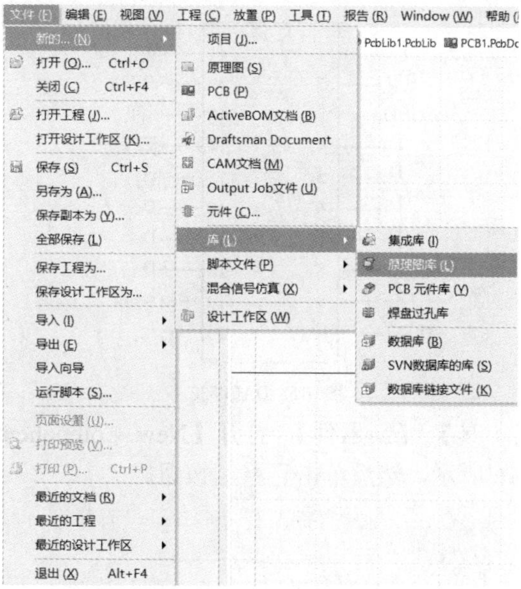

图3-12　新建原理图库文件

② 为新建的原理图符号命名。

在创建了一个新的原理图库文件的同时，系统自动为该文件添加了一个默认名为“Component_1”的原理图符号。选择这个名为“Component_1”的原理图符号，单击下面的编辑按钮，在弹出的【Properties】面板中将该原理图符号重命名为“NPN”。

③ 单击工具栏中的“放置线”按钮，鼠标指针变成十字形状，绘制一个 NPN 晶体

管，如图 3-13 所示。

(2) 放置引脚。

① 单击工具栏中的“放置管脚”按钮，鼠标指针变成十字形状，并带有一个引脚图标。

② 将鼠标指针移到 NPN 晶体管元件符号处，单击放置引脚，如图 3-14 所示。放置引脚时，一定要保证具有电气特性的一端，即带有“╳”的一端朝外。在放置引脚时按 Space 键可以旋转引脚。

③ 在放置引脚时按 Tab 键，或者双击已经放置的引脚，系统弹出引脚属性编辑面板，在该面板中完成引脚的各项属性设置。

④ 单击按钮，完成 NPN 晶体管元件符号的绘制。

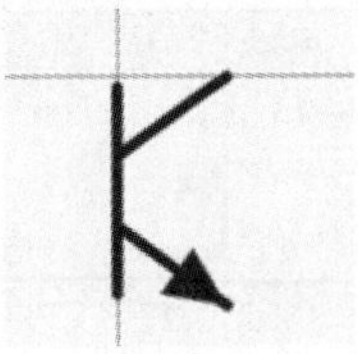

图3-13 绘制的 NPN 晶体管

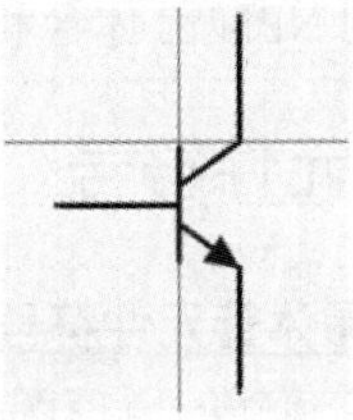

图3-14 放置引脚

2. DAC0832 芯片元件符号的绘制方法

(1) 绘制库元件的原理图符号。

DAC0832 是 20 引脚的双列直插式芯片，如图 3-15 所示。

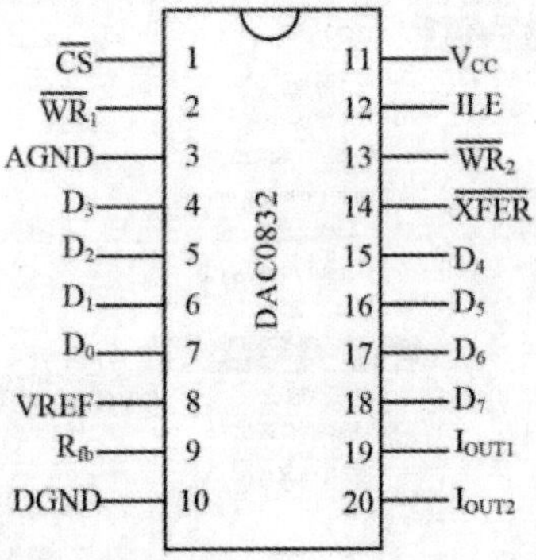

图3-15 DAC0832

① 选择菜单命令【工具】/【新器件】，打开【New Component】对话框，设置元件名为“DAC0832”，如图 3-16 所示，然后单击 确定 按钮。

图3-16 设置元件名

② 选择菜单命令【放置】/【矩形】，鼠标指针变成十字形状，并带有一个矩形图标。

③ 在编辑器中绘制一个大小合适的矩形。

矩形用来作为库元件的原理图符号外形，其大小取决于要绘制的原理图符号引脚的多少。由于 DAC0832 芯片的引脚采用左右两排的排布方式，所以应画成矩形，并画得大一些，以便放置引脚。引脚放置完毕后，再将矩形调整为合适的尺寸。

(2) 放置引脚。

① 单击工具栏中的“放置管脚”按钮，鼠标指针变成十字形状，并带有一个引脚图标。

② 将鼠标指针移到矩形边框处，单击放置引脚，如图 3-17 所示。

放置引脚时，一定要保证具有电气特性的一端，即带有“×”的一端朝外。在放置引脚时按 Space 键可以旋转引脚。

③ 在放置引脚时按 Tab 键，或者双击已经放置的引脚，系统弹出引脚属性编辑面板，利用该面板完成引脚的各项属性设置。

④ 设置完毕后按 Enter 键，设置好的引脚如图 3-18 所示。

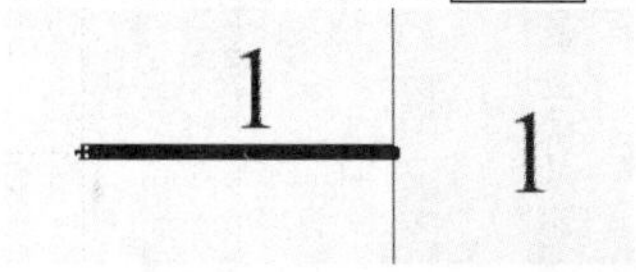

图3-17　放置元件的引脚

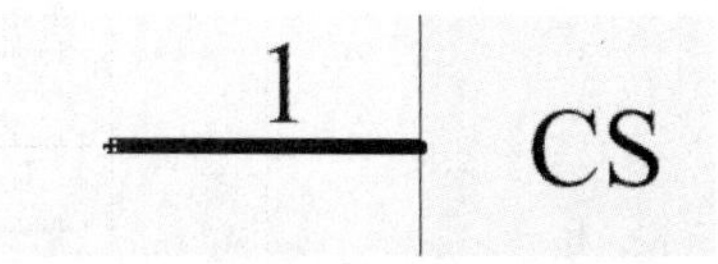

图3-18　设置好的引脚

⑤ 采用类似的操作，或者使用阵列粘贴功能，完成其余引脚的放置，并设置好相应的属性，完成 DAC0832 芯片元件符号的绘制，结果如图 3-19 所示。

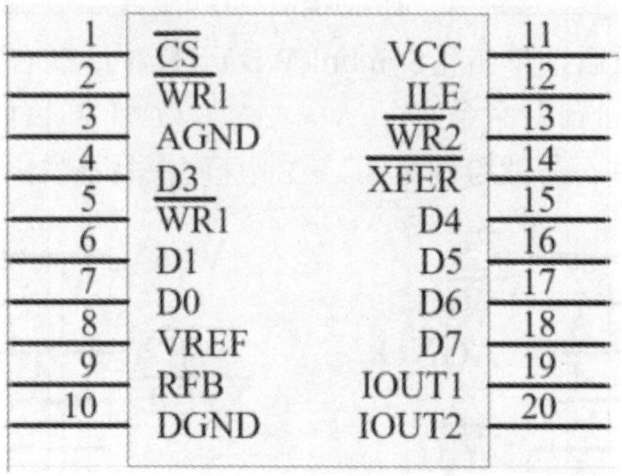

图3-19　绘制好的 DAC0832 芯片元件符号

3.3.2 利用 Symbol Wizard 绘制多引脚元件符号

在 Altium Designer 21 中，可以使用一些辅助工具快速创建原理图库。这对于 IC（Integrated Circuit，集成电路）等元件的创建特别适用。这里还是以 DAC0832 芯片为例详细介绍使用 Symbol Wizard 制作元件符号的方法。具体操作步骤如下。

(1) 在原理图库编辑器中，选择菜单命令【工具】/【新器件】，打开【New Component】对话框，设置元件名为“DAC0832”。

(2) 选择菜单命令【工具】/【Symbol Wizard】，打开【Symbol Wizard】对话框，如图 3-20 所示。根据芯片引脚功能分别将引脚名称、标识、属性等信息补充完整。对于有较多引脚的芯片，可以将引脚信息从器件规格书中复制粘贴过来，这既提高了效率又降低了引脚信息的出错率。

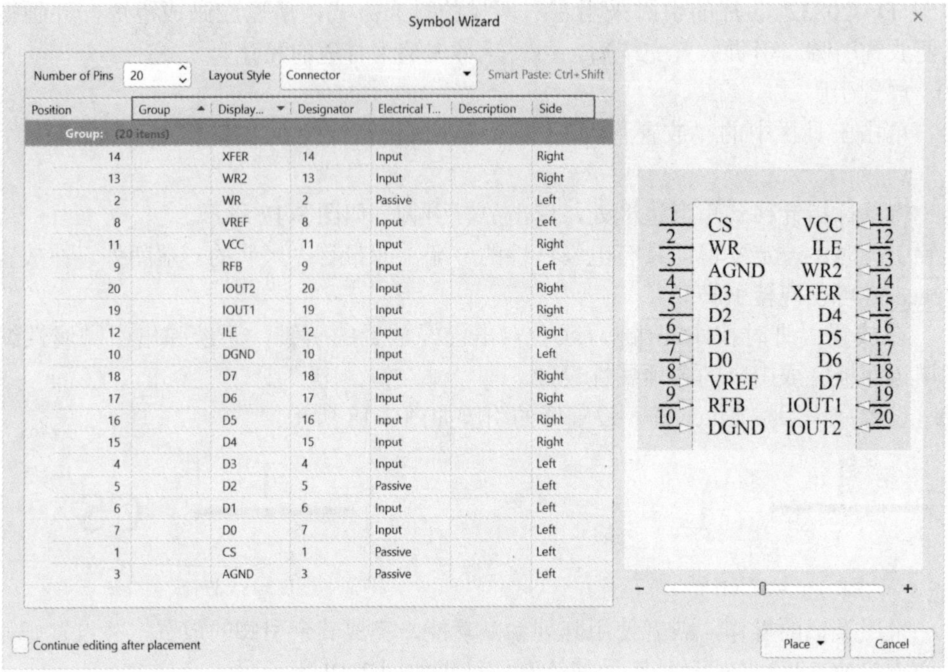

图3-20 【Symbol Wizard】对话框

(3) 引脚信息输入完成后，单击【Symbol Wizard】对话框右下角的 Place 按钮，在弹出的菜单中选择【Place Symbol】命令。

这样 DAC0832 芯片元件符号就绘制好了，绘制速度快且不易出错，效果如图 3-21 所示。

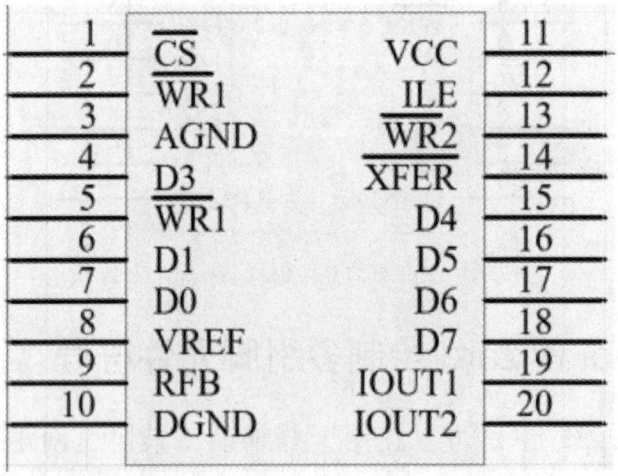

图3-21 用 Symbol Wizard 制作的元件符号

3.3.3 绘制含有子部件的元件符号

原则上，任何一个元件都可以被任意划分为多个子部件。LM324 芯片是四运放集成电路，采用 14 脚双列直插塑料（陶瓷）封装，如图 3-22 所示。其内部包含 4 组形式完全相同的运算放大器，除电源共用外，4 组运算放大器相互独立。下面绘制一个含有子部件的 LM324 芯片元件符号。

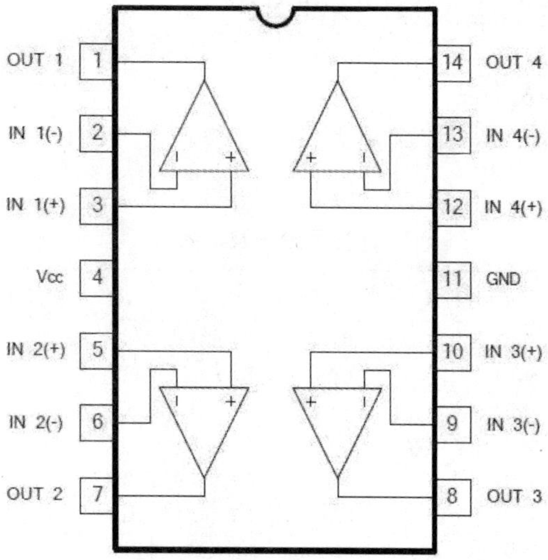

图3-22　LM324 芯片

(1) 选择菜单命令【工具】/【新器件】，打开【New Component】对话框，设置元件名为“LM324”，如图 3-23 所示。

(2) 在 Part A 里绘制第一个子部件。单击工具栏中的“放置多边形”按钮，鼠标指针变成十字形状，在原理图库编辑器的原点位置绘制一个三角形的运算放大器符号。

(3) 放置 Part A 引脚。单击工具栏中的“放置管脚”按钮，鼠标指针变成十字形状，并带有一个引脚图标。将鼠标指针移到运算放大器符号的边框处，单击放置引脚。使用同样的方法放置其他引脚，并设置好每一个引脚的属性，如图 3-24 所示。这样就完成了第一个子部件的绘制。

图3-23　创建元件

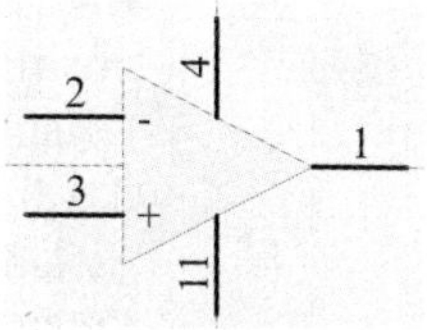

图3-24　绘制元件的第一个子部件

其中，引脚 1 为输出引脚，引脚 2、3 为输入引脚，引脚 4、11 为公共的电源引脚，即 VCC 和 GND。

(4) 选择菜单命令【工具】/【新部件】，为该元件创建 3 个新的子部件，分别为 Part B、Part C、Part D，如图 3-25 所示。

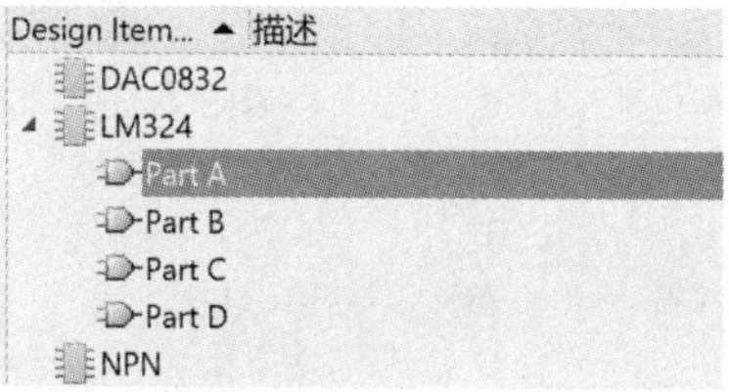

图3-25　新建子部件

(5) 参考步骤（2）（3）分别绘制其余 3 个子部件的符号，并设置好引脚属性，这样就完成了含有子部件的 LM324 芯片元件符号的绘制。

3.4 封装的命名规范及图形要求

1. PCB 元件库分类及命名

依据元件工艺分类（元件一律采用大写字母表示），PCB 元件库分类及命名如表 3-3 所示。

表 3-3　PCB 元件库分类及命名

元件库	元件种类	简称	封装名（Footprint）
SMD.LIB（贴片封装库）	SMD 电阻	R	R+元件英制代号
	SMD 排阻	RA	RA+电阻数-PIN 距
	SMD 电容	C	C+元件英制代号
	SMD 电解电容	C	C+元件直径
	SMD 电感	L	L+元件英制代号
	SMD 钽电容	CT	CT+元件英制代号
	柱状贴片	M	M+元件英制代号
	SMD 二极管	D	D+元件英制代号
	SMD 晶体管	Q	常规为 SOT23，其他为 Q-型号
	SMD IC	U	① 封装+PIN 数，如 PLCC6、QFP8、SOP8.SSOP8.TSOP8； ② IC 型号+封装+PIN 数
	接插件	CON	CON+PIN 数-PIN 距
AI.LIB（自动插接件封装库）	电阻	R	R +跨距（mm）
	瓷片电容	C	CAP+跨距（mm）-直径
	聚丙烯电容	C	C+跨距（mm）-长×宽
	涤纶电容	C	C+跨距（mm）-长×宽
	电解电容	C	C+直径-跨距（mm）；立式电容：C+直径×高-跨距（mm）+L
	二极管	D	D+直径-跨距（mm）
	晶体管类	Q	Q-型号
	MOS 管类	Q	Q-型号
	三端稳压 IC	U	U-型号
	LED	LED	LED-直径+跨距（mm）
ML.LIB（手动插接件封装库）	立插电阻	R	RV+跨距（mm）-直径
	水泥电阻	R	RV+跨距（mm）-长×宽
	压敏电阻	RZ	RZ-型号
	热敏电阻	RT	RT+跨距（mm）
	光敏电阻	RL	BL-型号
	可调电阻	VR	VR-型号
	排阻	RA	RA+电阻数-PIN 距
	卧插电容	C	CW +跨距（mm）-直径×高
	盒状电容	C	C+跨距（mm）-长×宽
	立式电解电容	C	C+跨距（mm）-直径
	电感	L	L+电感数-型号
	变压器	T	T-型号
	桥式整流器	BG	BG-型号
	晶体管	Q	Q-型号
	IGBT	Q	IGBT-序号
	MOS 管	Q	Q-型号

续表

元件库	元件种类	简称	封装名（Footprint）
ML.LIB（手动插接件封装库）	单向可控硅	SCR	SCR-型号
	双向可控硅	BCR	BCR-型号
	三端稳压 IC	U	U-型号
	光电耦合器类	U	U+PIN 数，如 PLCC6、QFP8、SOP8、SSOP8、TSOP8
	IC	U	
	排座	CON	① PIN 距为 2. 54mm：简称+PIN 数，如 CON5、CN5、SIP5、CON5； ② PIN 距不是 2. 54mm：SIP+PIN 数-PIN 距； ③ 带弯角的加上-W、普通的加上-L
	排线	CN	
	排针	SIP	
	其他连接器	CON	CON-型号
	发光二极管	LED	LED+跨距（mm）-直径
	双发光二极管	LED	LED2+跨距（mm）-直径
	数码管	LED	LED+位数-尺寸
	数码屏	LED	LED-型号
	背光板	BL	BL-型号
	LCD	LCD	LCD-型号
	按键开关	SW	SW-型号
	触摸按键	MO	MO 型号
	晶振	Y	Y-型号
	保险管	F	F+跨距（mm）-长×直径
	蜂鸣器	BUZ	BUZ+跨距（mm）-直径
	继电器	K	K-型号
	电池	BAT	BAT-直径
	电池片		型号
	模块	MK	MK-型号
MARK. LIB（标示对象库）	MARK 点	MARK	
	AI 孔	AI	
	螺丝孔	M	
	测试点	TP	
	过炉方向	SOL	

2. PCB 封装图形要求

(1) 外形尺寸：元件的最大外形尺寸。封装的外形（尺寸和形状）必须与实际元件的封装一致。

(2) 主体尺寸：元件的塑封体的尺寸，即宽度×长度。

(3) 尺寸单位：英制单位为 mil，公制单位为 mm。

(4) 封装的焊盘必须定义编号，一般使用数字编号，并与原理图对应。

(5) 贴片元件的原点一般设定在元件图形的中心。

(6) 插装元件的原点一般设定在第一个焊盘的中心。

(7) 表面贴片、插装元件的封装必须在元件面建立，不允许在焊接面建立镜像的封装。

(8) 封装的外形建立在丝印层上。

3.5 PCB 元件库常用操作命令

打开或新建一个 PCB 元件库文件，即可进入 PCB 元件库编辑器，如图 3-26 所示。

PCB 元件库编辑器的工具栏中各个按钮与【放置】菜单中的各项命令具有对应关系，如图 3-27 所示。

各个按钮的功能说明如下。

1. 放置线条

放置线条的步骤如下。

(1) 选择菜单命令【放置】/【放置线条】，或者单击工具栏中的“放置线条”按钮 ，鼠标指针变成十字形状。

(2) 将鼠标指针移到要放置线条的位置，单击确定线条的起点，多次单击确定多个固定点。在放置线条的过程中，如果需要拐弯，可以单击确定拐弯的位置，同时按 Shift+Space 键切换拐弯模式。在 T 形交叉点处，系统不会自动添加节点。线条放置完毕后，右击或按 Esc 键退出。

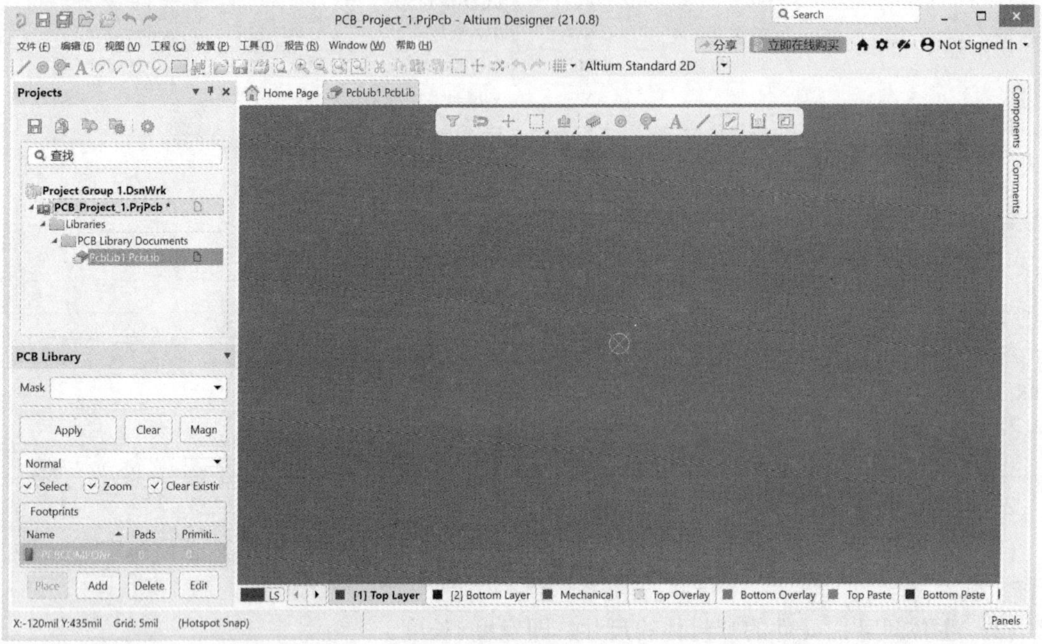

图3-26 PCB 元件库编辑器

图3-27 PCB 元件库常用操作命令

(3) 设置线条的属性。双击需要设置属性的线条（或在放置状态下按 Tab 键），系统将弹出相应的线条属性编辑面板，如图 3-28 所示。

其中常用的选项介绍如下。

- 【Line Width】文本框：用于设置线条的宽度。
- 【Current Layer】下拉列表：用于设置线条所在的层。

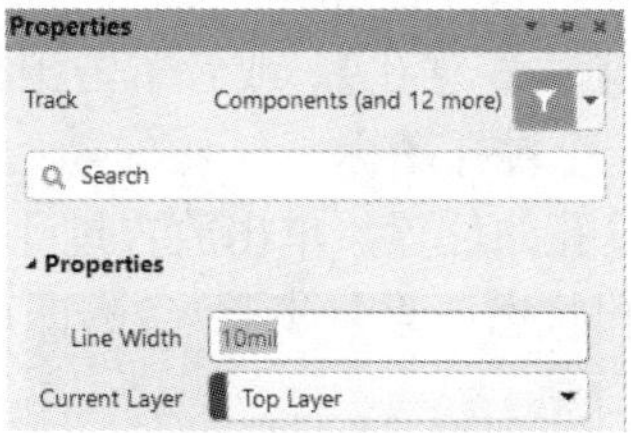

图3-28　线条属性编辑面板

2. 放置焊盘

放置焊盘的步骤如下。

(1) 选择菜单命令【放置】/【放置焊盘】，或者单击工具栏中的“放置焊盘”按钮，鼠标指针变成十字形状并带有一个焊盘图标。

(2) 将鼠标指针移到要放置焊盘的位置，单击放置焊盘。

(3) 此时软件仍处于放置焊盘状态，重复步骤（2）即可放置其他焊盘。右击或按 Esc 键退出操作。

(4) 设置焊盘的属性。双击需要设置属性的焊盘（或在放置状态下按 Tab 键），系统将弹出相应的焊盘属性编辑面板，如图 3-29 所示。

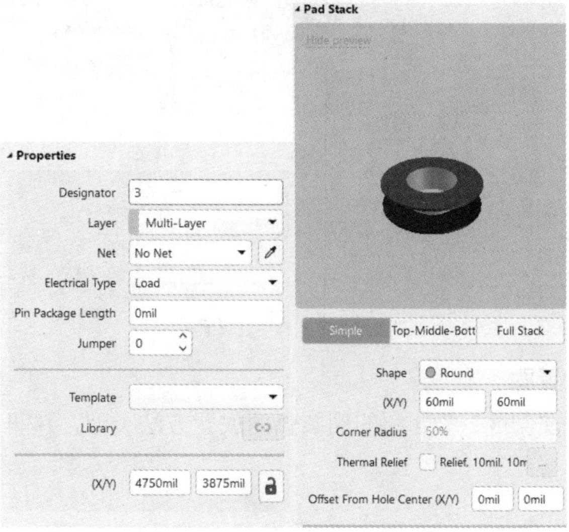

图3-29　焊盘属性编辑面板

其中常用的选项介绍如下。

- 【Designator】文本框：用于设置焊盘的标号，该标号要与原理图库中的元件符号引脚标号相对应。
- 【Layer】下拉列表：用于设置焊盘所在的层。
- 【Shape】下拉列表：用于设置焊盘的外形，有【Round】（圆形）、【Rectangle】（矩形）、【Octagonal】（八边形）和【Rounded Rectangle】（圆角矩形）4 种形状可供选择。

- 【(X/Y)】文本框：用于设置焊盘的尺寸。

3. 放置过孔

放置过孔的步骤如下。

(1) 选择菜单命令【放置】/【放置过孔】，或者单击工具栏中的“放置过孔”按钮，鼠标指针变成十字形状，并带有一个过孔图标。

(2) 将鼠标指针移到要放置过孔的位置，单击放置过孔。

(3) 此时软件仍处于放置过孔状态，重复步骤（2）即可放置其他过孔。右击或按 Esc 键退出操作。

(4) 设置过孔的属性。双击需要设置属性的过孔（或在放置状态下按 Tab 键），系统将弹出相应的过孔属性编辑面板，如图 3-30 所示。

其中常用的选项介绍如下。

- 【Hole Size】文本框：用于设置过孔内径尺寸。
- 【Diameter】文本框：用于设置过孔外径尺寸。
- 【Solder Mask Expansion】选项组：用于设置过孔顶层和底层盖油。

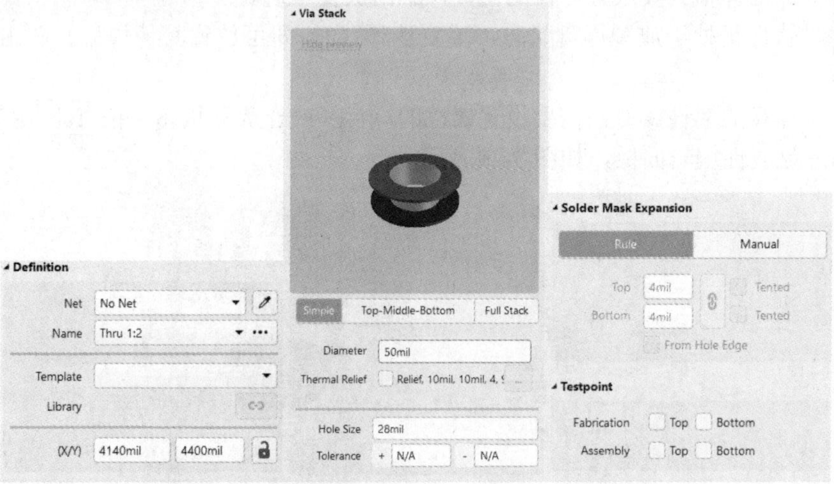

图3-30 过孔属性编辑面板

4. 放置圆弧和放置圆

圆弧和圆的放置方法与 3.2 节介绍的椭圆弧的放置方法类似，这里不再赘述。

5. 放置填充

放置填充的步骤如下。

(1) 选择菜单命令【放置】/【放置填充】，或者单击工具栏中的“放置填充”按钮，鼠标指针变成十字形状。

(2) 将鼠标指针移到要放置填充的位置，单击确定填充的一个顶点，移动鼠标指针到合适的位置再次单击确定其对角顶点，从而完成填充的放置。

(3) 此时软件仍处于放置填充状态，重复步骤（2）即可放置其他填充。右击或按 Esc 键退出操作。

(4) 设置填充的属性。双击需要设置属性的填充（或在放置状态下按 Tab 键），系统将弹出相应的填充属性编辑面板，如图 3-31 所示。

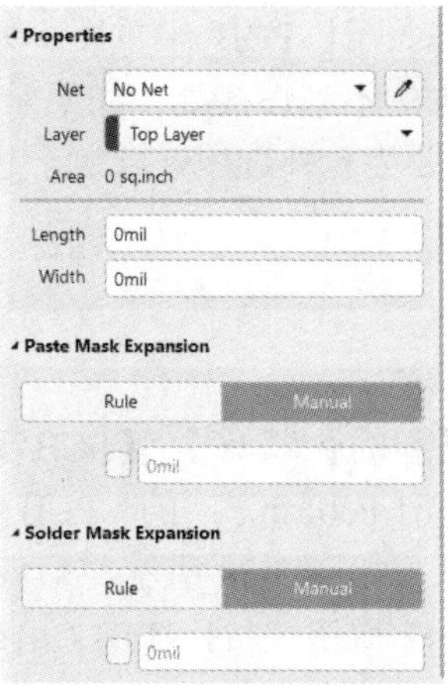

图3-31　填充属性编辑面板

其中常用的选项介绍如下。

- 【Layer】下拉列表：用于设置填充所在的层。
- 【Length】文本框：用于设置填充的长度。
- 【Width】文本框：用于设置填充的宽度。
- 【Paste Mask Expansion】选项组：用于设置填充的助焊层外扩值。
- 【Solder Mask Expansion】选项组：用于设置填充的阻焊层外扩值。

6. 阵列式粘贴

阵列式粘贴是 PCB 设计中灵巧的粘贴工具，可以一次性把复制的对象粘贴出多个以排列成圆形或线形。

阵列式粘贴的步骤如下。

(1) 复制一个对象后，选择菜单命令【编辑】/【特殊粘贴】，或者按快捷键 E+A，或者单击工具栏中的“阵列式粘贴”按钮。

(2) 在弹出的【设置粘贴阵列】对话框中输入需要的参数，如图 3-32 所示，单击 确定 按钮把复制的对象粘贴出多个以排列成圆形或线形。

粘贴后的效果如图 3-33 所示。

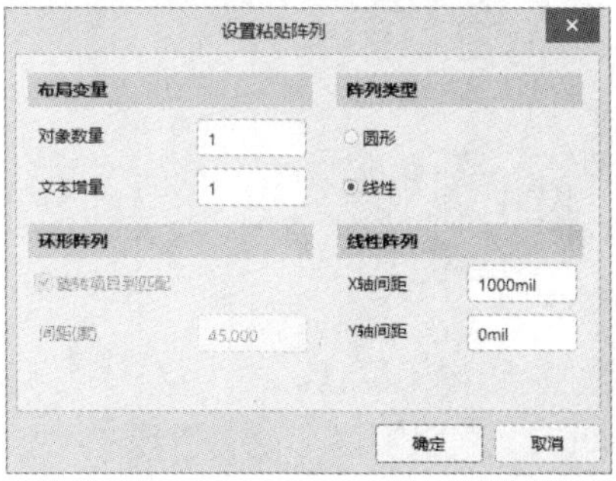

图3-32　设置粘贴阵列的属性

图3-33　阵列式粘贴的效果

3.6 封装制作

元件封装是指实际元件在 PCB 上的轮廓及在引脚焊接处（称为焊盘）的大小和位置，

以俯视图来表示。合适的元件封装对设计 PCB 很重要。如果元件的外观轮廓太大，则浪费了 PCB 的空间，而且元件的引脚也达不到焊接处；如果元件的外观轮廓太小，则 PCB 没有预留足够的空间安装元件。因此，要为元件选用或绘制合适的封装。

3.6.1 手动制作封装

手动制作封装的步骤如下。

(1) 选择菜单命令【文件】/【新的】/【库】/【PCB 元件库】，PCB 元件库编辑器中会出现一个新的名为“PcbLib1.PcbLib”的 PCB 元件库文件和一个名为“PCBCOMPNENT_1”的空白图纸，如图 3-34 所示。

(2) 单击快速访问工具栏中的按钮或按快捷键 Ctrl+S，将 PCB 元件库文件保存并重命名为“Leonardo.PcbLib”。

(3) 双击“PCBCOMPNENT_1”，打开【PCB 库封装[mil]】对话框，利用该对话框更改元件的名称，如图 3-35 所示。

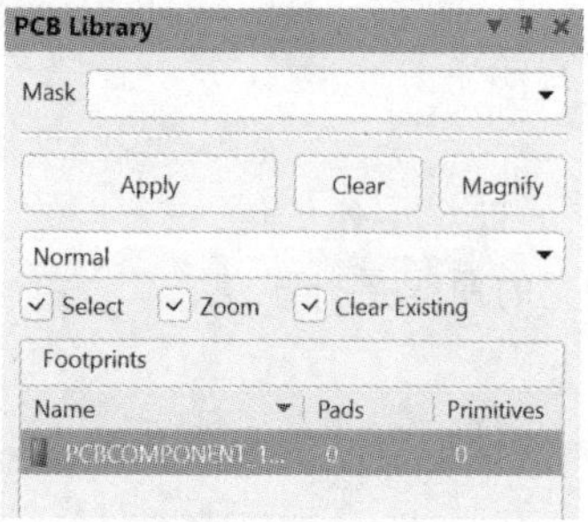

图3-34 新建 PCB 元件库文件和空白图纸

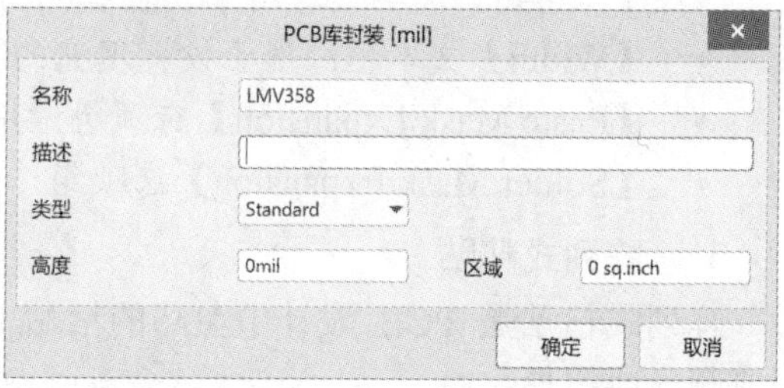

图3-35 更改元件名称

(4) 下载相应的规格书。

此处以 LMV358 芯片为例，详细介绍手动制作封装。

(5) 选择菜单命令【放置】/【焊盘】，在放置焊盘状态下按 Tab 键设置焊盘的属性。因为该元件是表面贴片元件，所以焊盘的属性设置如图 3-36 所示。

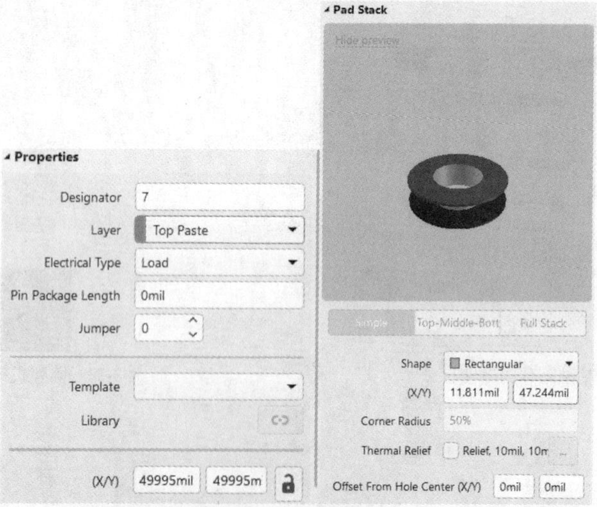

图3-36 焊盘属性设置

(6) 从规格书中可以了解到焊盘纵向的间距为 0.65mm，横向间距为 4.225mm，按照规格书所示的引脚标号和间距一一放置焊盘。放置焊盘通常可以通过以下两种方法来实现焊盘的精准定位。

- 先将两个焊盘重合放置，然后选择其中一个焊盘，按快捷键 M，在弹出的菜单中选择【通过 X,Y 移动选中对象】命令，弹出图 3-37 所示的【获得 X/Y 偏移量[mm]】对话框，根据规格书设置需要移动的距离。
- 双击焊盘，根据计算结果输入坐标来移动对象，如图 3-38 所示。

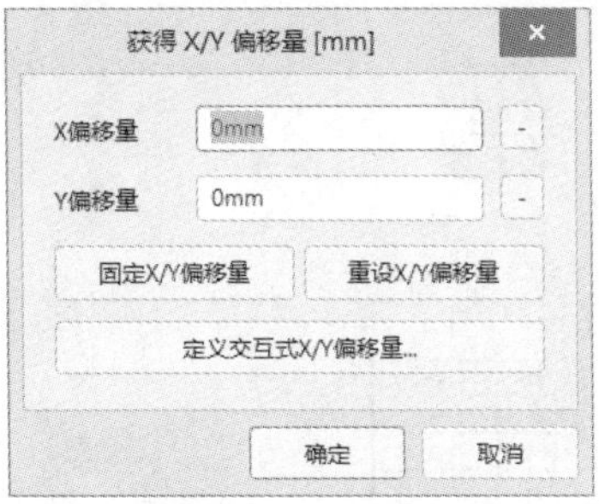

图3-37　【获得 X/Y 偏移量[mm]】对话框

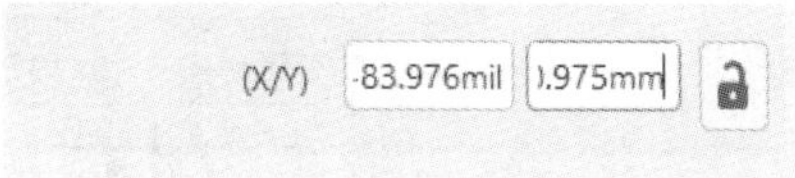

图3-38　输入坐标移动对象

放置所有焊盘后的效果如图 3-39 所示。

(7) 在顶部丝印层（Top Overlayer）绘制元件丝印。参考放置线条的方法，按照规格书中的尺寸绘制出元件的丝印框，线宽一般为 0.2mm。

(8) 放置元件原点，按快捷键 E + F + C 将原点定在元件中心。

(9) 双击【PCB Library】列表中相应的元件，修改封装名及描述信息等。

(10) 检查以上操作无误后，就完成了封装的制作，如图 3-40 所示。

图3-39　放置所有焊盘

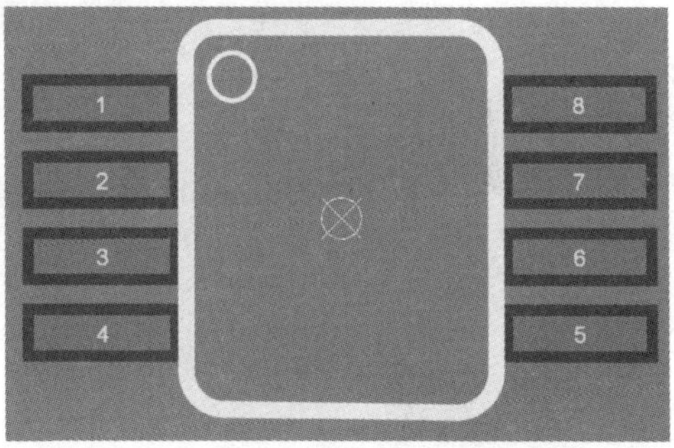

图3-40　制作好的封装

3.6.2 利用 IPC 向导（元件向导）制作封装

PCB 元件库编辑器的【工具】菜单中有一个【IPC Compliant Footprint Wizard】命令，该命令可以根据元件的规格书填入封装参数，以快速、准确地创建一个元件封装。下面以 SOP-8 和 SOT23 为例介绍利用 IPC 向导制作封装的详细步骤。

1. SOP-8 封装制作

SOP-8 封装规格书如图 3-41 所示。

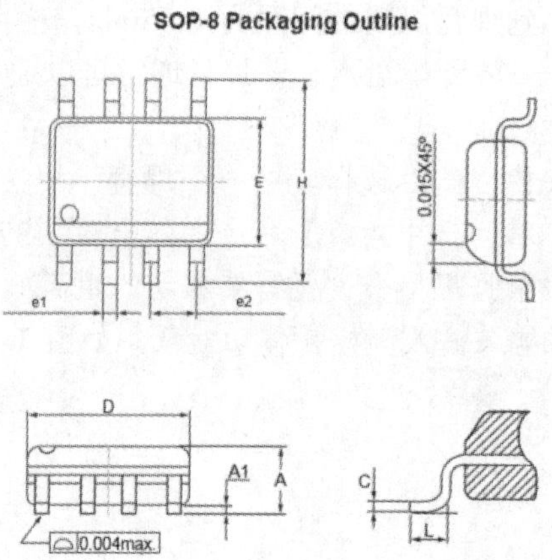

SYMBOLS	Millimeters			Inches		
	MIN.	Nom.	MAX.	MIN.	Nom.	MAX.
A	1.35	1.55	1.75	0.053	0.061	0.069
A1	0.10	0.17	0.25	0.004	0.007	0.010
C	0.18	0.22	0.25	0.007	0.009	0.010
D	4.80	4.90	5.00	0.189	0.193	0.197
E	3.80	3.90	4.00	0.150	0.154	0.158
H	5.80	6.00	6.20	0.229	0.236	0.244
e1	0.35	0.43	0.56	0.014	0.017	0.022
e2	1.27BSC			0.05BSC		
L	0.40	0.65	1.27	0.016	0.026	0.050

图3-41　SOP-8 封装规格书

(1) 在 PCB 元件库编辑器中，选择菜单命令【工具】/【IPC Compliant Footprint Wizard】，弹出 IPC 向导，如图 3-42 所示。

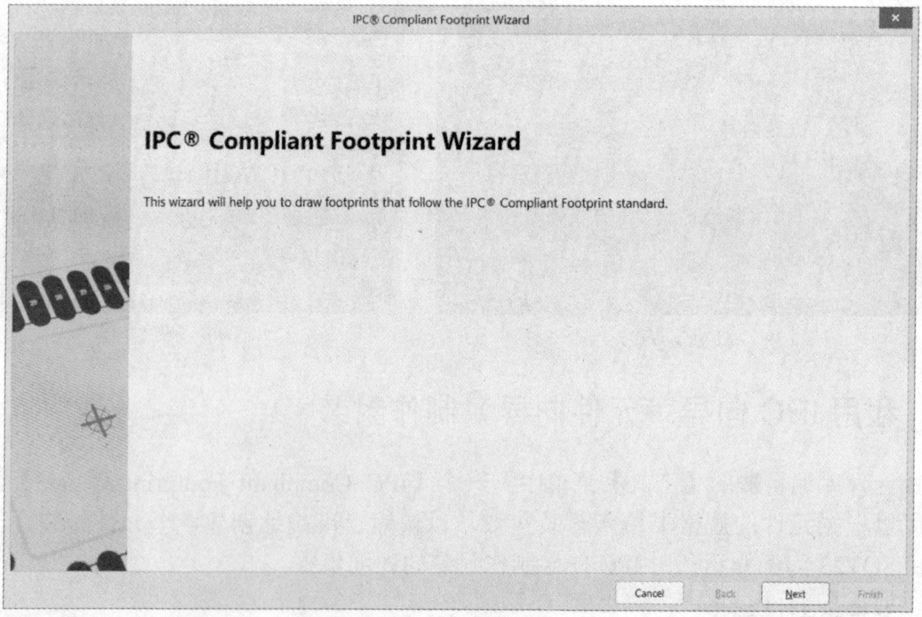

图3-42　IPC 向导

(2) 单击 Next 按钮，在弹出的【Select Component Type】对话框中选择所需的封装类型，这里选择 SOP/TSOP 系列，如图 3-43 所示。

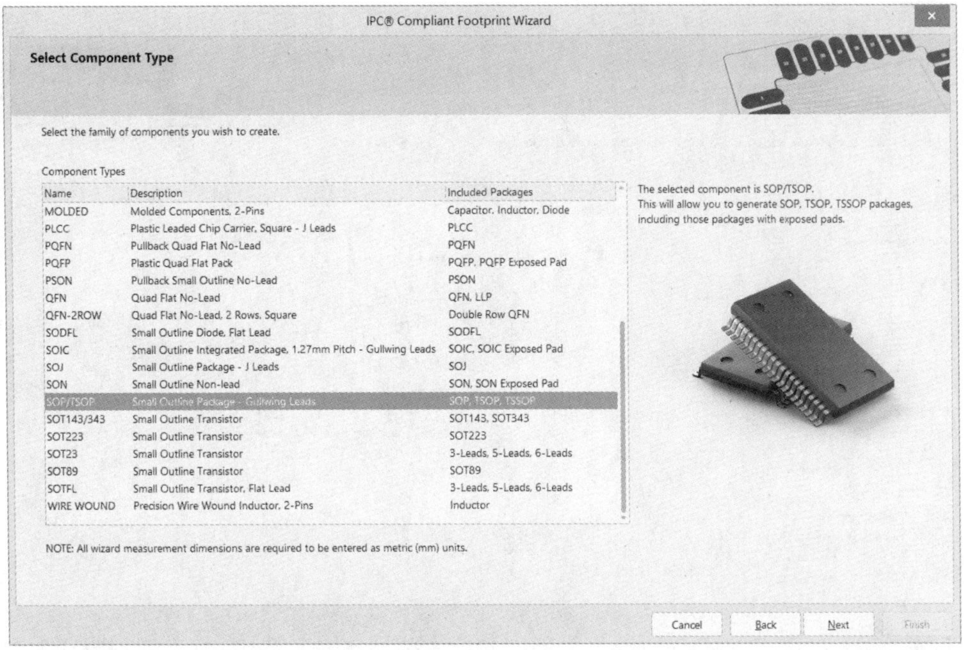

图3-43　选择封装类型

(3) 单击 Next 按钮，在弹出的【SOP/TSOP Package Dimensions】对话框中根据封装规格书输入相应的参数，如图 3-44 所示。

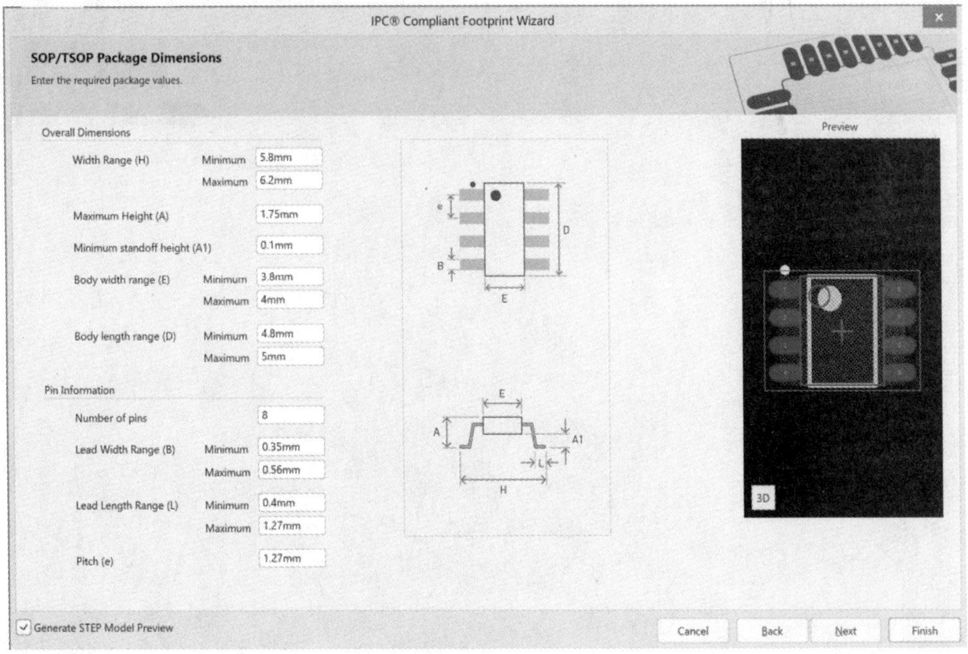

图3-44　输入参数

(4) 单击 Next 按钮，在弹出的对话框中保持参数的默认值，然后连续单击 Next 按钮，直到打开【SOP/TSOP Footprint Dimensions】对话框，在【Pad Shape】（焊盘外形）选项组中选择焊盘的形状，如图 3-45 所示。

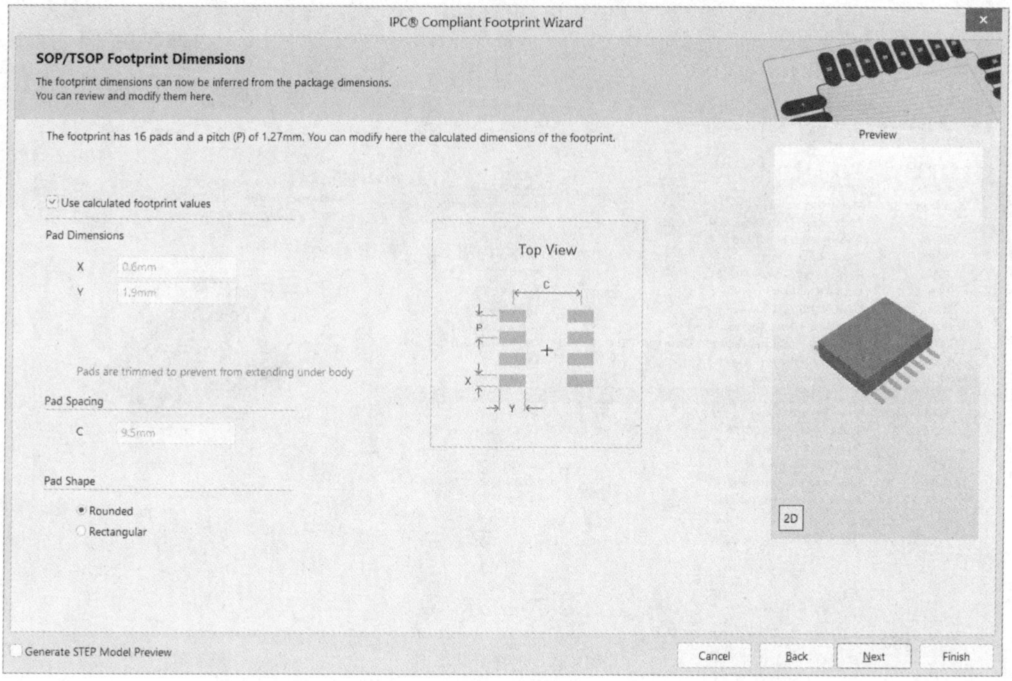

图3-45 选择焊盘形状

(5) 单击 Next 按钮，直到最后一步，编辑封装信息，如图 3-46 所示。

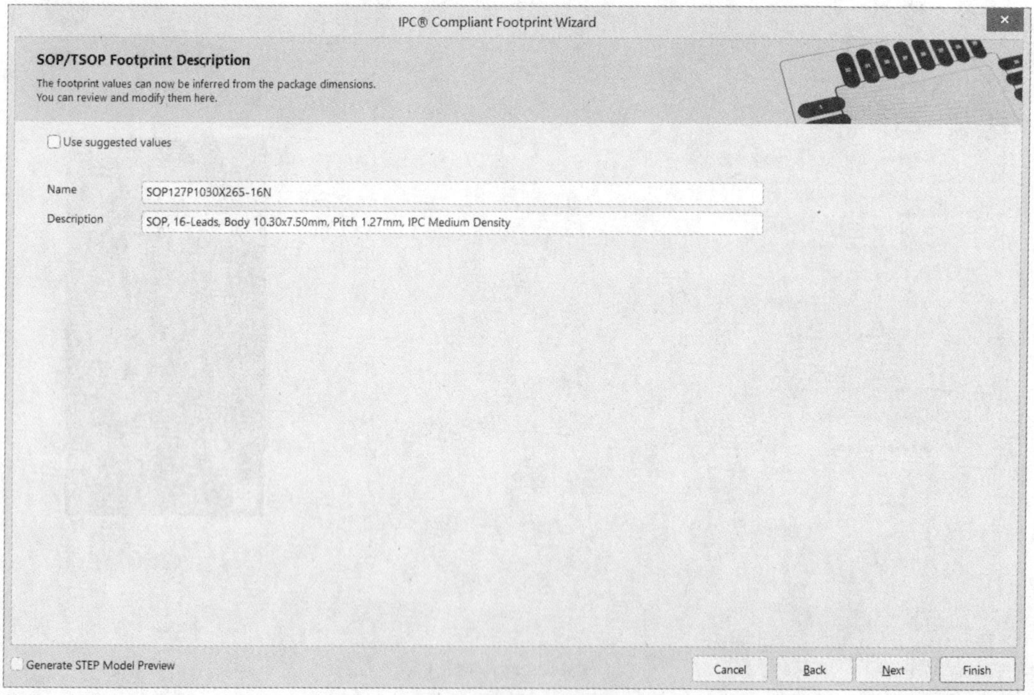

图3-46 编辑封装信息

(6) 单击 Finish 按钮，完成封装的制作，效果如图 3-47 所示。

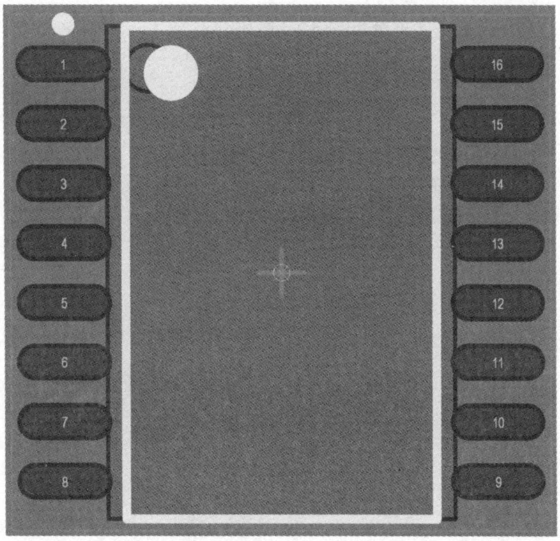

图3-47　制作好的 SOP-8 封装

2.　SOT23 封装制作

SOT23 封装规格书如图 3-48 所示。

SOT-23 Package Outline Dimensions

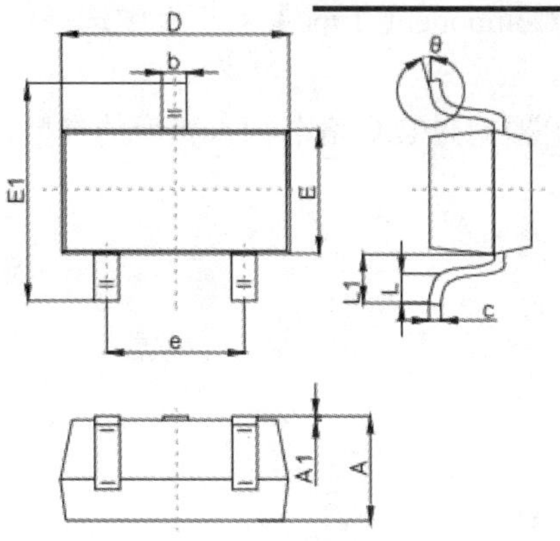

Symbol	Dimensions In Millimeters		
	Min	Typ	Max
A	1.00		1.40
A1			0.10
b	0.35		0.50
c	0.10		0.20
D	2.70	2.90	3.10
E	1.40		1.60
E1	2.4		2.80
e		1.90	
L	0.10		0.30
L1	0.4		
θ	0°		10°

Suggested Pad Layout

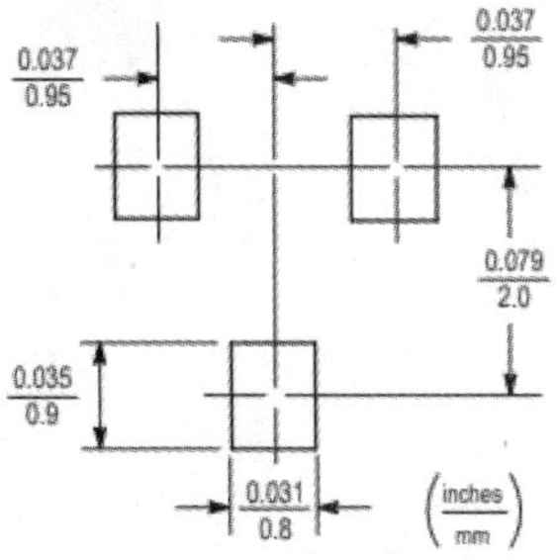

Note:
1.Controlling dimension:in/millimeters.
2.General tolerance: ±0.05mm.
3.The pad layout is for reference purposes only.

图3-48　SOT23 封装规格书

(1)　在 PCB 元件库编辑器中，选择菜单命令【工具】/【IPC Compliant Footprint Wizard】，弹出 IPC 向导，如图 3-49 所示。

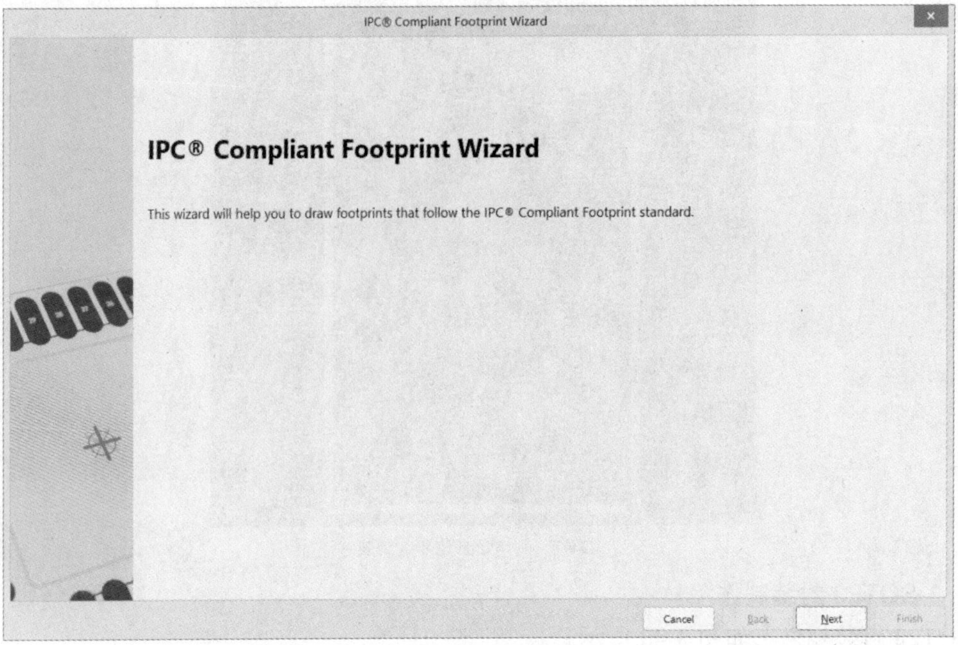

图3-49　IPC 向导

(2) 单击 Next 按钮，在弹出的【Select Component Type】对话框中选择所需的封装类型，这里选择 SOT23 系列。

(3) 单击 Next 按钮，在弹出的对话框中根据封装规格书输入相应的参数，如图 3-50 所示。

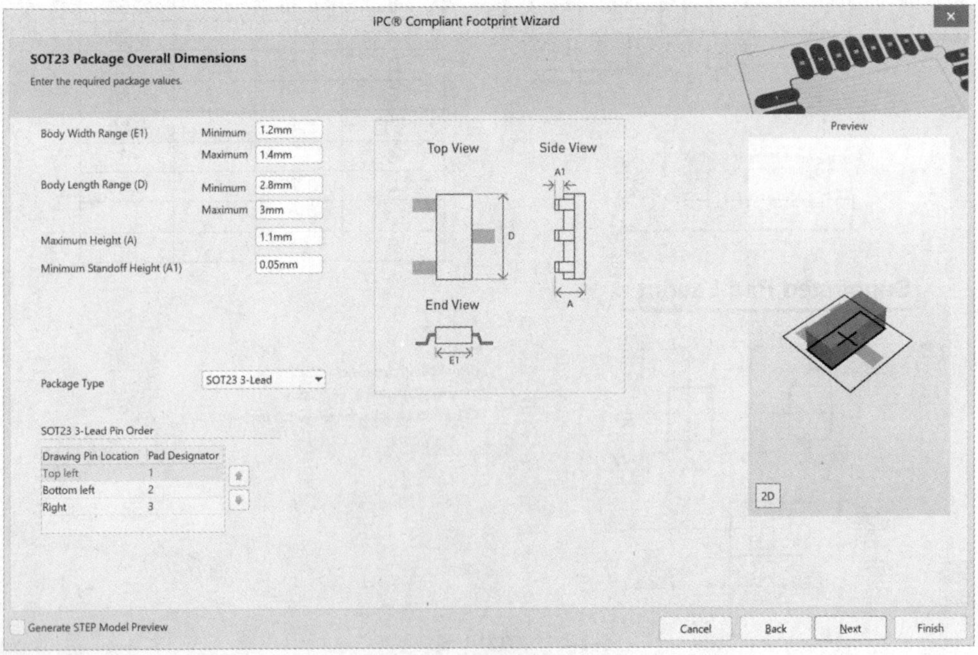

图3-50　输入参数

(4) 单击 Next 按钮，继续输入参数，如图 3-51 所示。

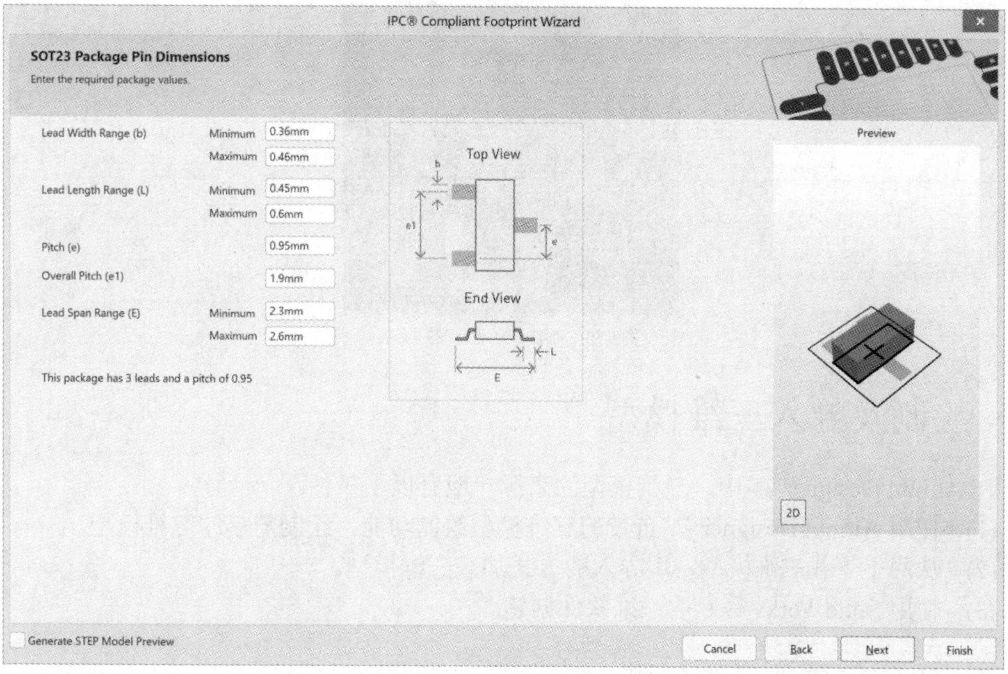

图3-51　继续输入参数

(5) 单击 Next 按钮，在弹出的对话框中保持参数的默认值，然后连续单击 Next 按钮。

(6) 直到最后一步，编辑封装信息，如图 3-52 所示。

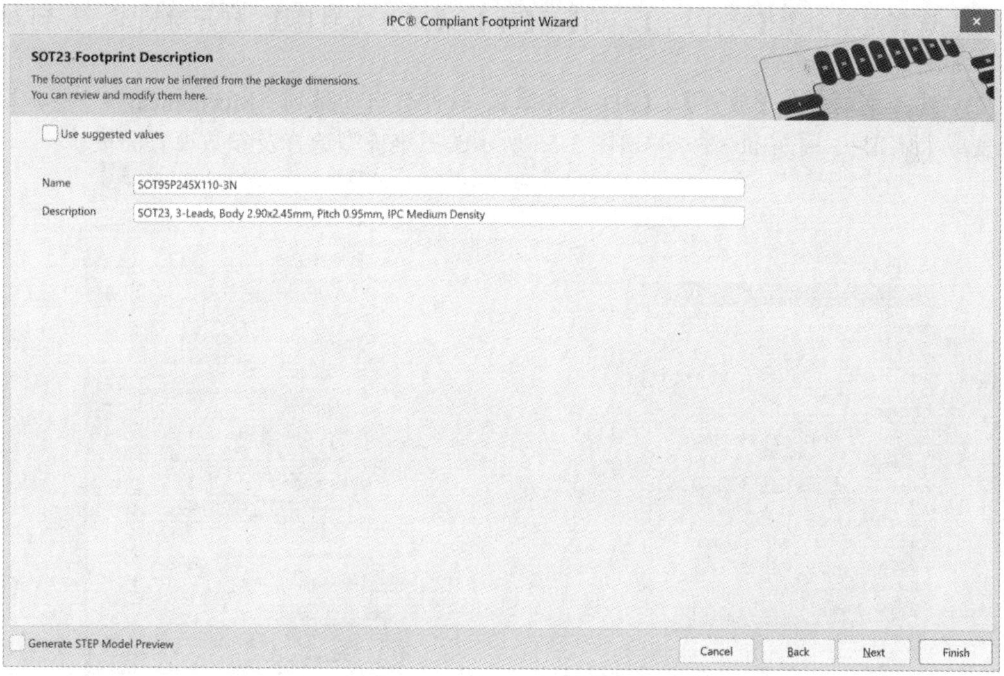

图3-52　编辑封装信息

(7) 单击 Finish 按钮，完成封装的制作，效果如图 3-53 所示。

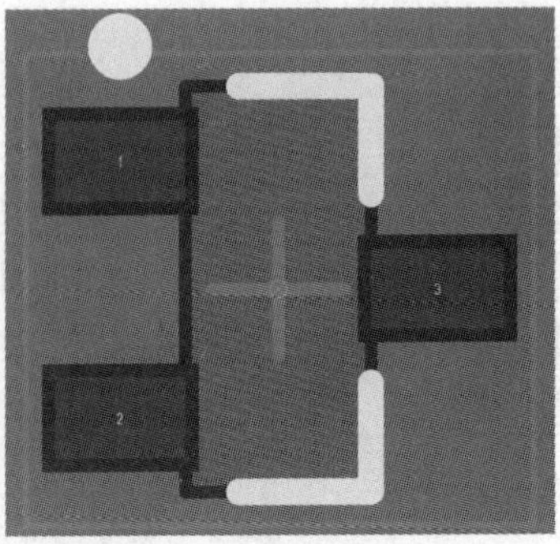

图3-53　制作好的 SOT23 封装

3.7　绘制及导入三维模型

在 Altium Designer 21 中，三维模型的来源一般有以下 3 种。

(1)　使用 Altium Designer 21 自带的三维模型绘制功能，绘制简单的三维模型。

(2)　从网上下载三维模型，用导入的方式加载三维模型。

(3)　使用 SolidWorks 等专业三维软件创建。

3.7.1　绘制简单的三维模型

使用 Altium Designer 21 自带的三维元件体绘制功能，可以绘制简单的三维模型。下面以 0805 为例，绘制 0805 封装的三维模型。

(1)　选择菜单命令【文件】/【新的】/【库】/【PCB 元件库】，打开封装库，找到 0805 封装，如图 3-54 所示。

(2)　选择菜单命令【放置】/【3D 元件体】，软件会自动跳到“Mechanical 1”层，鼠标指针变成十字形状，按 Tab 键，弹出图 3-55 所示的三维模型选择及参数设置面板。

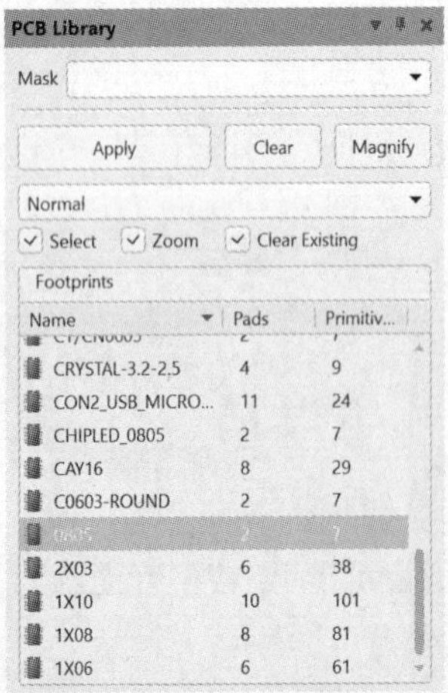

图3-54　0805 封装

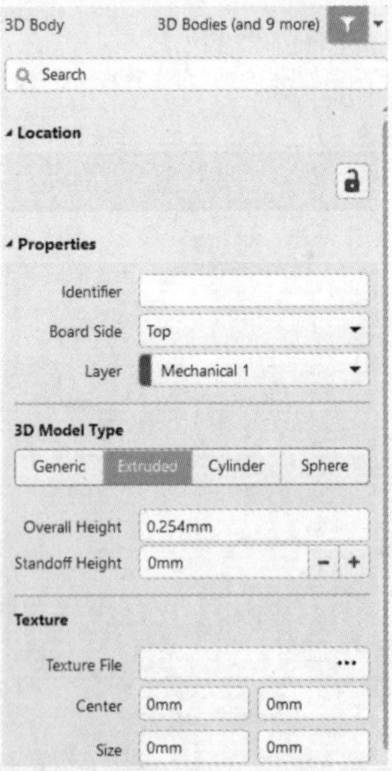

图3-55　三维模型选择及参数设置面板

(3) 选择【Extruded】(挤压型)，并按照 0805 封装规格书输入参数，如图 3-56 所示。

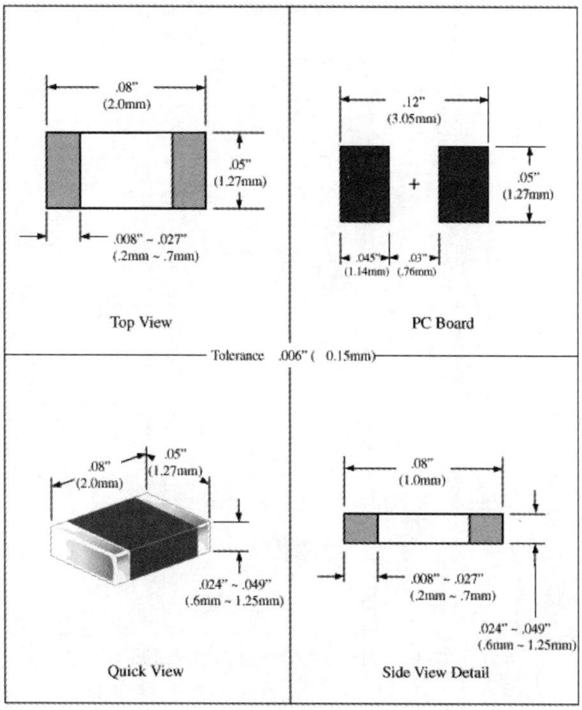

图3-56　0805 封装规格书

(4) 按照实际尺寸绘制三维模型，绘制好的网状区域的尺寸即 0805 的实际尺寸，如图 3-57 所示。

(5) 按数字键 3，查看三维效果，如图 3-58 所示。

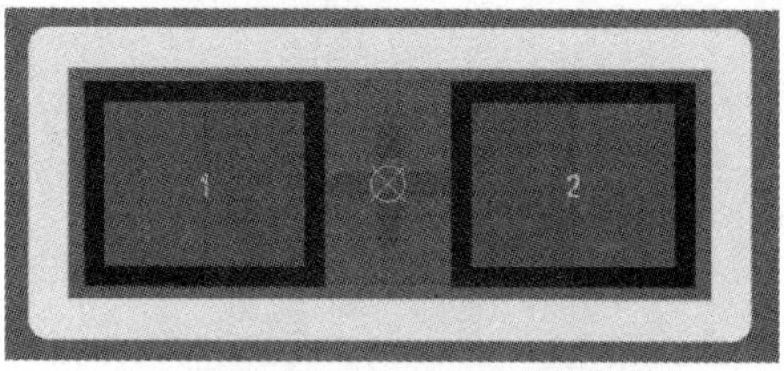

图3-57　绘制好的三维模型

图3-58　0805 三维效果

3.7.2 导入三维模型

对于一些复杂元件的三维模型，Altium Designer 21 无法绘制，可以通过导入三维元件体的方式放置三维模型。

下面对这种方法进行介绍。

(1) 打开 PCB 元件库，找到 0805 封装，与手动绘制的方法一样。

(2) 选择菜单命令【放置】/【3D 元件体】，软件会跳到“Mechanical 1”层，鼠标指针变成十字形状，按 Tab 键，弹出三维模型选择及参数设置面板，如图 3-59 所示，选择【Generic】，单击 Choose... 按钮；或者直接选择菜单命令【放置】/【3D】，弹出【Choose Model】对话框，选择扩展名为“.STEP”或“.STP”的文件，如图 3-60 所示。

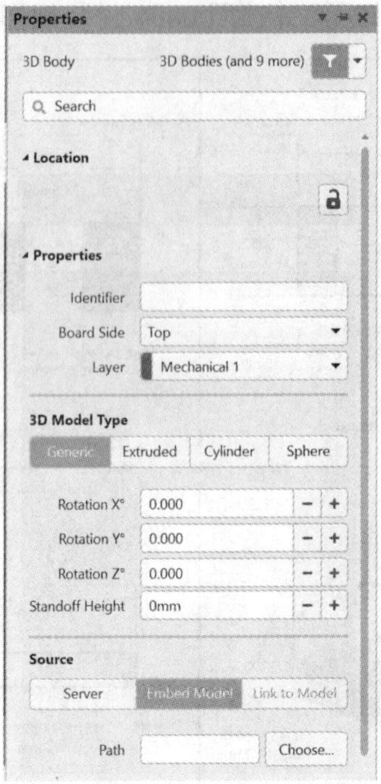

图3-59　三维模型选择及参数设置面板

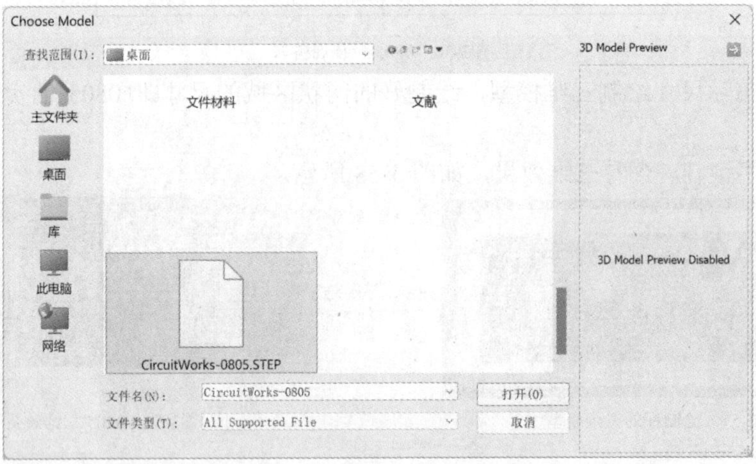

图3-60　【Choose Model】对话框

(3) 打开选择的三维模型，并将其放到相应的焊盘位置，切换到三维视图，效果如图3-61 所示。

图3-61　导入的三维模型

3.8 元件与封装的关联

有了原理图库和 PCB 元件库之后，接下来就是将元件与相应的封装关联起来。打开【SCH Library】面板，选择其中一个元件，在【Editor】栏中单击 Add Footprint 按钮，如图 3-62 所示。

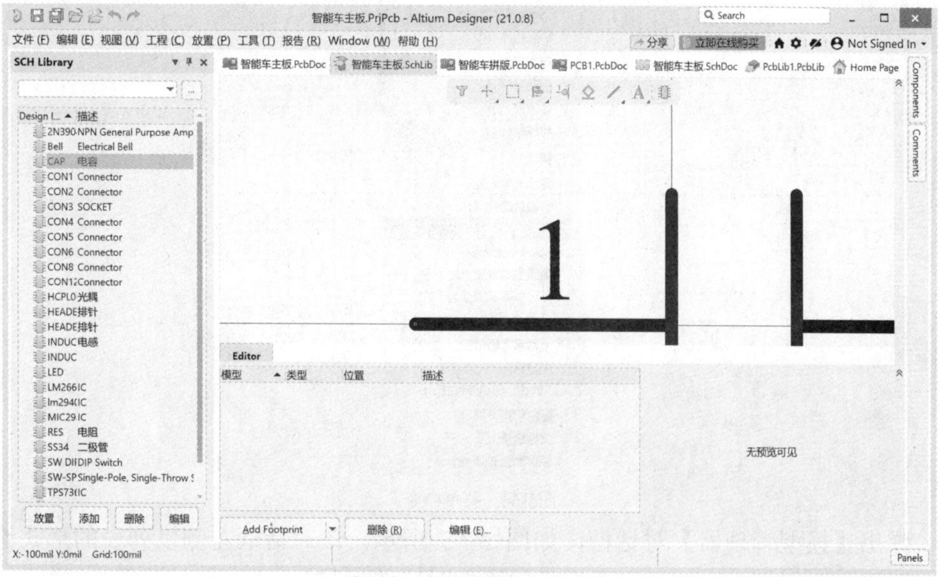

图3-62 给元件添加封装

弹出【PCB 模型】对话框，单击 浏览(B)... 按钮，在弹出的【浏览库】对话框中找到对应的封装库，然后添加相应的封装，完成元件与封装的关联，如图 3-63 所示。

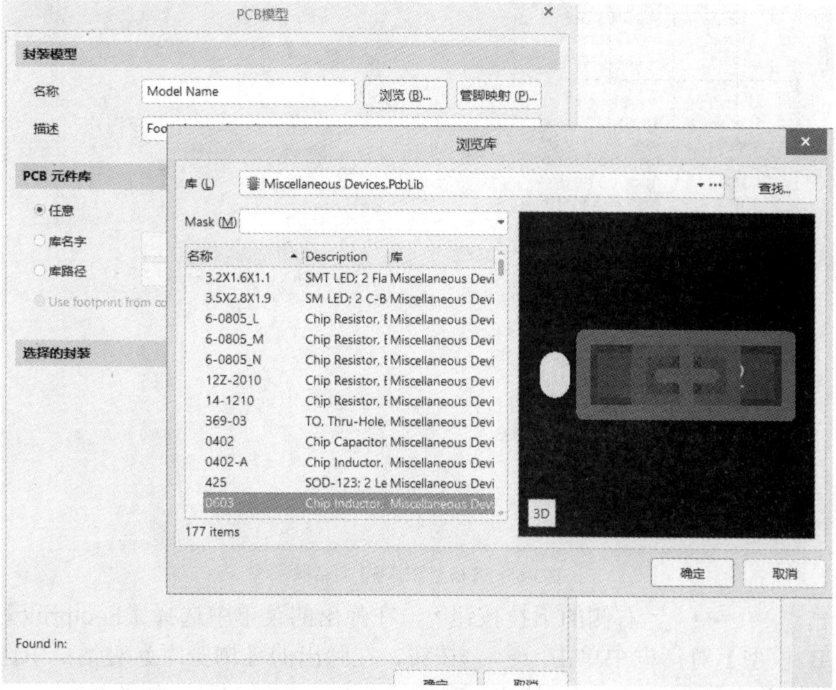

图3-63 选择封装

上面是为单个元件添加封装的方法。下面介绍使用“符号管理器”为所有元件添加封装的方法。

(1) 选择菜单命令【工具】/【符号管理器】，如图 3-64 所示。或者单击工具栏中的“符号管理器”按钮。

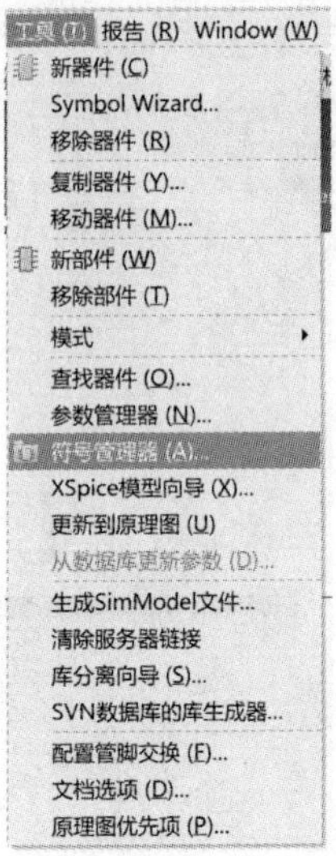

图3-64 菜单命令

(2) 弹出【模型管理器】对话框，如图 3-65 所示，该对话框左侧以列表的形式给出了元件，右侧的 Add Footprint 按钮用于为元件添加对应的封装。

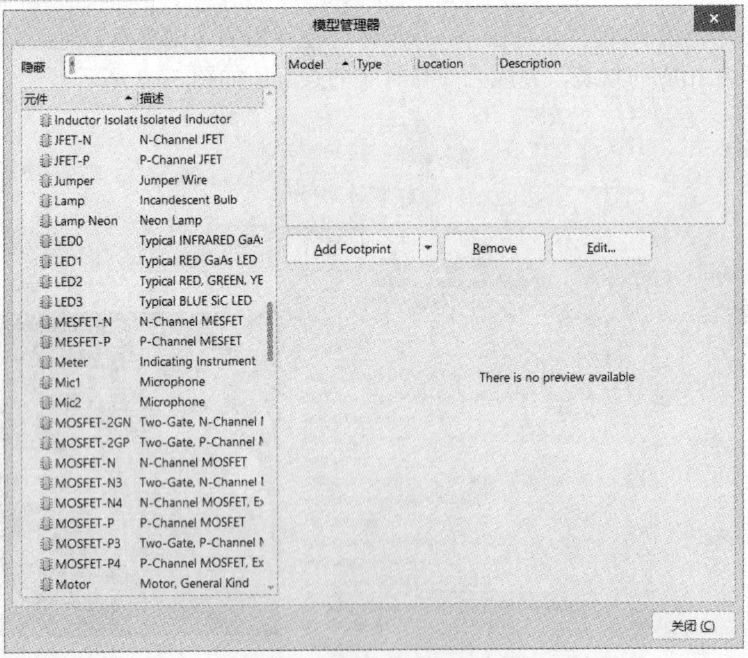

图3-65 【模型管理器】对话框

(3) 单击 Add Footprint 右侧的下拉按钮，在弹出的菜单中选择【Footprint】命令，在弹出的【PCB 模型】对话框中单击 浏览 (B)... 按钮，在弹出的【浏览库】对话框中选择所需的封装，然后依次单击 确定 、 关闭 (C) 按钮，完成元件与封装的关联，如图 3-66 所示。

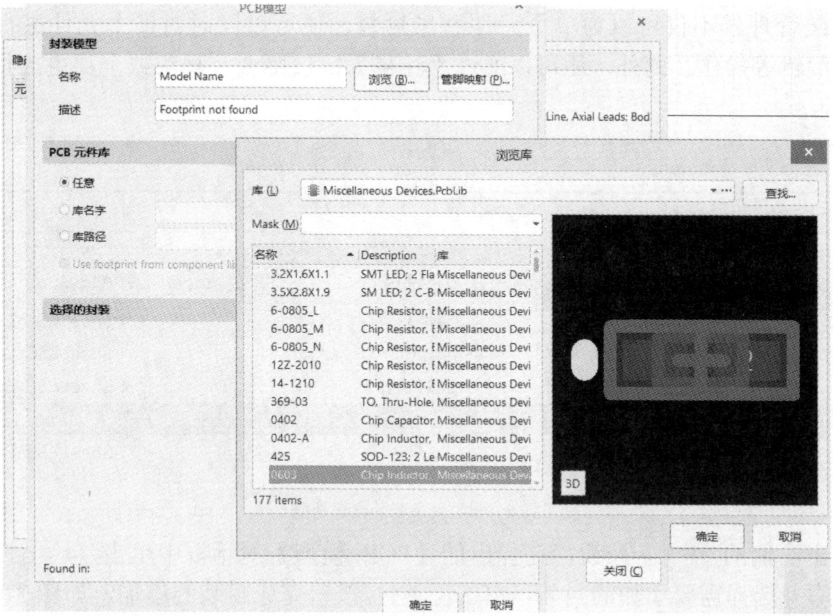

图3-66　选择封装

3.9 封装管理器的使用方法

(1) 在原理图库编辑器中，选择菜单命令【工具】/【封装管理器】，或者按快捷键T+G，打开封装管理器，从中可以查看原理图所有元件对应的封装。

(2) 封装管理器的元件列表中【Current Footprint】栏展示的是元件当前的封装，如图3-67 所示。若元件没有封装，则对应的【Current Footprint】栏为空，此时可以单击右侧的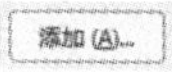按钮添加新的封装。

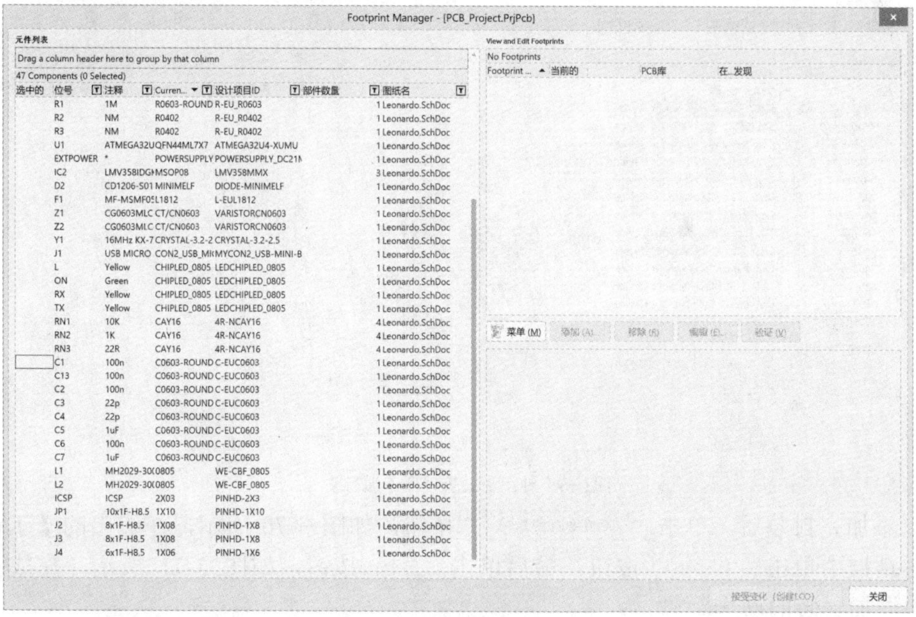

图3-67　封装管理器

(3) 封装管理器不仅可以为单个元件添加封装，还可以同时对多个元件进行封装的添加、删除、编辑等操作。此外，还可以通过“注释”等值筛选，局部或全局更改封装名，如图 3-68 所示。

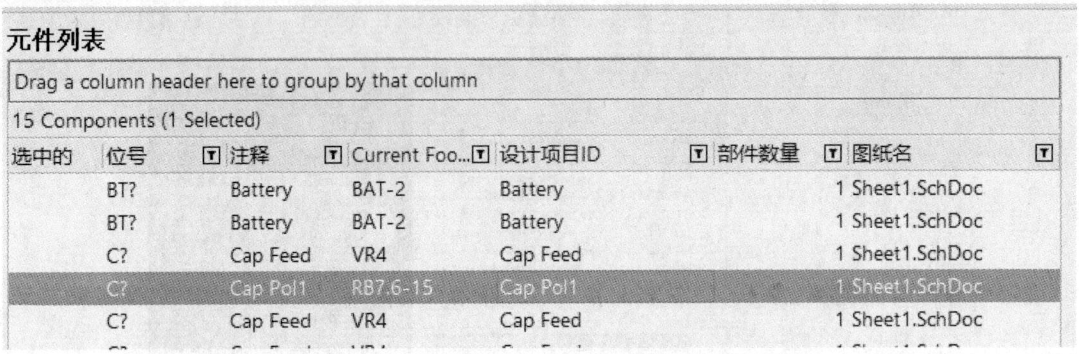
元件列表
Drag a column header here to group by that column
15 Components (1 Selected)
选中的 位号 注释 Current Foo... 设计项目ID 部件数量 图纸名
BT? Battery BAT-2 Battery 1 Sheet1.SchDoc
BT? Battery BAT-2 Battery 1 Sheet1.SchDoc
C? Cap Feed VR4 Cap Feed 1 Sheet1.SchDoc
C? Cap Pol1 RB7.6-15 Cap Pol1 1 Sheet1.SchDoc
C? Cap Feed VR4 Cap Feed 1 Sheet1.SchDoc

图3-68 封装管理器的筛选功能

(4) 单击右侧的 添加(A)... 按钮，在弹出的【PCB 模型】对话框中单击 浏览(B)... 按钮，选择对应的封装库并选择需要添加的封装，单击 确定 按钮完成封装的添加，如图 3-69 所示。

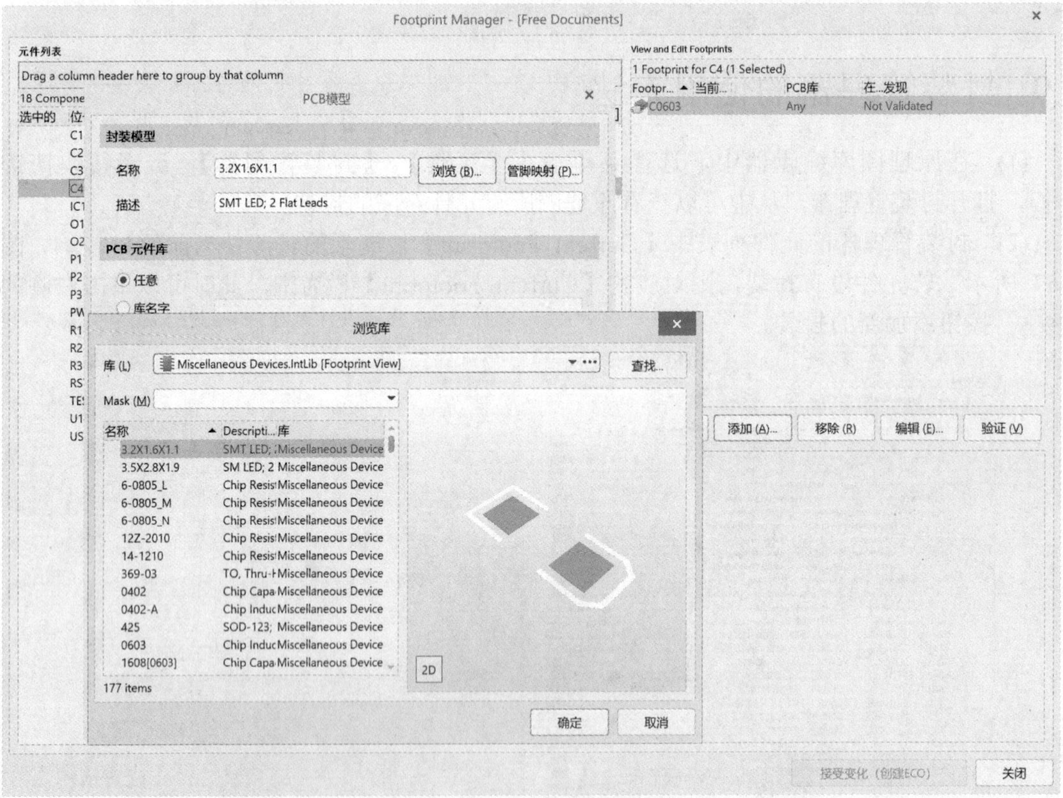

图3-69 使用封装管理器添加封装

(5) 添加完封装后，单击 接受变化（创建ECO） 按钮，如图 3-70 所示，在弹出的【工程变更指令】对话框中单击 执行变更 按钮，最后单击 关闭 按钮，如图 3-71 所示，完成在封装管理器中添加封装的操作。

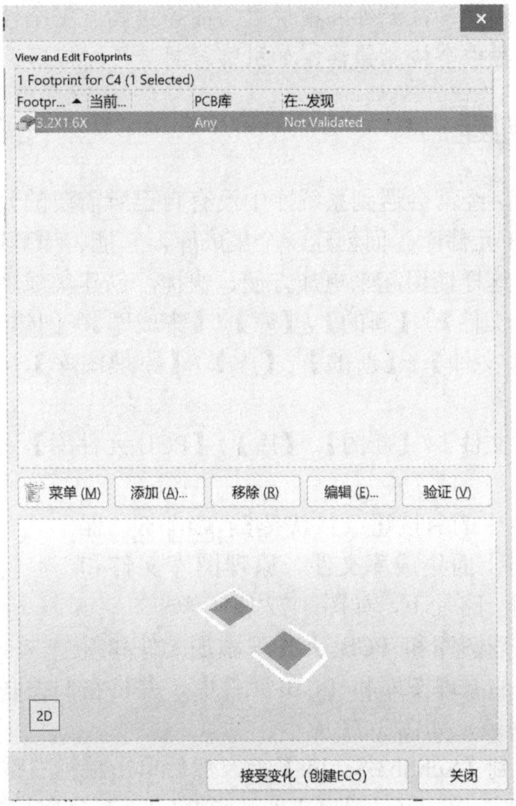

图3-70　单击 接受变化（创建ECO） 按钮

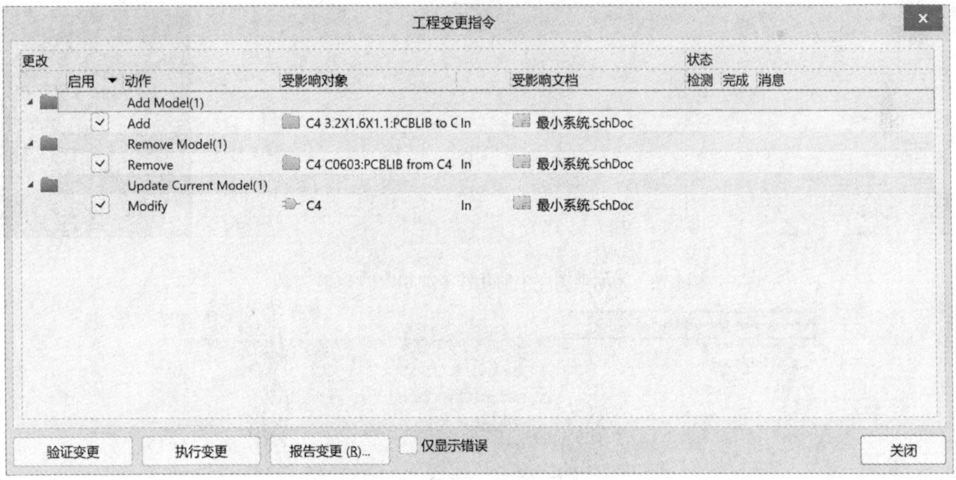

图3-71　【工程变更指令】对话框

3.10　集成库的制作方法

Atium Designer 21 采用了集成库的概念。集成库中的元件不仅具有原理图中代表元件的符号，还集成了相应的功能模块，如封装模块、电路仿真模块、信号完整性分析模块等。集成库具有以下优点。

- 集成库便于移植和共享，元件和模块之间的连接具有安全性。
- 集成库在编译过程中会检测错误，如引脚与封装不对应等。

3.10.1 集成库的创建

在进行 PCB 设计时，经常会遇到系统库中没有自己所需要的元件的情况。这时可以创建自己的原理图库和 PCB 元件库。而创建一个集成库，它能将原理图库和 PCB 元件库的元件一一对应并关联起来，这样使用起来更加方便、快捷。创建集成库的方法如下。

(1) 选择菜单命令【文件】/【新的】/【库】/【集成库】，创建一个新的集成库文件。

(2) 选择菜单命令【文件】/【新的】/【库】/【原理图库】，创建一个新的原理图库文件。

(3) 选择菜单命令【文件】/【新的】/【库】/【PCB 元件库】，创建一个新的 PCB 元件库文件。

单击快速访问工具栏中的按钮或按快捷键 Ctrl+S，保存新建的集成库文件，将上面集成库文件、原理图库文件和 PCB 元件库文件保存在同一路径下，如图 3-72 所示。

图3-72 创建好的集成库元件

(4) 为集成库中的原理图库和 PCB 元件库添加元件和封装，此处复制前面制作好的原理图库和 PCB 元件库，并将它们关联起来，即为原理图库中的元件添加相应的 PCB 封装，如图 3-73 所示。

(5) 将鼠标指针移动到【Schlib3.Schlib】上，然后单击鼠标右键，在弹出的快捷菜单中选择【Compile Integrated Library Integrated_Library2.LibPkg】命令，如图 3-74 所示。

图3-73 为原理图库中的元件添加相应的 PCB 封装

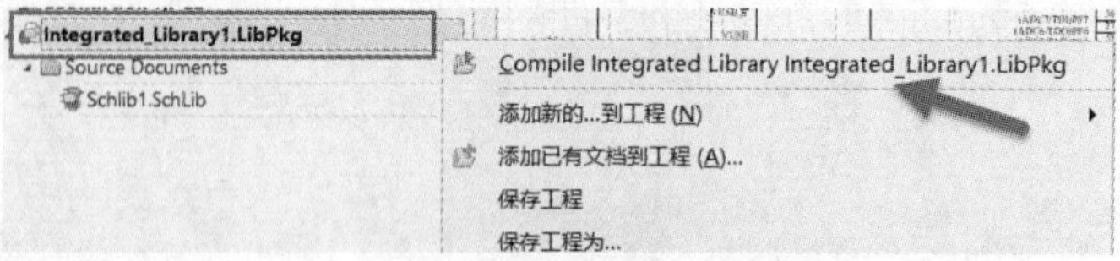

图3-74 编译集成库

(6) 在集成库保存路径下，在“Project Outputs for Integrated_Library1”文件夹中可找到集成库文件“Integrated_Library1.IntLib ”，如图 3-75 所示。

图3-75 得到集成库文件

3.10.2　集成库的加载

集成库创建完成后，下面讲解集成库的加载。在原理图库编辑器或 PCB 编辑界面下，单击右下角的 Panels 按钮，在弹出的菜单中选择【Components】命令，打开【Components】面板，单击 ≡ 按钮，在弹出的菜单中选择【File-based Libraries Preferences】命令，如图 3-76 所示。

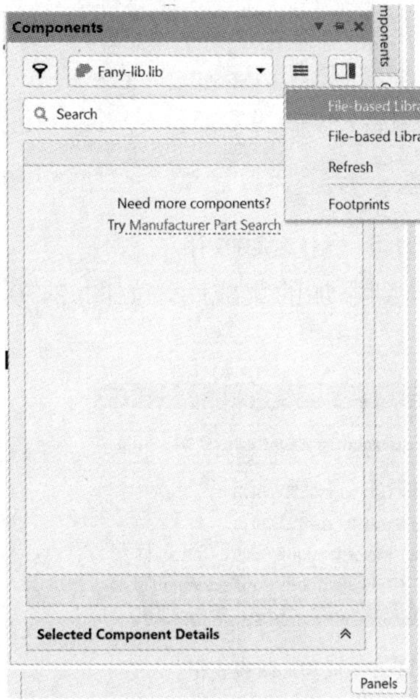

图3-76　添加库步骤

在弹出的【可用的基于文件的库】对话框中单击 添加库(A)... 按钮，如图 3-77 所示，在打开的对话框中选择集成库的保存路径，选择“Integrated_LibraryL IntLib.PcbLib”集成库文件，完成集成库的加载，如图 3-78 所示。

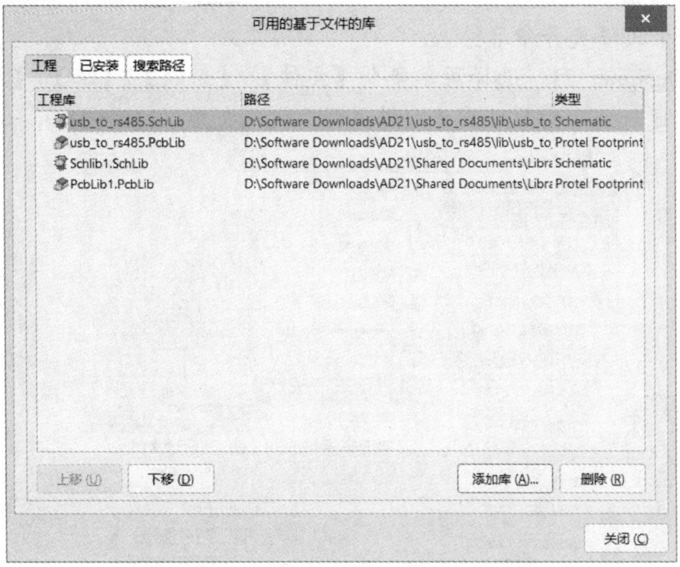

图3-77　【可用的基于文件的库】对话框

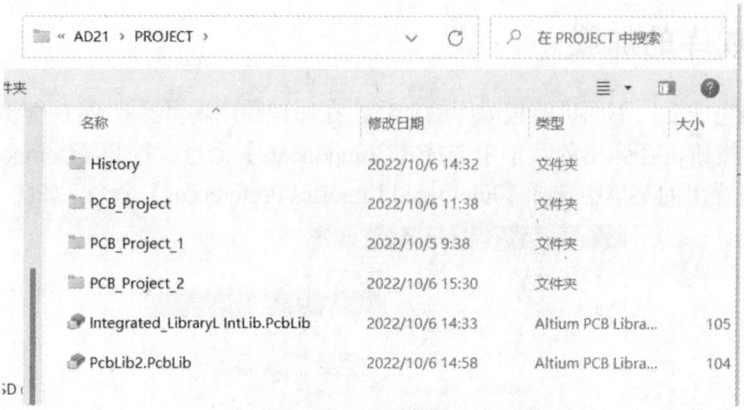

图3-78　选择集成库文件

成功加载后可以在库下拉列表中看到添加的集成库，如图 3-79 所示。添加其他库的方法与添加集成库的方法一致。

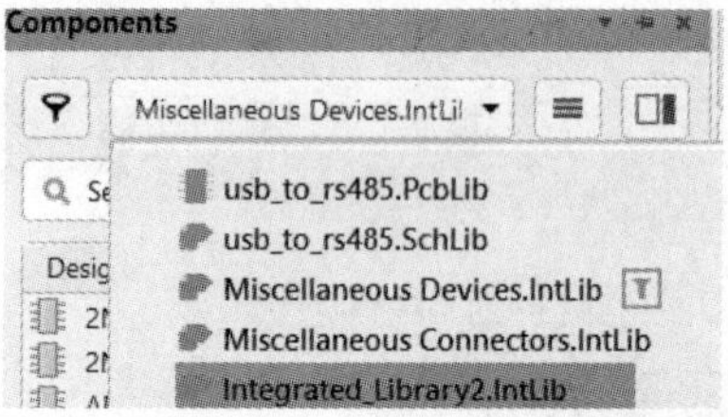

图3-79　成功加载集成库

3.11　实战演练

下面绘制 NE555 元件符号，用 IPC 向导中的 DIP 制作封装，并完成原理图库、PCB 元件库映射。操作步骤如下。

1. 在桌面创建一个文件夹并命名。
2. 打开 Altium Designer 21，选择菜单命令【文件】/【新的】/【库】/【原理图库】，如图 3-80 所示，创建一个新的原理图库文件并保存到刚创建的文件夹中，如图 3-81 所示。

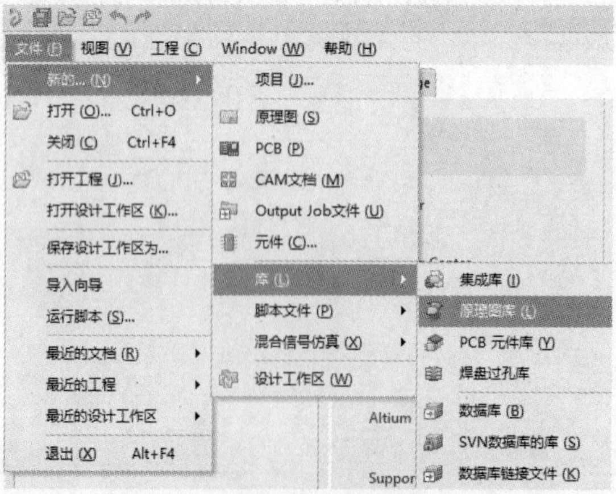

图3-80　创建原理图库文件

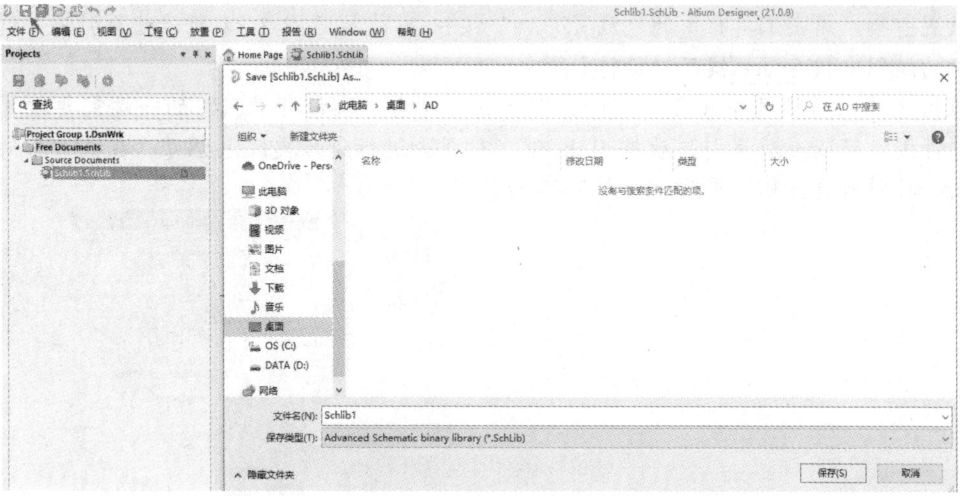

图3-81　保存文件

3.　给工程添加 PCB 元件库文件，如图 3-82 所示。

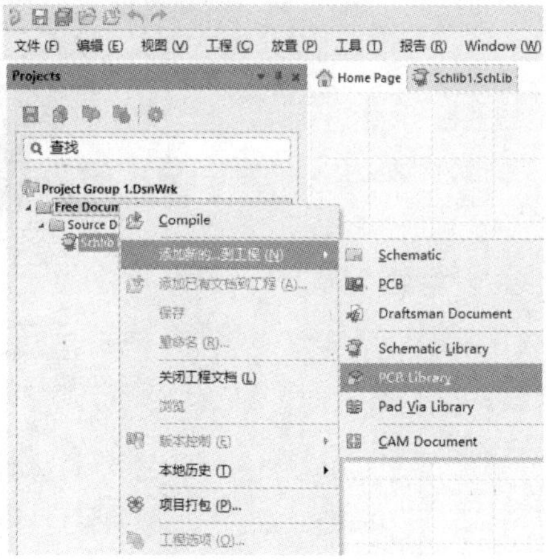

图3-82　添加 PCB 元件库文件

4.　在原理图库编辑器中绘制元件符号，选择菜单命令【放置】/【矩形】，根据元件大小绘制元件外形，如图 3-83 所示。

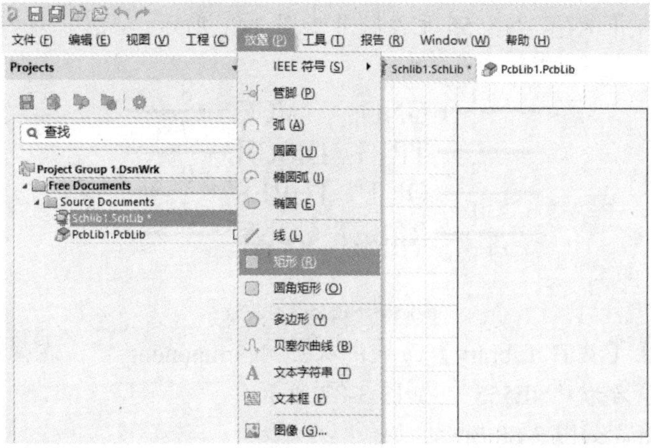

图3-83　绘制元件外形

5. 放置引脚。单击工具栏中的“放置管脚”按钮，按照图 3-84 所示放置引脚。放置引脚的过程中按 Space 键可以旋转引脚。
6. 根据元件的引脚顺序或名字进行引脚放置，注意引脚带有“╳”的一端需要放置在元件外围。可以在放置引脚后按 Tab 键，对引脚进行属性更改；也可以在放置引脚后双击，对引脚进行属性更改，如图 3-85 所示。

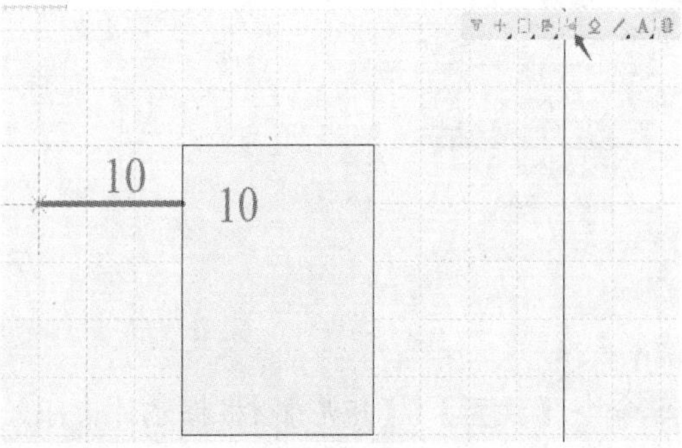

图3-84　放置引脚

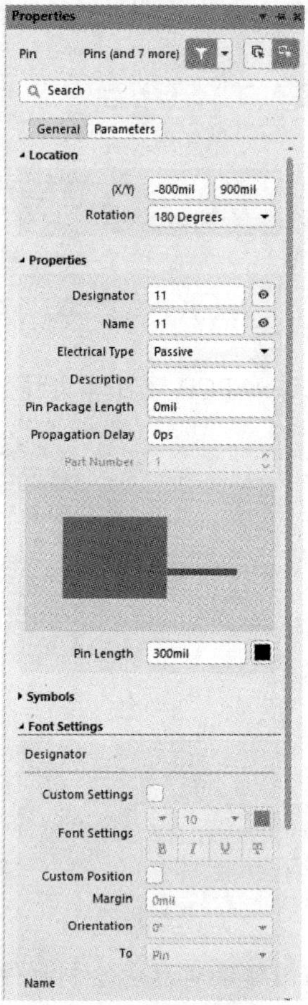

图3-85　更改引脚的属性

7. 放置完所有引脚并保存，NE555 元件符号如图 3-86 所示。

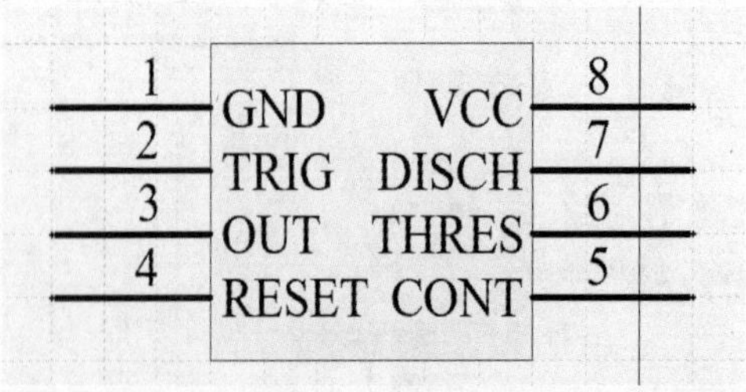

图3-86　NE555 元件符号

8. 给元件命名。在【SCH Library】面板中双击“Component_1”，在弹出的【Properties】面板中将元件命名为“NE555”，如图 3-87 所示。
9. 修改元件的参数，如图 3-88 所示。

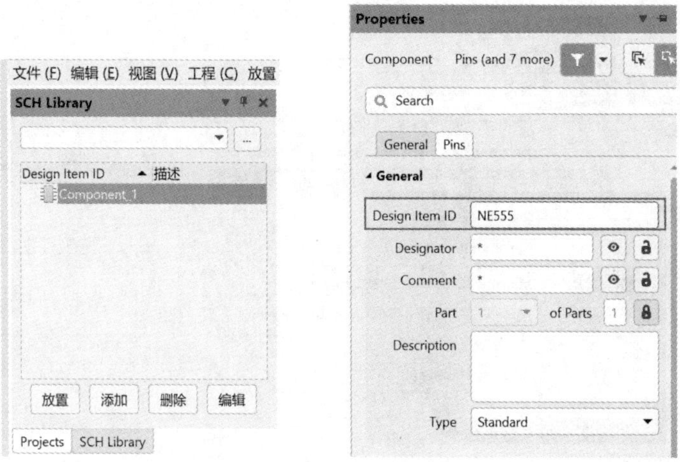

图3-87　命名元件

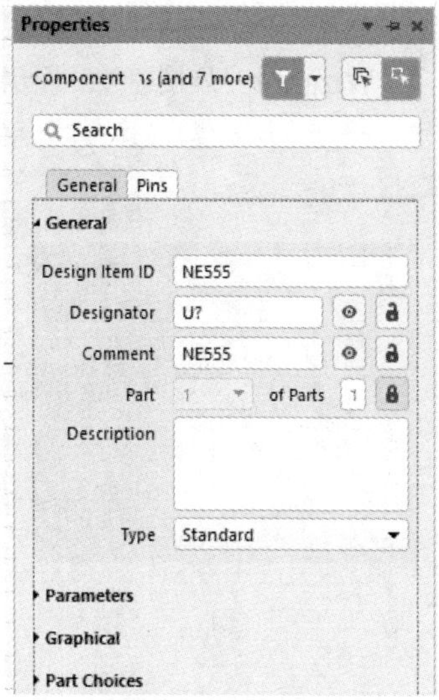

图3-88　修改元件的参数

10. 进行元件引脚的映射、封装的添加。图 3-89 所示为 NE555 封装规格书，其中单位为 mm。

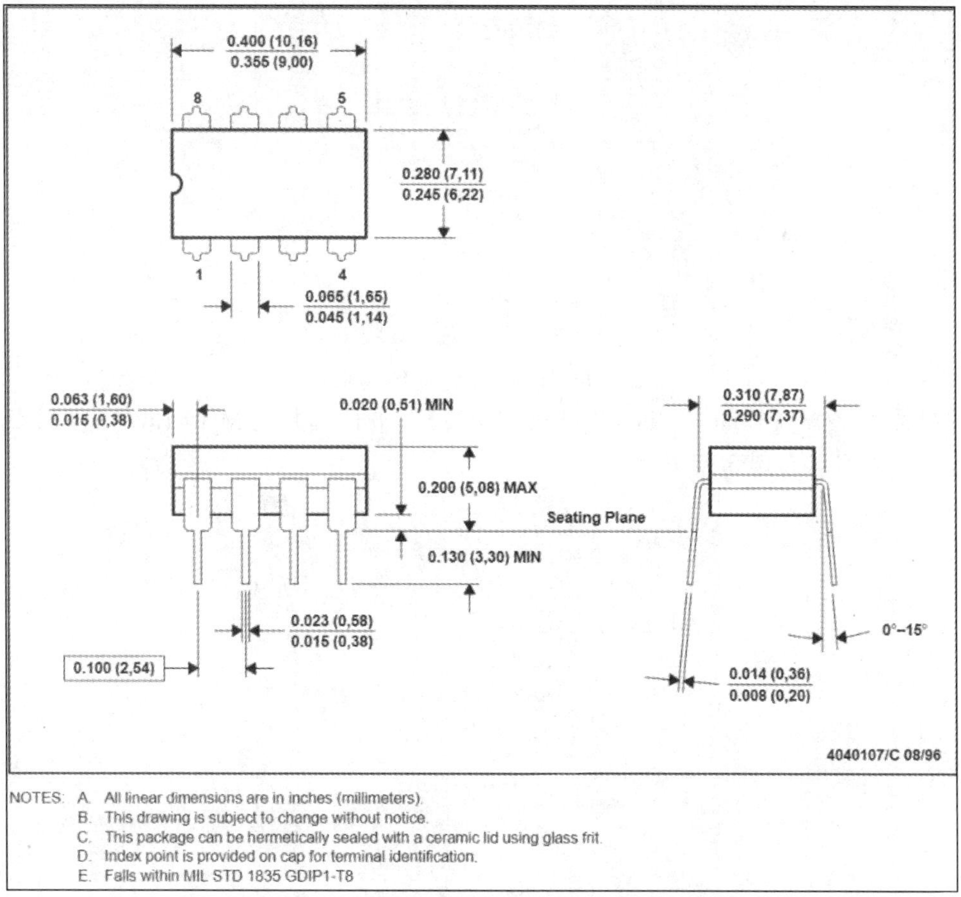

图3-89　NE555 封装规格书

11. 利用 IPC 向导制作封装。在 PCB 元件库编辑器中选择菜单命令【Tools】/【Footprint Wizard】，如图 3-90 所示。

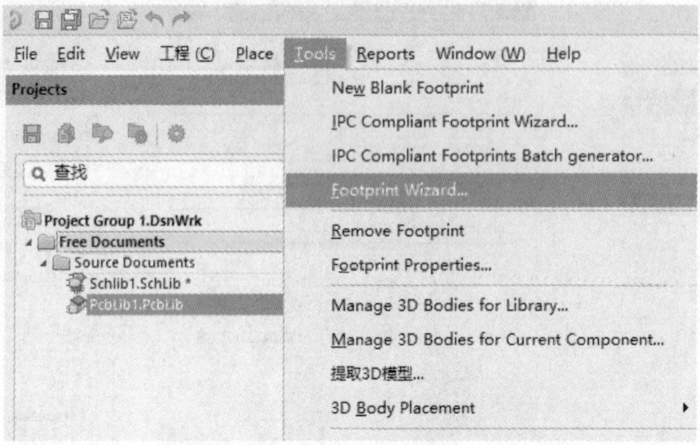

图3-90　菜单命令

12. 在打开的【Footprint Wizard】对话框中单击 Next 按钮，如图 3-91 所示。

图3-91　【Footprint Wizard】对话框

13. 封装类型选择【Dual In-line Packages(DIP)】，单位选择【Metric(mm)】，然后单击 Next 按钮，如图 3-92 所示。

图3-92　封装类型和单位选择

14. 根据封装规格书修改焊盘尺寸，可适当增大，完成后单击 Next 按钮，如图 3-93 所示。

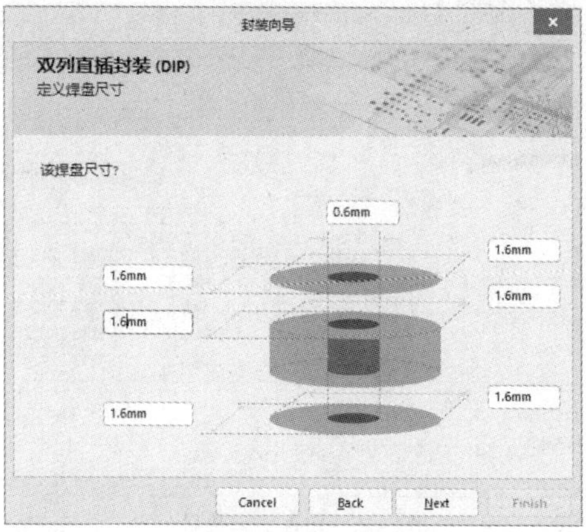

图3-93　修改焊盘尺寸

15. 设置引脚间距，如图 3-94 所示，然后单击 Next 按钮。

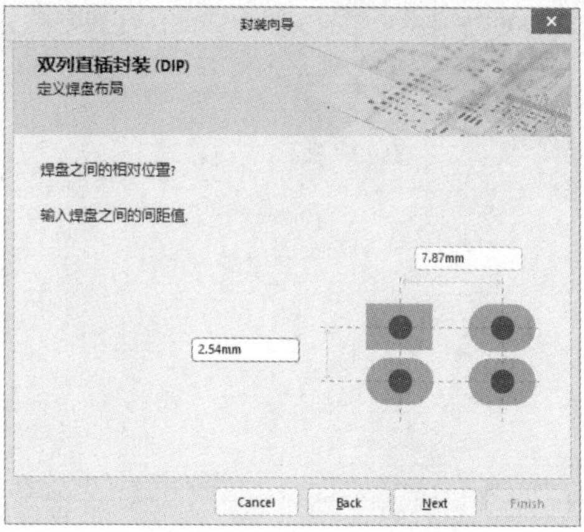

图3-94　设置引脚间距

16. 设置外框宽度，采用默认值，如图 3-95 所示，然后单击 Next 按钮。

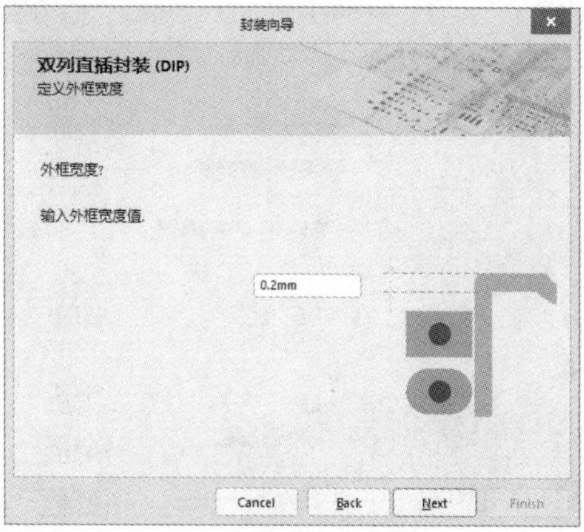

图3-95　设置外框宽度

17. 设置引脚数量，如图 3-96 所示，然后单击 Next 按钮。

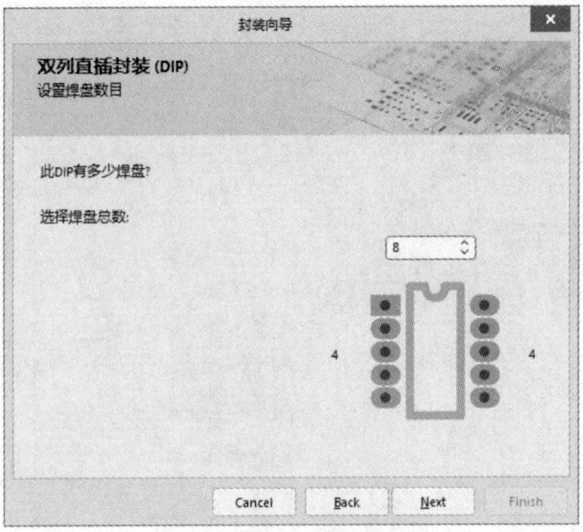

图3-96　设置引脚数量

18. 为封装命名，如图 3-97 所示，然后单击 Next 按钮。

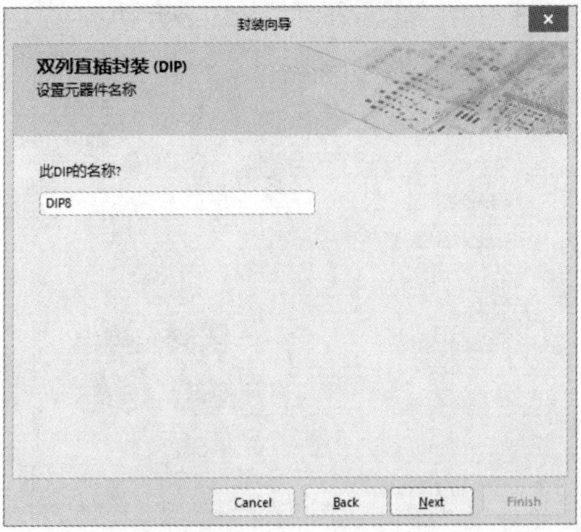

图3-97　为封装命名

19. 配置完成，单击 Finish 按钮，如图 3-98 所示。

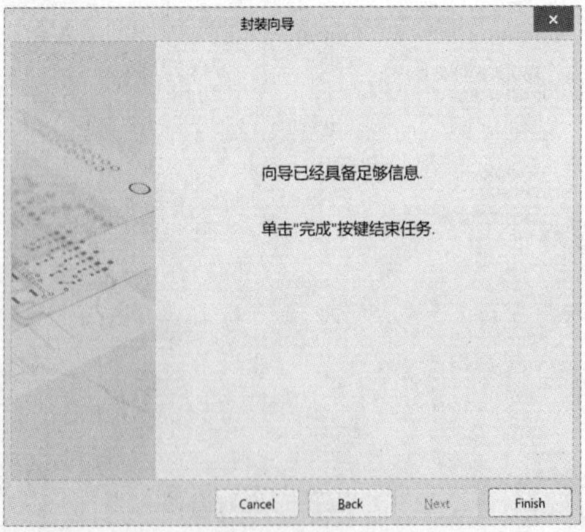

图3-98　配置完成

PCB 封装制作完成，效果如图 3-99 所示。

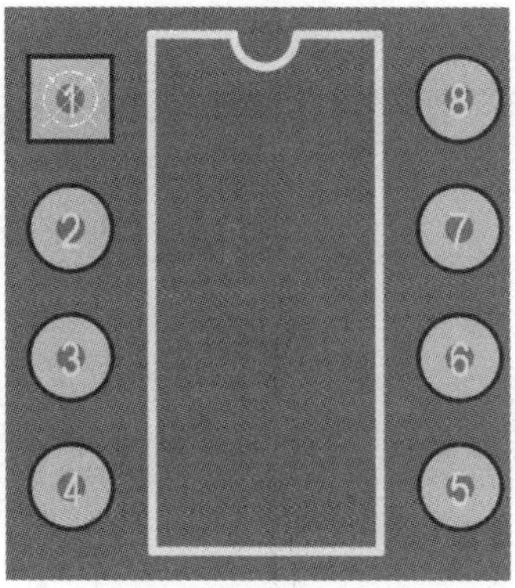

图3-99　PCB 封装

20. 创建原理图库与 PCB 元件库的映射。绘制完 PCB 后保存并返回原理图界面，如图 3-100 所示。

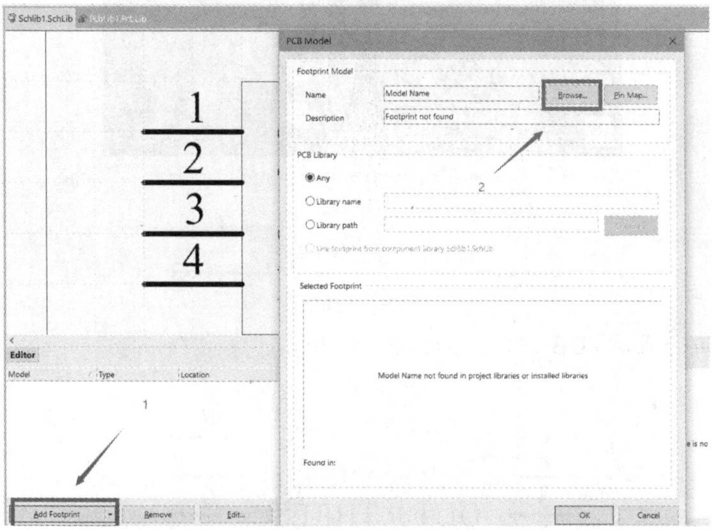

图3-100　Add Footprint

21. 选择制作好的封装（DIP8），然后单击 OK 按钮，如图 3-101 所示。

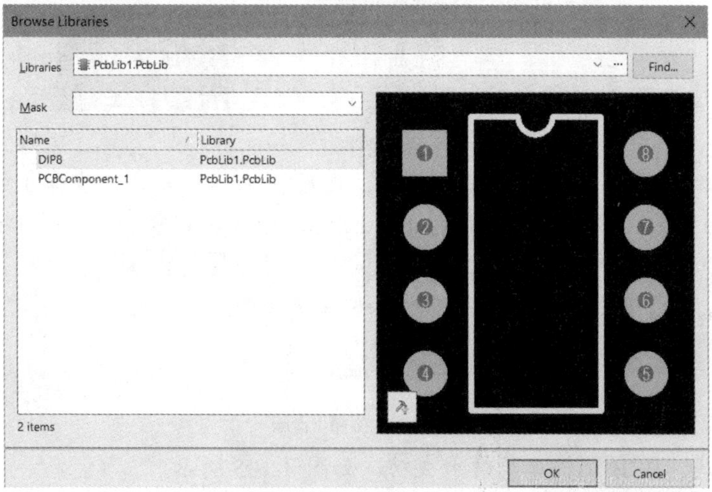

图3-101　选择封装

22. 配置完成后单击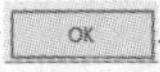

按钮，如图 3-102 所示。

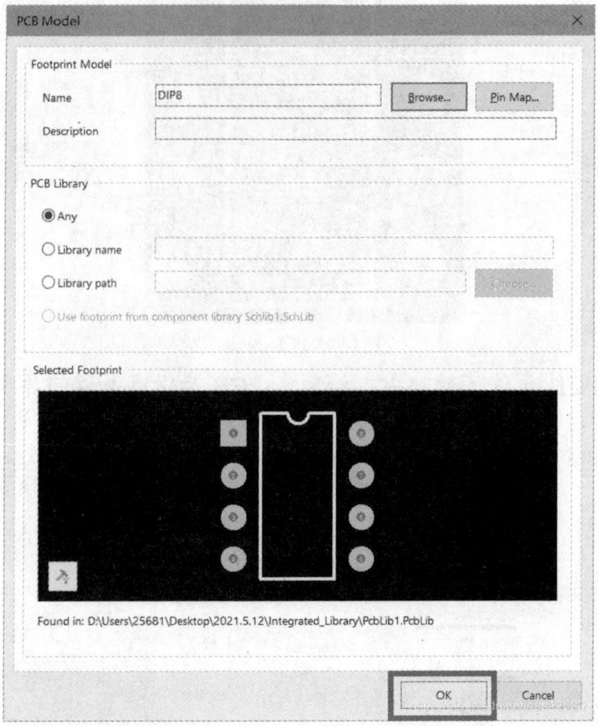

图3-102 完成配置

23. 编辑器右下角会显示 PCB 封装，如图 3-103 所示。

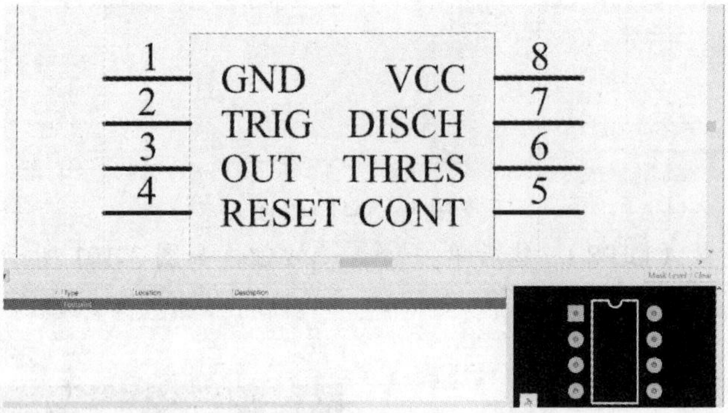

图3-103 PCB 封装显示

24. 编译生成库，配置完成后保存完整工程，之后在工程上右击，在弹出的快捷菜单中选择【Compile Integrated Library Integrated_Library.LibPkg】命令，如图 3-104 所示。

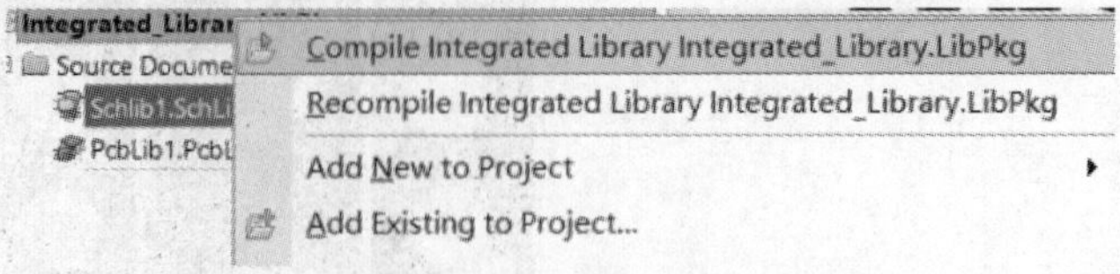

图3-104 编译生成库

25. 绘制原理图库，PCB 元件库均映射成功，如图 3-105 所示。

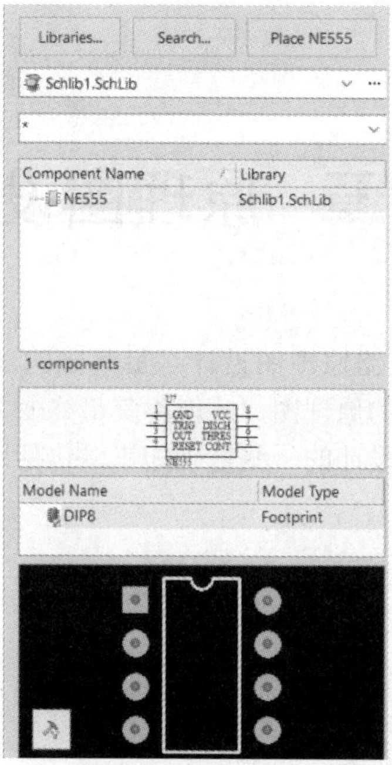

图3-105　映射成功

3.12　习题

1. 简述原理图库的分类及常用操作指令。
2. 练习调用元件库和简单放置元件。
3. 结合本章介绍的 DAC0832 芯片元件符号的绘制过程，绘制 ADC08200 芯片元件符号。
4. 结合本章实例，练习为元件制作封装。

第4章 原理图设计

在整个电子设计流程中，电路原理图设计是最基础的部分。在进行 PCB 设计的过程中，只有绘制出符合需要和规范的原理图，才能将其最终变为可以用于生产的 PCB 文件。

本章将详细介绍关于原理图设计的一些基础知识，包括原理图常用参数设置、原理图设计流程、原理图图纸设置等。

【本章要点】

- 原理图常用参数设置。
- 原理图的设计流程。
- 原理图的绘制方法。
- 原理图编译功能的使用方法。

4.1 原理图常用参数设置

在绘制原理图的过程中，其效率和正确性往往与环境参数的设置有着密切的关系。合理的参数设置不仅可以提高设计效率，更能确保设计的正确性。

选择菜单命令【工具】/【原理图优先项】，或者在原理图编辑器中单击鼠标右键，在弹出的快捷菜单中选择【原理图优先项】命令，打开【优选项】对话框。

该对话框左侧的【Schematic】选项卡标签下有 8 个子选项卡标签，分别为【General】（常规）、【Graphical Editing】（图形编辑）、【Compiler】（编译器）、【AutoFocus】（自动获得焦点）、【Library AutoZoom】（原理图库自动缩放模式）、【Grids】（栅格）、【Break Wire】（打破线）及【Defaults】（默认）。

下面介绍几个常用的子选项卡。

4.1.1 General 参数设置

原理图的常规参数设置可以通过【General】子选项卡来实现，如图 4-1 所示。

(1) 【选项】选项组。

- 【在结点处断线】复选框：用于设置在电气连接线的交叉点位置（T 型连接）是否自动分割电气连接线，即以电气连接线交叉点为分界中心，把一段电气连接线分割为两段，且分割后的两个线段依旧存在电气连接关系，便于对两段线进行单独的删除、编辑等操作。
- 【优化走线和总线】复选框：该功能主要针对布线，用于避免出现多余的导线。勾选此复选框后，系统会移除重复绘制的导线。
- 【元件割线】复选框：勾选此复选框，当移动元件到导线上时，导线会自动断开，以嵌入元件。此功能可用的前提是勾选了【优化走线和总线】复选框。

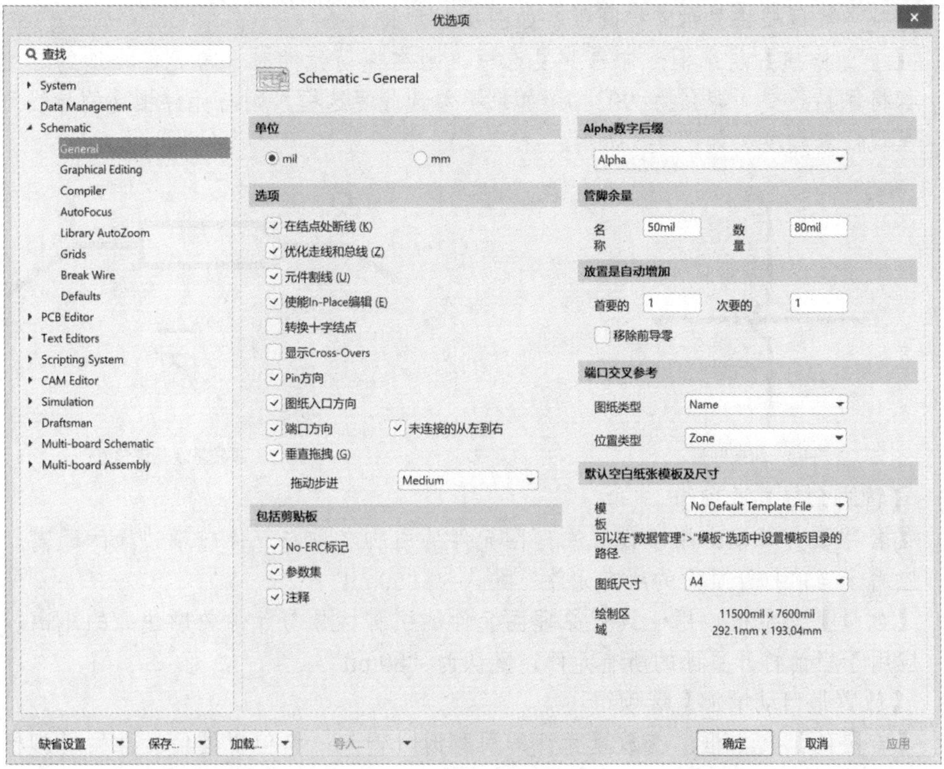

图4-1 【General】子选项卡

- 【使能 In-Place 编辑】复选框：勾选此复选框，可以直接编辑绘制区域内的文字，如元件的位号、阻值等。双击（或先单击文字再按快捷键 F2）之后可以直接进行编辑，不需要进入属性编辑面板进行编辑，如图 4-2 所示。

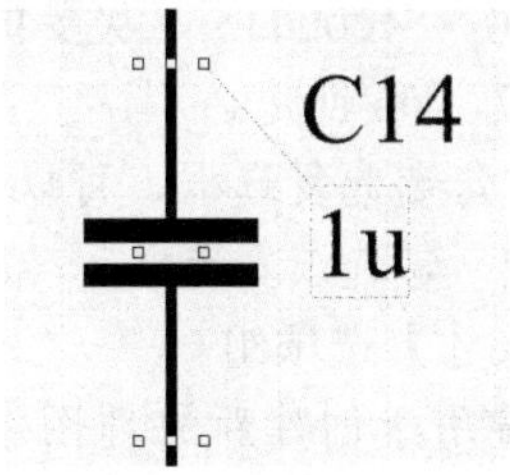

图4-2 文本编辑

- 【转换十字结点】复选框：勾选此复选框，两条导线十字交叉连接时，交叉点将自动分开成两个电气节点，如图 4-3 所示。

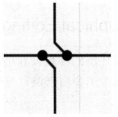

图4-3 节点转换对比

- 【显示 Cross-Overs】复选框：勾选此复选框，两条不同网络的导线相交时，穿越导线区域将显示跨接圆弧，如图 4-4 所示。
- 【垂直拖拽】复选框：勾选此复选框，则在拖动元件时，与元件相连的导线都将保持正交（即角为 90°）。如果不勾选此复选框，则与元件相连的导线可呈现任意角度，如图 4-5 所示。

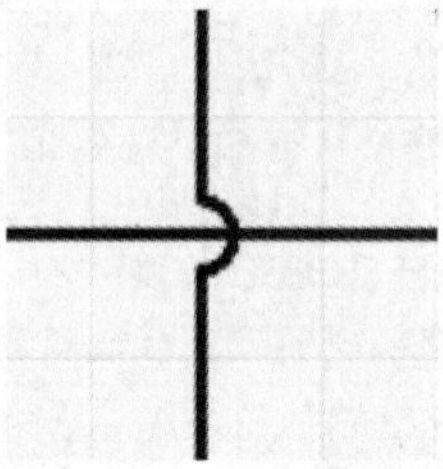

图4-4　跨接圆弧

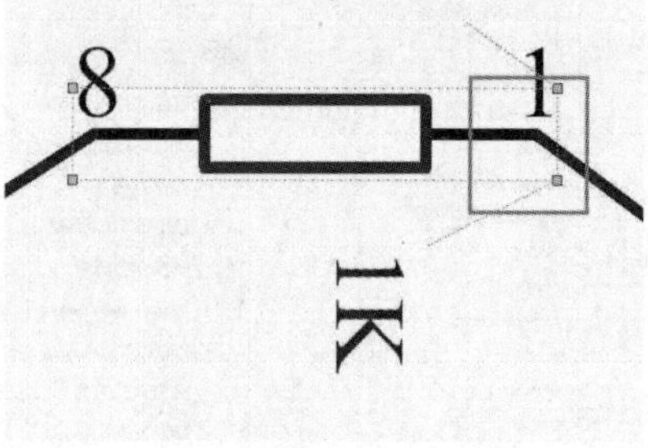

图4-5　导线呈现任意角度

(2) 【管脚余量】选项组。

- 【名称】文本框：用于设置原理图元件的引脚名称与元件轮廓边缘的距离，应用于当前打开页面的所有元件，默认为“50mil”。
- 【数量】文本框：用于设置原理图元件的引脚标号与元件轮廓边缘的距离，应用于当前打开页面的所有元件，默认为“80mil”。

(3) 【放置是自动增加】选项组。

- 【首要的】文本框：在放置元件的引脚时，输入一个值以便使元件的引脚标号自动递增或递减。一般对引脚标号使用正增量值。例如，【首要的】为 1，则元件引脚标号按 1、2、3 创建；【首要的】为 2，则元件引脚标号按 1、3、5 创建。
- 【次要的】文本框：在放置元件的引脚时，输入一个值以便使元件的引脚名称自动递增或递减。例如，Secondary（次要的）= - 1，若第一次放置的名称为 D8，则名称按 D8、D7、D6 创建。
- 【移除前导零】复选框：勾选此复选框，可以从数字字符串中删除前导零。例如，设置字符串为 000467，勾选该复选框后，放置过程中字符串将变为 467。

(4) 【默认空白纸张模板及尺寸】选项组。

- 【模板】下拉列表：设置用于创建新原理图图纸的默认用户模板。如果未选择默认模板文件（即下拉列表中显示【No Default Template File】），则在打开新的原理图图纸时会创建默认的空白原理图。
- 【图纸尺寸】下拉列表：设置原理图图纸尺寸。

4.1.2 Graphical Editing 参数设置

图形编辑环境的参数设置可以通过【Graphical Editing】子选项卡来实现，如图 4-6 所示。该子选项卡主要用来设置与绘图有关的一些参数。

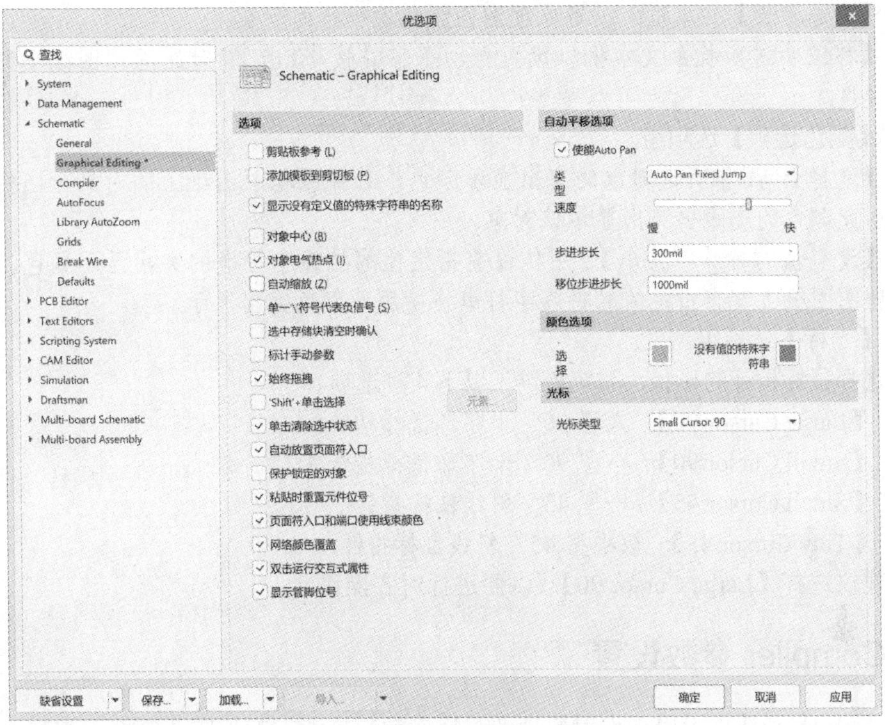

图4-6　【Graphical Editing】子选项卡

其中常用的选项涉及原理图图形设计的相关信息，说明如下。

(1)　【选项】选项组。

- 【剪贴板参考】复选框：在复制和剪切选中的对象时，系统将提示需要确定一个参考点。
- 【单一'\'符号代表负信号】复选框：一般在电路设计中，习惯在引脚名称顶部加一条横线表示该引脚低电平有效。网络标签也采用此种标识方法。Altium Designer 21 允许用户使用“\”为字符串添加一条横线。例如，RESET 低电平有效，可以采用“\R\E\S\E\T”的方式在该字符串顶部加一条横线。勾选该复选框后，只要在网络标签的第一个字符前加一个“\”，该网络标签顶部就会加上横线。
- 【单击清除选中状态】复选框：在空白处单击，退出选择状态。
- 【粘贴时重置元件位号】复选框：勾选此复选框，可以在将元件粘贴到原理图图纸时重置元件位号为“？”。

(2)　【自动平移选项】选项组。

十字鼠标指针处于活动状态并且将鼠标指针移到视图区域的边缘时，自动平移生效。如果启用了自动平移，则图纸将自动朝鼠标指针移动方向平移。

- 【类型】下拉列表：包含两种类型。一种是【Auto Pan Fixed Jump】(自动平移固定跳转)，平移时鼠标指针始终停留在视图区域的边缘；另一种是【Auto Pan ReCenter】(自动平移重新居中)，鼠标指针在平移后的新视图区域中居中。
- 【速度】滑块：拖动滑块，可以设定原理图图纸移动的速度。滑块越靠右，速度越快。

- 【步进步长】文本框：设置原理图图纸每次平移的步长。
- 【移位步进步长】文本框：设置自动平移并按 Shift 键时原理图图纸平移的速度。

(3) 【颜色选项】选项组。

- 【选择】：用作所选对象的突出显示颜色。选择原理图图纸上的对象时，将使用此颜色的虚线框突出显示该对象。
- 【没有值的特殊字符串】：用作没有指定值的特殊字符串的突出显示颜色。原理图图纸上没有指定值的特殊字符串将使用此颜色突出显示。

(4) 【光标】选项组。

用于选择鼠标指针的形状，系统提供了以下 4 种选项。

① 【Large Cursor 90】：大型 90° 十字形鼠标指针。
② 【Small Cursor 90】：小型 90° 十字形鼠标指针。
③ 【Small Cursor 45】：小型 45° 斜线鼠标指针。
④ 【Tiny Cursor 45】：极小型 45° 斜线鼠标指针。

这里建议选择【Large Cursor 90】，以便进行对齐操作。

4.1.3 Compiler 参数设置

【Compiler】子选项卡用于设置原理图编译参数，推荐设置如图 4-7 所示。

其中常用的选项介绍如下。

- 【错误和警告】选项组：显示 3 个类别，分别为【Fatal Error】（严重错误）、【Error】（错误）、【Warning】（警告）。
- 【自动结点】选项组：设置布线时系统自动生成节点的样式，可以分别设置大小和颜色。对于编辑错误的提示，一般设置为红色。

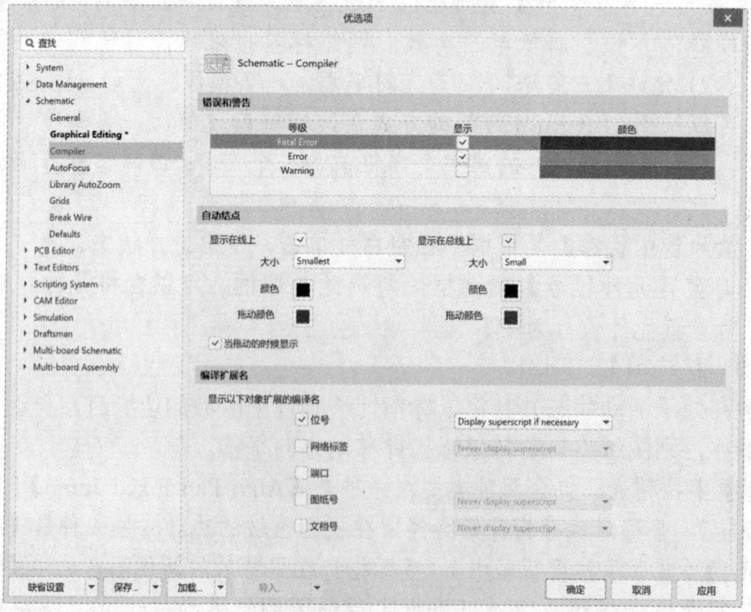

图4-7 【Compiler】子选项卡

4.1.4 Grids 参数设置

【Grids】子选项卡用于设置与原理图栅格相关的参数，如图 4-8 所示。

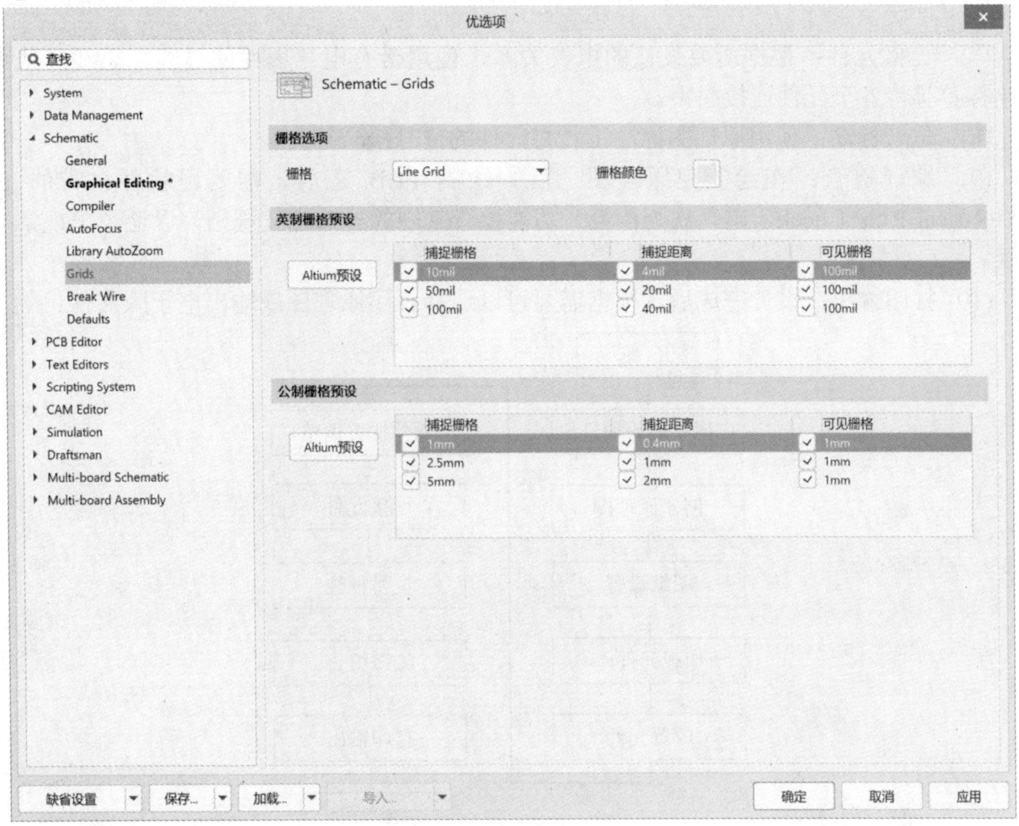

图4-8　【Grids】子选项卡

其中常用的选项介绍如下。

- 【栅格】下拉列表：用于选择栅格显示类型，有【Dot Grid】和【Line Grid】两种，一般选择【Line Grid】。
- 【栅格颜色】：用于设置栅格的显示颜色，一般使用系统默认的灰色。

4.2 原理图设计流程

Altium Designer 21 的原理图设计大致可以分为图 4-9 所示的 10 个步骤。

(1) 创建新的项目：Altium Designer 21 引入了项目的概念。在电路原理图的设计过程中，一般先建立一个项目。该项目定义了其中各个文件之间的关系，用来组织与一个设计有关的所有文件，如原理图文件、PCB 文件、输出报表文件等，以便相互调用。

(2) 创建原理图：创建原理图也称为链接或添加原理图，即将要绘制的原理图链接到所创建的项目上。

(3) 图纸设置：在绘制前要对电路有一个初步构想，设计好图纸规格，然后设置好图纸的大小、方向等参数。图纸设置要根据电路图的内容和相应的标准来进行。

(4) 加载元件库：将绘制原理图所需的元件库添加到工程中。

(5) 放置元件：根据电路原理图的要求，从加载的元件库中选择需要的元件，将其放置到原理图中。

(6) 元件位置调整：根据原理图的设计需要，将元件调整到合适的位置和方向，以便连线。

(7) 连接元件：根据所要设计的电气关系，使用带有电气属性的导线、总线、线束和网络标签等将各个元件连接起来。

(8) 位号标注：使用原理图标注工具将元件的位号统一标注。

(9) 编译检查：在绘制完原理图之后、绘制 PCB 之前，需要用软件自带的 ERC（Electrical Rule Check，电气规则检查）功能检查常规的一些电气规则，以避免出现常规性错误。

(10) 打印输出：设计完成后，根据需要可以选择打印原理图或输出电子版文件。

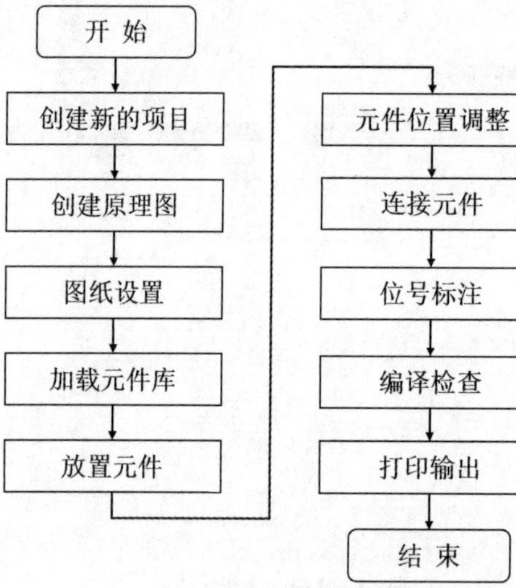

图4-9 原理图设计流程

4.3 原理图图纸设置

在绘制原理图的过程中，用户可以根据所要设计的电路图的复杂程度对图纸进行设置。虽然在进入原理图编辑器时，Altium Designer 21 会自动给出默认的图纸相关参数，但是大多数情况下，这些默认的参数（尤其是图纸大小）不一定能满足用户的要求。这时，用户可以根据设计对象的复杂程度来重新定义图纸的大小及其他相关参数。

4.3.1 图纸大小

Altium Designer 21 原理图图纸大小默认为 A4（11500mil×7600mil），用户可以根据设计需要设置为其他尺寸。

设置方法为：在原理图图纸外的空白区域双击，打开图 4-10 所示的【Properties】面板，在【Sheet Size】下拉列表中选择需要的图纸大小。

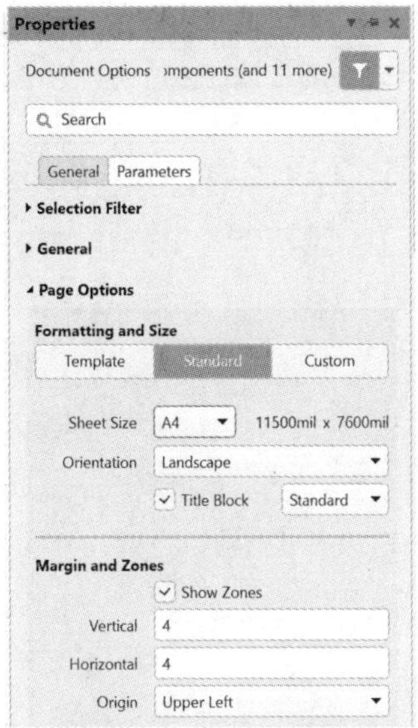

图4-10　设置原理图图纸大小

4.3.2 纸栅格

进入原理图编辑器后，可以看到其背景呈现网格（或称栅格）状。这种栅格是可视栅格，是可以改变的。栅格为放置元件和连接线路提供了极大的便利，用户可以轻松地排列元件、整齐地连线。Altium Designer 21 中有“捕捉栅格”“可视栅格”“电气栅格”3 种栅格。选择菜单命令【视图】/【栅格】，可以设置图纸的栅格，如图 4-11 所示。

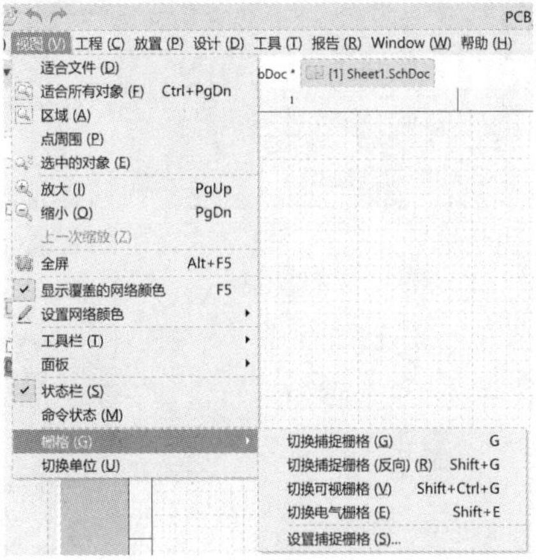

图4-11　设置图纸栅格

4.3.3 创建原理图模板

利用 Altium Designer 21 创建自己的原理图模板，可以在图纸的右下角绘制一个表格用于显示图纸的一些参数，例如文件名、作者、修改时间、审核者、公司信息、图纸总数及图纸编号等。用户可以按照自己的需求自定义模板风格，还可以根据需要显示内容的多少来添加或减少表格的数量。创建原理图模板的步骤如下。

(1) 在原理图编辑器中，新建一个空白原理图文件，如图 4-12 所示。

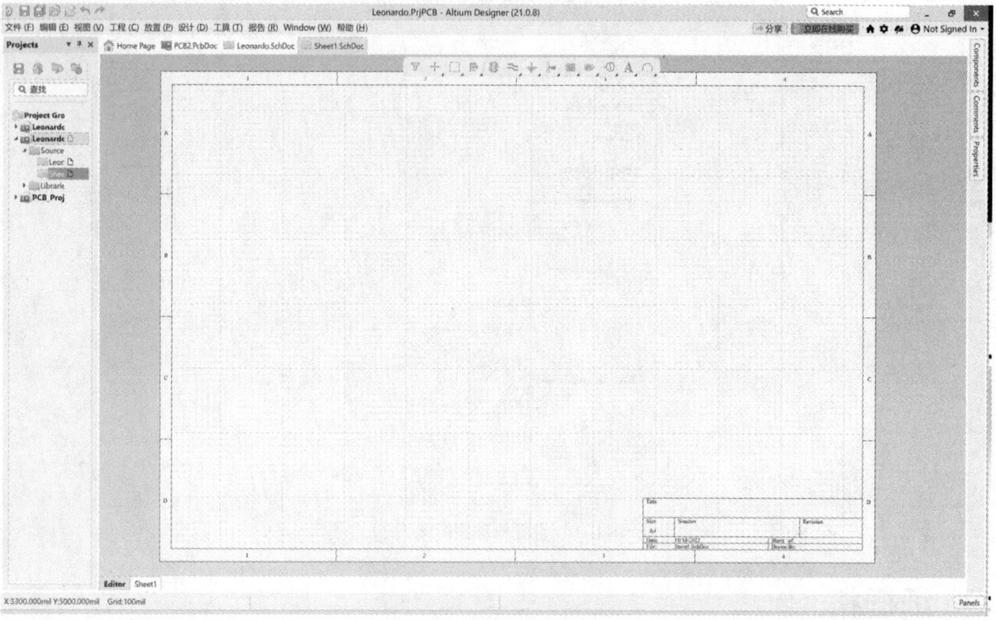

图4-12　新建原理图文件

(2) 设置原理图。打开【Properties】面板，在【Page Options】选项组的【Formatting and Size】中单击【Standard】标签，取消勾选【Title Block】复选框，如图 4-13 所示，将原理图右下角的标题区块取消，用户可以重新设计一个所需的图纸模板。

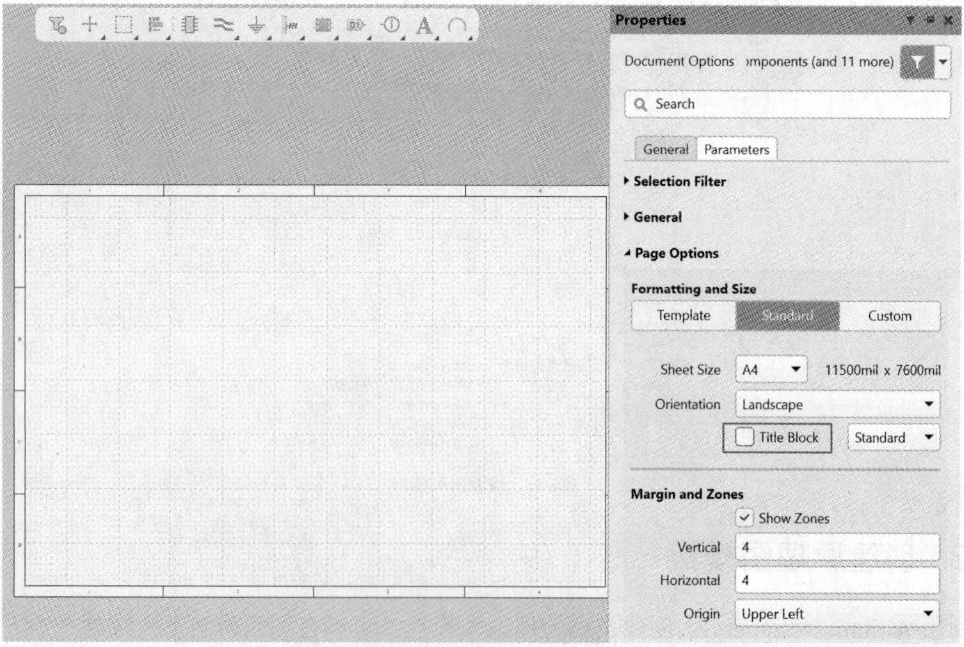

图4-13　【Properties】面板

(3) 设计模板。选择菜单命令【放置】/【绘图工具】/【线】，绘制图纸信息栏图框（具体图框风格可以根据相应的要求进行设计。注意，不能使用 Wire 线绘制，建议将线型修改为 Smallest，颜色修改为黑色）。绘制好的信息栏图框如图 4-14 所示。

(4) 在信息栏中添加各类信息。这里放置的文本有两种类型，一种是固定文本，另一种是动态信息文本。固定文本一般为标题文本。例如，要在第一个框中放置固定文本“文件名”，可以选择菜单命令【放置】/【文本字符串】，待鼠标指针变成十字形状并带有一个文本字符串“Text”后，将其移到第一个框中，单击放置文本字符串；单击文本字符串，将其内容改为“文件名”。

(5) 动态文本的放置方法和固定文本的一样，只不过动态文本需要在【Text】下拉列表中选择对应的文本属性。例如，要在“文件名”后面放置动态文本，可以在加入另一个文本字符串后，双击该文本字符串，打开文本属性编辑面板，在【Text】下拉列表中选择【=DocumentName】选项，此时信息栏中会自动显示当前文档的完整文件名，如图 4-15 所示。

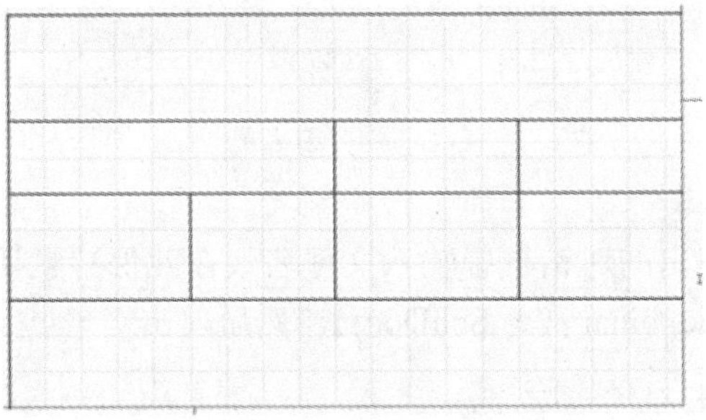

图4-14　绘制好的信息栏图框

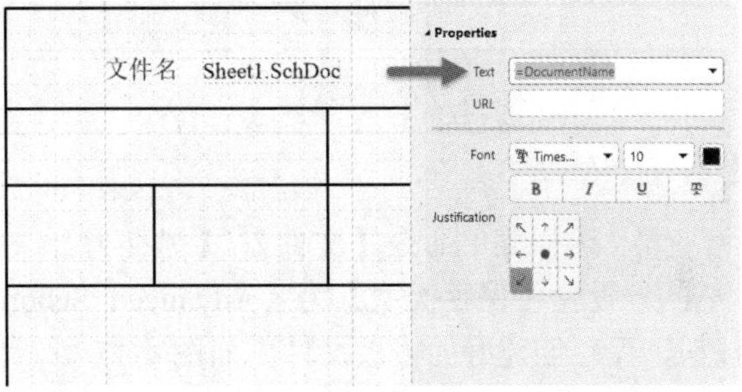

图4-15　添加信息栏信息

【Text】下拉列表中的各主要选项的说明如下。

- 【=CurrentTime】：显示当前的系统时间。
- 【=CurrentDate】：显示当前的系统日期。
- 【=Date】：显示文档创建日期。
- 【=DocumentFullPathAnName】：显示文档的完整保存路径。
- 【=DocumentName】：显示当前文档的完整文件名。
- 【=ModifiedDate】：显示最后修改的日期。
- 【=ApprovedBy】：显示图纸审核人。
- 【=CheckedBy】：显示图纸检验人。
- 【=Author】：显示图纸作者。
- 【=CompanyName】：显示公司名称。
- 【=DrawnBy】：显示绘图者。
- 【=Engineer】：显示工程师。需要在文档选项中预设数值，才能正确显示。
- 【=Organization】：显示组织/机构。
- 【=Addressl】：显示地址 1。
- 【=Address2】：显示地址 2。
- 【=Address3】：显示地址 3。
- 【=Address4】：显示地址 4。
- 【=Title】：显示标题。
- 【=DocumentNumber】：显示文档编号。
- 【=Revision】：显示版本号。

- 【=SheetNumber】: 显示图纸编号。
- 【=SheetTotal】: 显示图纸总页数。
- 【=ImagePath】: 显示图像路径。
- 【=Rule】: 显示规则。需要在文档选项中预设值。

图 4-16 所示为已经创建好的 A4 模板。

文件名	Sheet1.SchDoc		
图纸大小 *	序号 *	版本号 *	制图 *
日期 *	时间 *	页码 *	审核 *
文件路径 *			

图4-16 A4 模板

(6) 选择菜单命令【文件】/【另存为】，在弹出的对话框中输入文件名（在此保持默认设置），设置【保存类型】为【Advanced Schematic binary(＊.SchDoc)】，然后单击 保存(S) 按钮，保存创建好的模板文件，如图 4-17 所示。

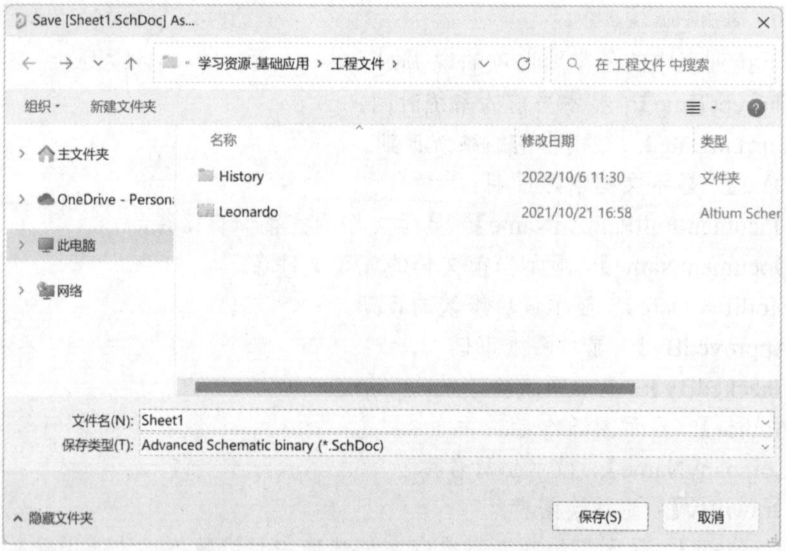

图4-17 保存模板

4.3.4 调用原理图模板

(1) 创建好原理图模板后，如果想调用此模板，需选择菜单命令【工具】/【原理图优先项】，打开【优选项】对话框，切换到【Schematic】/【General】子选项卡，在【默认空白纸张模板及尺寸】选项组的【模板】下拉列表中选择之前创建好的模板，如图 4-18 所示。这样设置好之后，下次新建原理图文件时软件就会调用用户自己创建的模板。

图4-18　选择创建好的模板

(2) 在【Graphical Editing】子选项卡中勾选【显示没有定义值的特殊字符串的名称】复选框，否则特殊字符将不能正常显示，如图 4-19 所示。

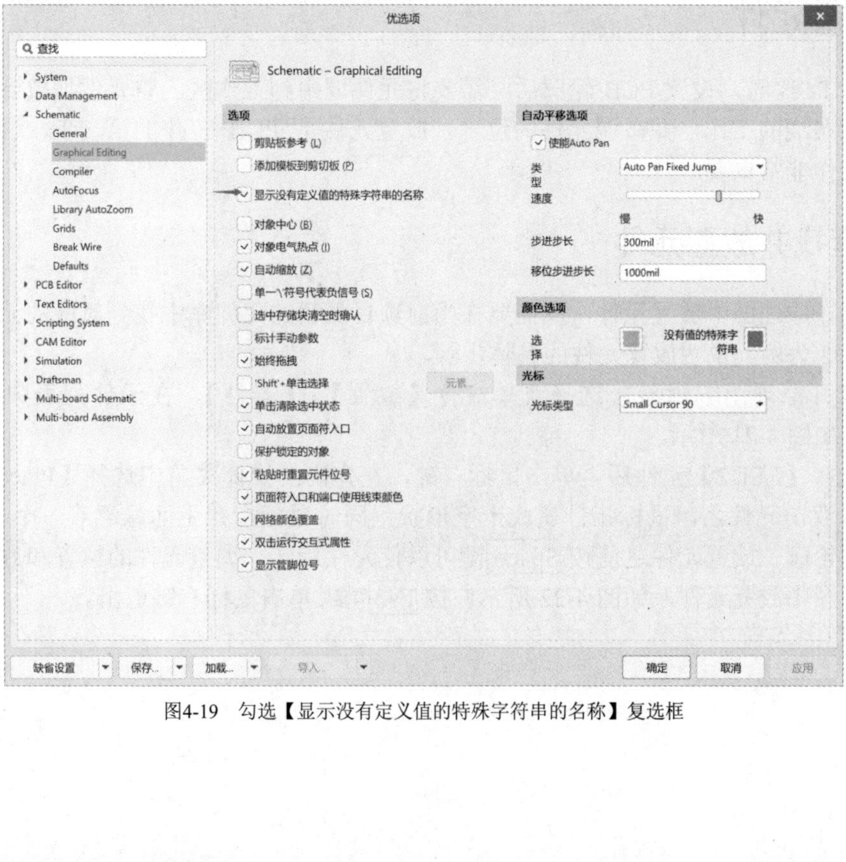

图4-19　勾选【显示没有定义值的特殊字符串的名称】复选框

(3) 将模板应用到原理图中后，需要将特殊字符修改成对应的数值时，需在【Properties】面板的【Parameters】选项组中找到需要设置的特殊字符，将相应的 Value 值修改为需要的数值，如图 4-20 所示。

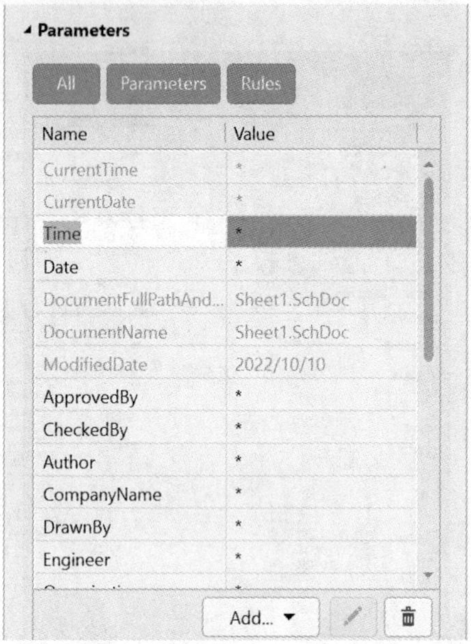

图4-20　修改特殊字符的 Value 值

用户除了调用自己创建的模板外，还可以调用软件自带的模板。调用模板及修改对应数值的方法与前面介绍的一致，这里不再赘述。

4.4　放置元件

在设计 PCB 时，设置 PCB 轮廓后，需要将元件调用到工作区。将元件摆放到合适位置后，再进行布线的工作，并微调元件的位置。放置元件是 PCB 工作的第一步，这对之后的平滑布线工作非常重要。

4.4.1　查找并放置元件

如果要在原理图中放置元件，就需要在当前项目加载的元件库中找到对应的元件。下面以放置 LED2 为例，说明放置元件的具体步骤。

(1) 打开原理图编辑器，选择菜单命令【放置】/【器件】，在元件列表中找到元件【LED2】，如图 4-21 所示。

(2) 选择【LED2】元件后，单击鼠标右键，在弹出的快捷菜单中选择【Place LED2】命令，或者双击元件名，鼠标指针变成十字形状，同时鼠标指针上面悬浮着一个【LED2】元件符号的轮廓。放置元件之前按 Space 键可以使元件旋转，调整元件的位置和方向。这时单击在原理图中放置元件，如图 4-22 所示。按 Esc 键或单击鼠标右键退出。

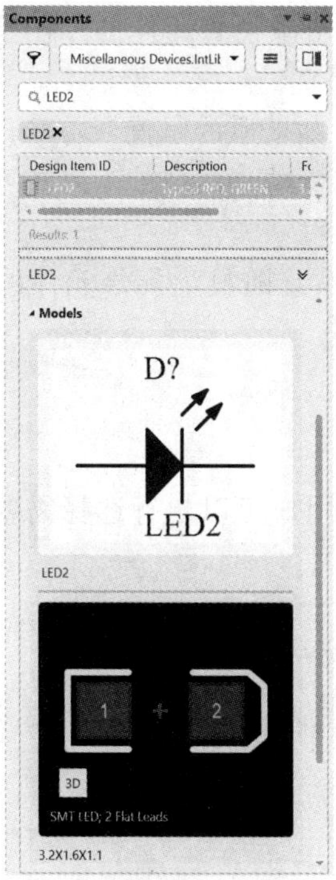

图4-21　查找元件

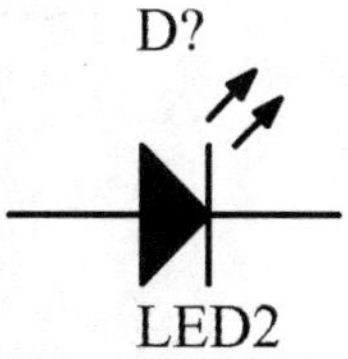

图4-22　放置元件

4.4.2　设置元件的属性

双击需要编辑的元件，或者在放置元件的过程中按 Tab 键，打开【Properties】面板，如图 4-23 所示。下面介绍一下元件常规属性的设置。

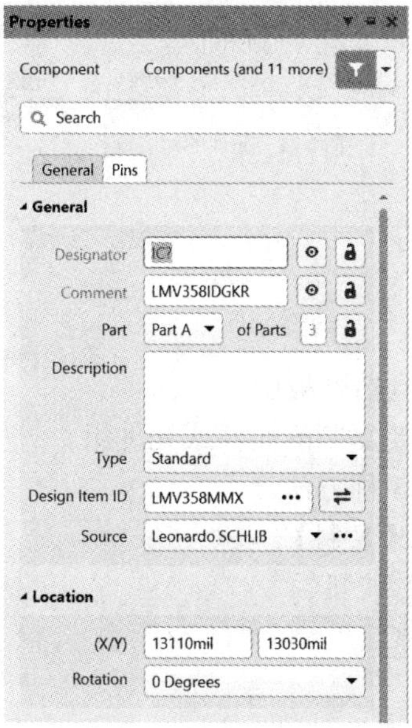

图4-23　【Properties】面板

- 【Designator】文本框：用来设置元件标号，也就是位号。在该文本框中输入元件位号，如“UKR1”。该文本框右侧的按钮用来设置元件位号在原理图上是否可见，最右侧的按钮用来设置元件是否锁定。

- 【Comment】文本框：用来设置元件的基本特征，如电阻的阻值、功率、封装尺寸等，或者电容的容量、公差、封装尺寸等，或者芯片的型号。用户可以自行修改元件的注释而不会发生电气错误。
- 【Design Item ID】文本框：在整个设计项目中系统随机分配给元件的唯一ID，用来与 PCB 同步，用户一般不用修改。

4.4.3 元件的对齐操作

选择菜单命令【编辑】/【对齐】，在弹出的子菜单中用户可以自行选择需要的对齐操作，如图 4-24 所示。

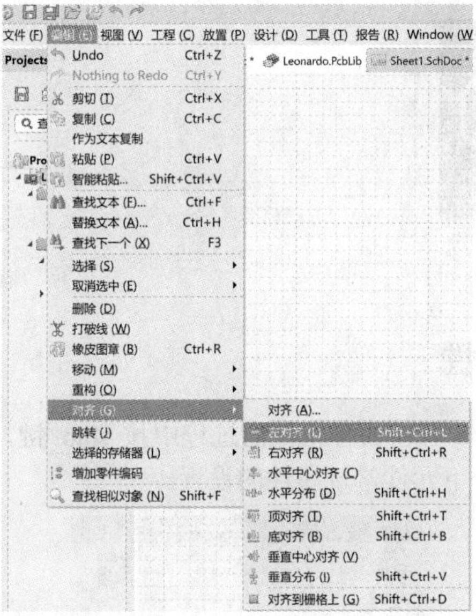

图4-24 元件的对齐操作

4.4.4 元件的复制和粘贴

1. 元件的复制

元件的复制是指将元件复制到剪贴板中。

(1) 在电路原理图中选择需要复制的元件或元件组。

(2) 进行复制操作，有以下 3 种方法。

- 选择菜单命令【编辑】/【复制】。
- 单击工具栏中的“复制”按钮。
- 按快捷键 Ctrl+C 或 E+C。

2. 元件的粘贴

元件的粘贴就是把剪贴板中的元件放置到编辑区中，有以下 3 种方法。

- 选择菜单命令【编辑】/【粘贴】。

- 单击工具栏中的“粘贴”按钮。
- 按快捷键 Ctrl +V 或 E +P。

3. 元件的智能粘贴

元件的智能粘贴是指按照指定的间距一次性将同一个元件重复粘贴到图纸上。

选择菜单命令【编辑】/【智能粘贴】，或者按快捷键 Shift+Ctrl+V，弹出【智能粘贴】对话框，如图 4-25 所示。

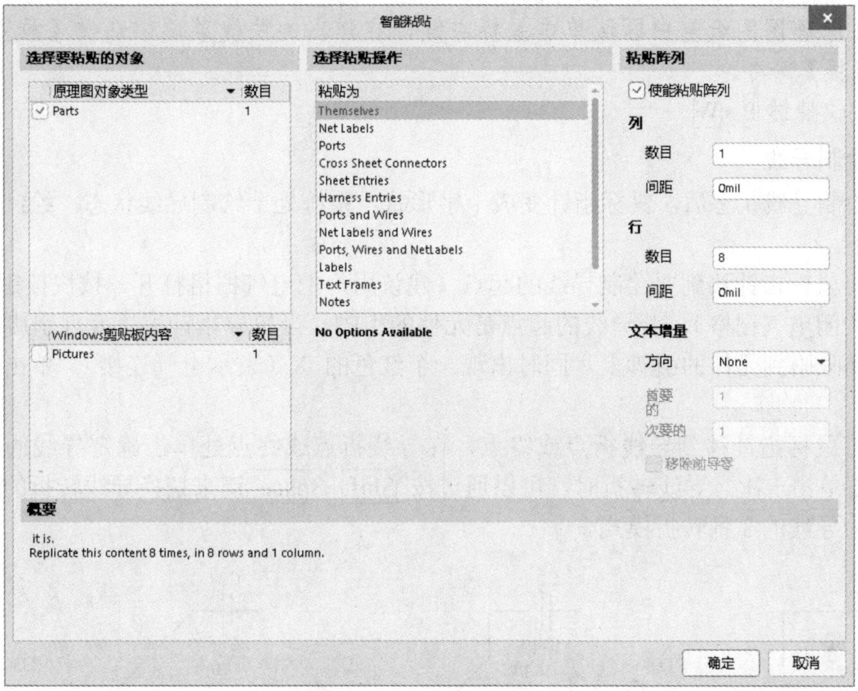

图4-25　【智能粘贴】对话框

- 【列】：用于设置列参数。其中，【数目】文本框用于设置每一列中所要粘贴的元件个数，【间距】文本框用于设置每一列中两个元件的垂直间距。
- 【行】：用于设置行参数。其中，【数目】文本框用于设置每一行中所要粘贴的元件个数，【间距】文本框用于设置每一行中两个元件的水平间距。
- 【文本增量】：用于设置执行智能粘贴后元件位号的文本增量。在【首要的】文本框中输入文本增量数值，正数是递增，负数是递减。执行智能粘贴后，所粘贴出来的元件位号将按顺序递增或递减。

智能粘贴的具体操作步骤如下。

在进行智能粘贴时，先通过复制操作将选择的元件复制到剪贴板中，然后执行【智能粘贴】命令，在弹出的【智能粘贴】对话框中设置参数，即可实现元件的智能粘贴。

4.5 连接元件

元件之间主要通过导线来连接。导线是电路原理图最基本的组件之一，原理图中的导线具有电气连接意义。下面介绍绘制导线的具体步骤和导线的属性设置。

4.5.1 绘制导线连接元件

1. 启动绘制导线命令

启动绘制导线命令主要有以下 4 种方法。

- 选择菜单命令【放置】/【线】。
- 单击布线工具栏中的“线”按钮 。
- 在原理图图纸空白区域单击鼠标右键，在弹出的快捷菜单中选择【放置】/【线】命令。
- 按快捷键 P + W。

2. 绘制导线

进入绘制导线状态后，鼠标指针变成十字形状，系统处于绘制导线状态。绘制导线的具体步骤如下。

(1) 将鼠标指针移到要绘制导线的起点（建议用户把电气栅格打开，按快捷键 Shift+E 可打开或关闭电气栅格），若导线的起点是元件的引脚，当鼠标指针靠近元件引脚时，鼠标指针会自动吸附到元件的引脚上，同时出现一个红色的 X（表示电气连接）。单击确定导线起点。

(2) 将鼠标指针移到导线折点或终点，在导线折点或终点处单击确定导线的位置。每折一次都要单击一次。导线转折时，可以通过按 Shift+Space 键来切换导线转折的模式。图 4-26 所示为导线的 3 种转折模式。

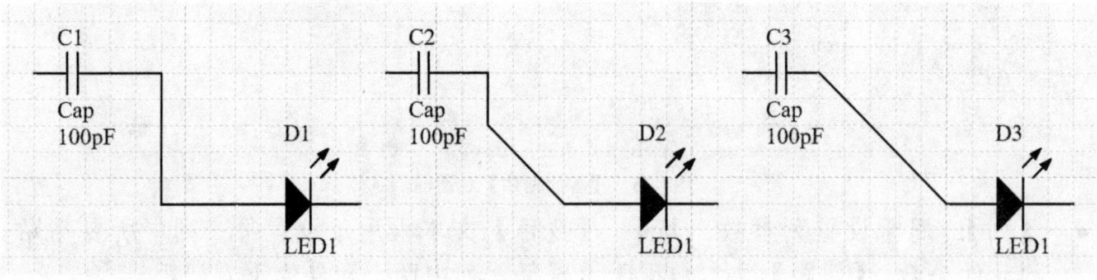

图4-26 导线的 3 种转折模式

(3) 绘制完第一条导线后，系统仍处于绘制导线状态，将鼠标指针移到新的导线起点，按照上面的方法继续绘制其他导线。

(4) 绘制完所有导线后，按 Esc 键或单击鼠标右键退出绘制导线状态。

4.5.2 放置网络标签

在绘制原理图的过程中，元件之间的电气连接除了使用导线外，还可以通过放置网络标签来实现。网络标签实际上就是一个具有电气属性的网络名，具有相同网络标签的导线或总线表示电气网络相连。在连接线路比较远或线路走线复杂时，使用网络标签代替实际走线会使电路简化、美观。

启动放置网络标签命令的方法有以下 4 种。

- 选择菜单命令【放置】/【网络标签】。
- 单击布线工具栏中的“网络标签”按钮 Net 。

- 在原理图图纸空白区域单击鼠标右键，在弹出的快捷菜单中选择【放置】/【网络标签】命令。
- 按快捷键 P+N。

放置网络标签的具体步骤如下。

(1) 启动放置网络标签命令后，鼠标指针变成十字形状。将鼠标指针移到要放置网络标签的位置（导线或总线），鼠标指针上出现红色的 X。此时单击就可以放置一个网络标签，但是一般情况下，为了避免后续修改网络标签的麻烦，应在放置网络标签前按 Tab 键，在弹出的【Properties】面板中设置网络标签的属性（一般只需在【Net Name】文本框中设置），如图 4-27 所示。

图4-27　【Properties】面板

(2) 将鼠标指针移到其他位置，继续放置网络标签。一般情况下，放置完第一个网络标签后，如果网络标签的末尾是数字，那么后面放置的网络标签的数字会递增。

(3) 单击鼠标右键或按 Esc 键，退出放置网络标签状态。

4.5.3 放置离图连接器

在原理图编辑器下，离图连接器的作用其实跟网络标签是一样的，只不过离图连接器通常用于同一工程内多页“平坦式”原理图中相同电气网络属性之间的导线连接。

离图连接器的放置方法如下。

(1) 选择菜单命令【放置】/【离图连接器】或按快捷键 P+C。

(2) 双击已经放置的离图连接器或在放置过程中按 Tab 键，修改离图连接器的名称。

(3) 在离图连接器上放置一段导线，并在导线上放置一个与其对应的网络标签，这样才算是一个完整的离图连接器，示例如图 4-28 所示。

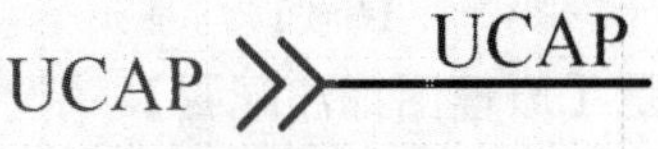

图4-28　离图连接器的放置

4.5.4 放置差分对指示

选择菜单命令【放置】/【指示】/【差分对】，或者按快捷键 P+V+F，即可放置差分对指示，如图 4-29 所示。

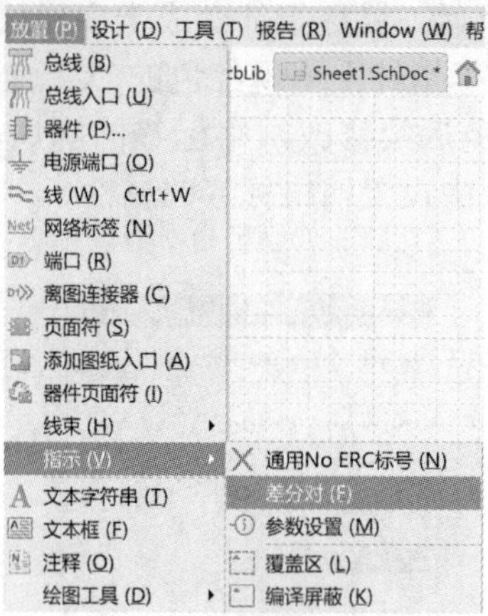

图4-29 放置差分对指示

4.6 分配元件标号

绘制原理图后，用户可以逐个地手动修改元件的标号，但是这样比较烦琐且容易出现错误，尤其是元件比较多时，这时用户可以使用原理图标注工具。

选择菜单命令【工具】/【标注】/【原理图标注】，打开【标注】对话框，如图 4-30 所示。

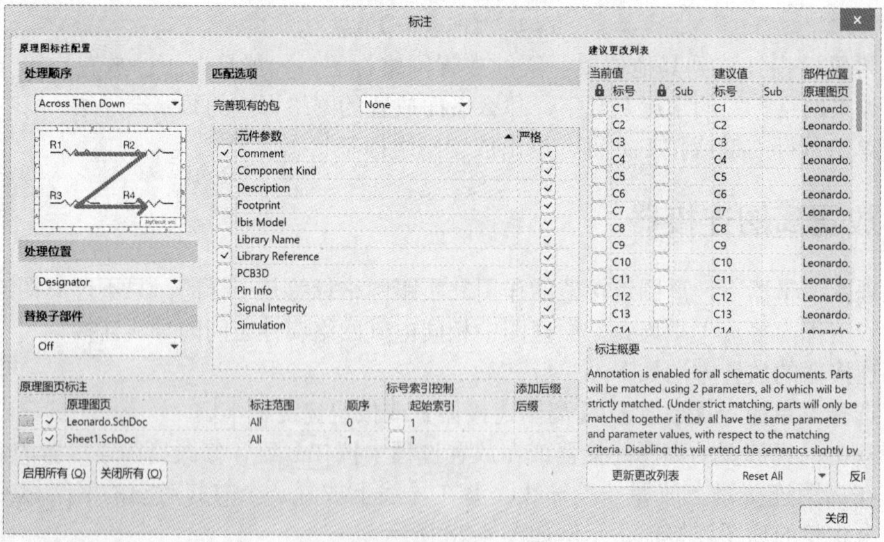

图4-30 【标注】对话框

该对话框分为两部分。左侧是【原理图标注配置】，用于设置原理图标注的顺序及选择需要标注的原理图页；右侧是【建议更改列表】，【当前值】栏中列出了当前的元件标号，【建议值】栏中列出了新的元件标号。

重新标注原理图的方法如下。

(1) 选择要重新标注的原理图。

(2) 选择标注的处理顺序。单击 Reset All 按钮，对元件标号进行重置，此时弹出【Information】(信息)对话框，提示用户元件标号发生了哪些改变，单击 OK 按钮。重置后，所有的元件标号消除。

(3) 单击 更新更改列表 按钮，重新标注，此时弹出【Information】对话框，提示用户相对前一次状态和相对初始状态发生的改变。

(4) 单击 接收更改(创建ECO) 按钮，弹出图 4-31 所示的【工程变更指令】对话框。

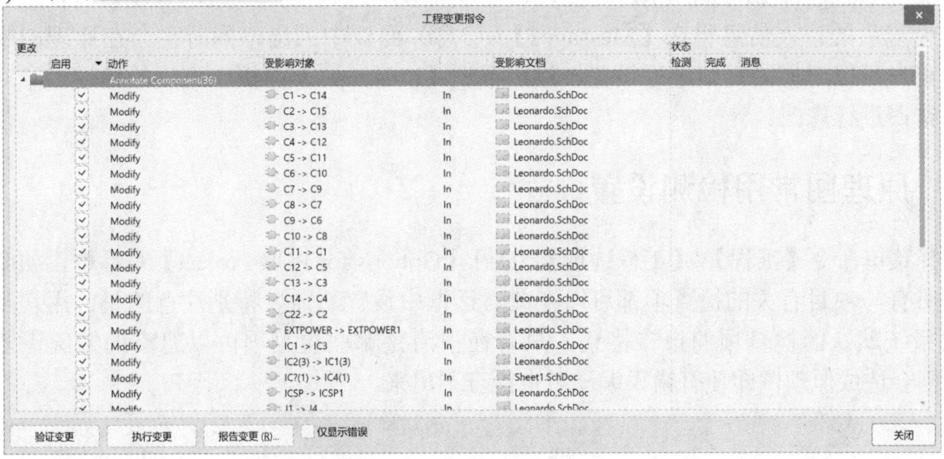

图4-31　【工程变更指令】对话框

(5) 在该对话框中单击 执行变更 按钮，完成原理图元件的标注。图 4-32 所示为完成原理图标注后的效果。

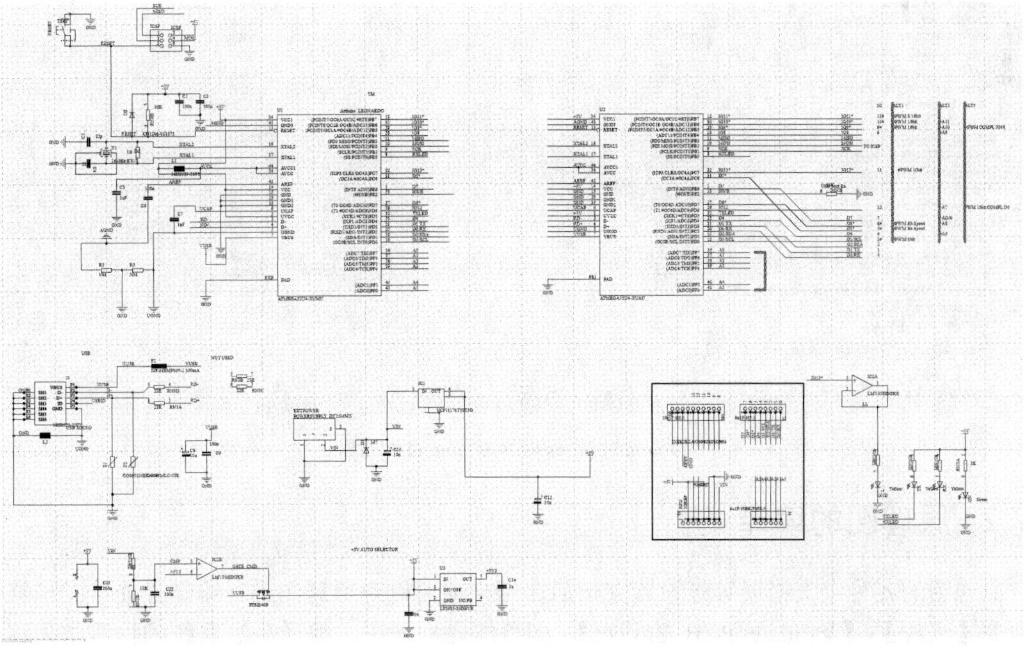
图4-32　原理图标注

4.7 原理图电气检测及编译

原理图设计是前期准备工作，一些初学者为了省事，画完原理图后直接将其更新到了 PCB 中，这样往往得不偿失。按照设计流程进行 PCB 设计，一方面可以养成良好的习惯，另一方面可以避免出错。由于软件的差异及电路的复杂性，原理图可能存在一些单端网络、电气开路等问题，不经过相关检测工具检查就盲目生产，等 PCB 做好了才发现问题就晚了，所以原理图的编译步骤是很有必要的。

Altium Designer 21 自带 ERC 功能，该功能可以对原理图的一些电气连接特性进行自动检查。检查后的错误信息将在【Messages】（信息）面板中列出，同时也会在原理图中标注出来。用户可以对检测规则进行设置，然后根据【Messages】面板中列出的错误信息对原理图中的错误进行修改。

4.7.1 原理图常用检测设置

选择菜单命令【工程】/【工程选项】，打开【Options for PCB Project】对话框，如图 4-33 所示。所有与项目有关的检查项都可以在此对话框中设置。需要特别注意的是，用户不要随意修改系统默认的检查项的报告格式，只有在很清楚哪些检测项可以忽略的情况下才能修改，否则会造成原理图即使有错误编译后也检查不出来。

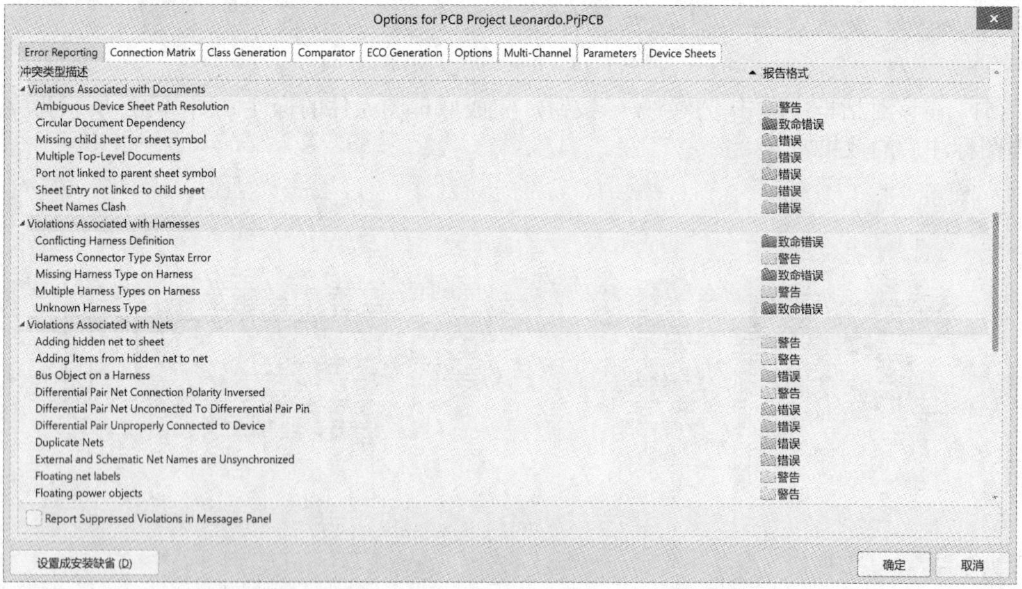

图4-33 【Options for PCB Project】对话框

4.7.2 原理图的编译

原理图的各种电气错误等级设置完毕后，用户便可以对原理图进行编译操作了。选择菜单命令【工程】/【Validate PCB Project】，即可编译原理图，编译后，系统的检测结果将出现在【Messages】面板中。

4.7.3 原理图的修正

当原理图编译无误时，【Messages】面板中将为空。当出现等级为 Fatal Error、Error 及 Warning 的错误时，【Messages】面板将自动弹出，如图 4-34 所示。用户需要根据【Messages】面板中的信息对错误进行修改，直到修改完所有错误才完成原理图的修正。

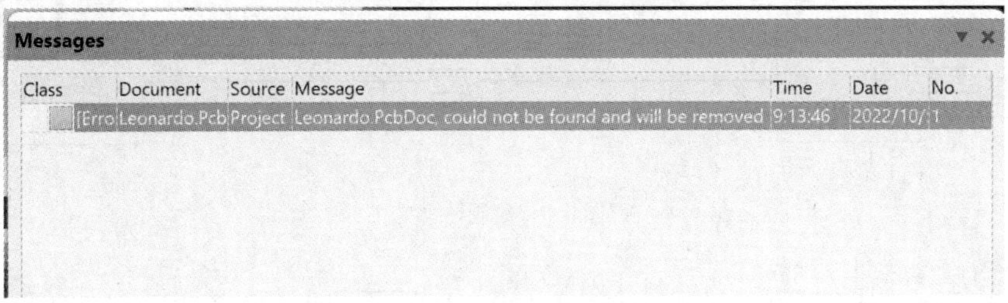

图4-34　原理图编译报告

4.8 实战演练

为帮助读者更好地掌握原理图的绘制方法，下面结合图 4-35 所示的某显示电路原理图，绘制整体的电路原理图。

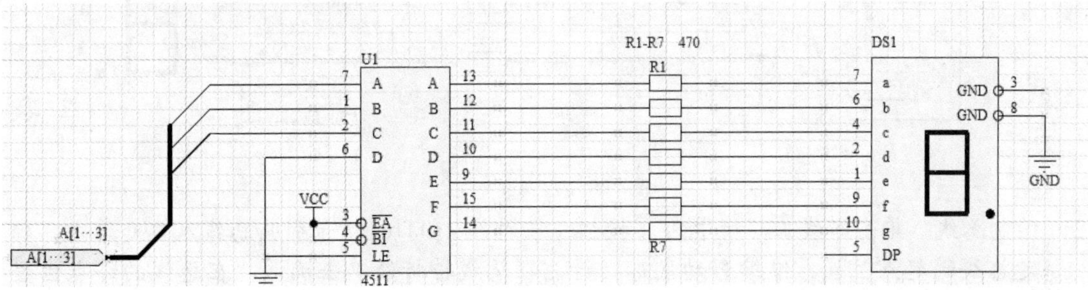

图4-35　显示电路原理图

目前已完成了所需元件的放置及属性的设置，未将其绘制成一张完整的电路原理图，如图 4-36 所示，还需要完成以下操作步骤。

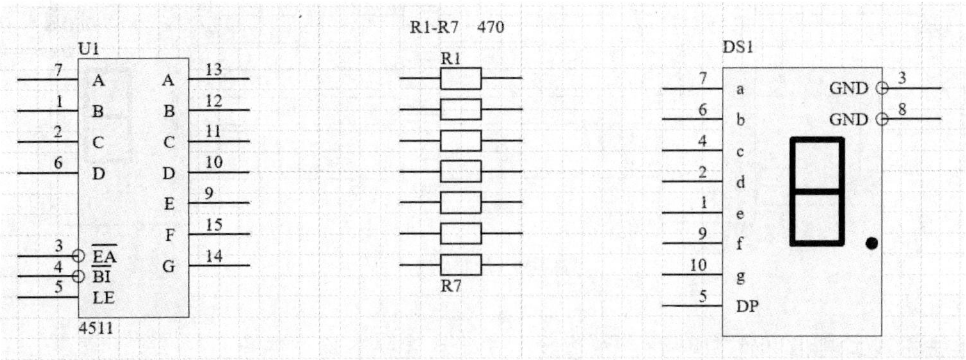

图4-36　放置元件及设置属性

1. 连接导线。

单击布线工具栏中的 按钮，鼠标指针变成十字形状，在具有电气连接关系的元件引脚之间绘制导线，结果如图 4-37 所示。

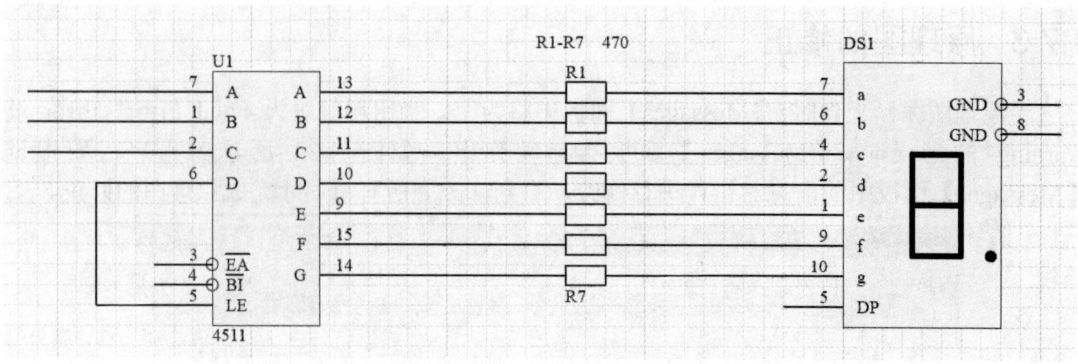

图4-37　绘制导线

2. 绘制总线。

(1) 放置总线入口。单击布线工具栏中的 按钮，按Space键旋转总线入口，使其处于所需的放置方向，分别在元件4511的1、2、7号引脚处放置总线入口，结果如图4-38所示。

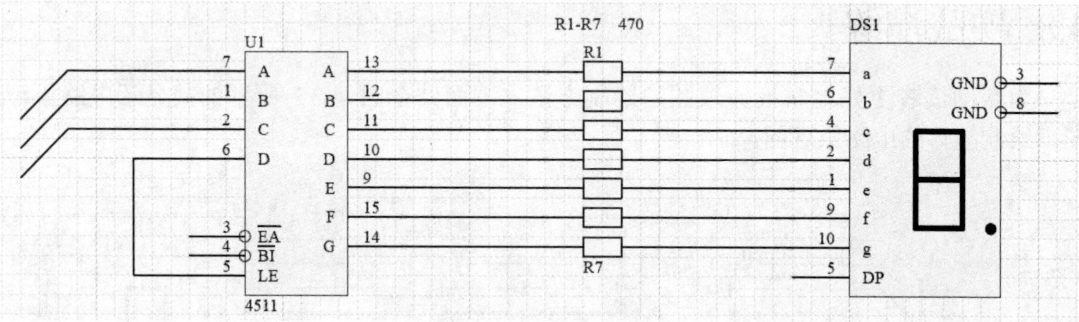

图4-38　放置总线入口

(2) 绘制总线。单击布线工具栏中的 按钮，在元件4511的7号引脚总线入口处单击，确定总线的起点位置。继续移动鼠标指针，在总线转折处单击确认，在总线的终点位置再次单击确认，完成总线的绘制，结果如图4-39所示。

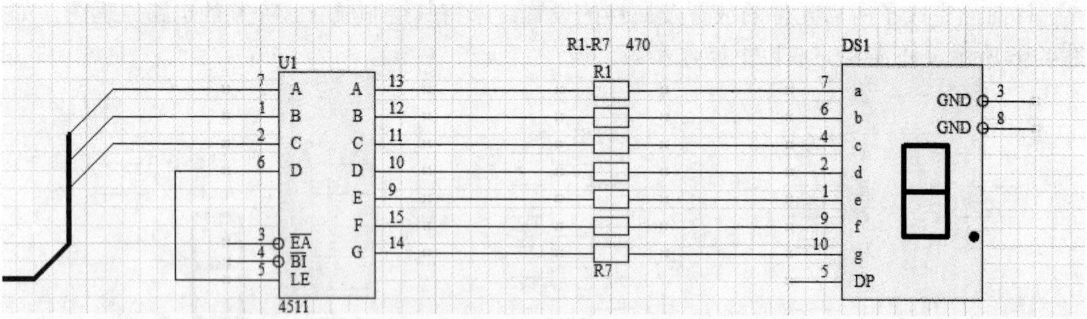

图4-39　绘制总线

3. 放置端口。

(1) 单击布线工具栏中的 按钮，在总线终点处放置一个端口符号。

(2) 双击端口符号，打开【Properties】面板，在【Name】文本框中输入“A[1…3]”，将【I/O Type】（I/O类型）设置为【Input】，如图4-40所示。

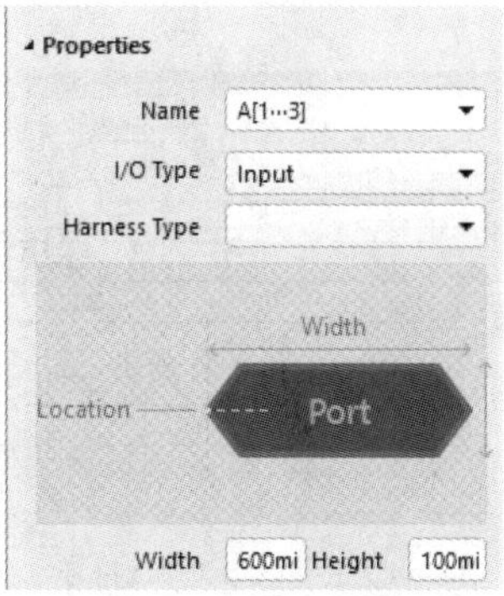

图4-40　【Properties】面板

完成端口属性的设置，结果如图 4-41 所示。

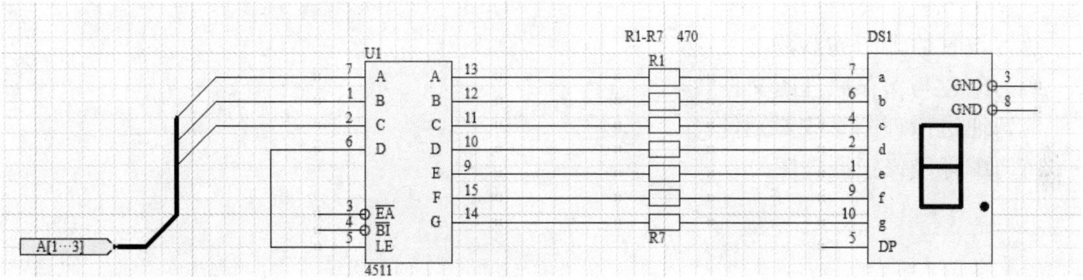

图4-41　放置端口

4.　放置网格标号。

(1)　单击布线工具栏中的按钮，在总线入口及端口处放置网络标签。

(2)　双击放置好的网络标签，打开【Properties】面板，在【Net Name】文本框中输入所需的名称，如图 4-42 所示。

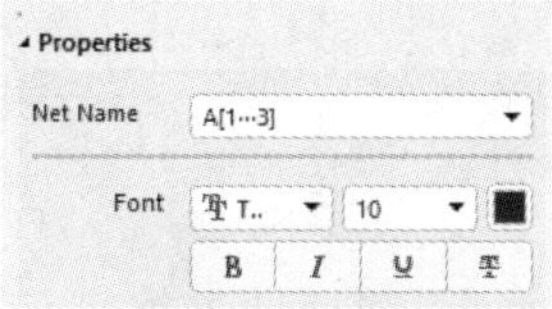

图4-42　输入名称

修改网络标签名称后，结果如图 4-43 所示。

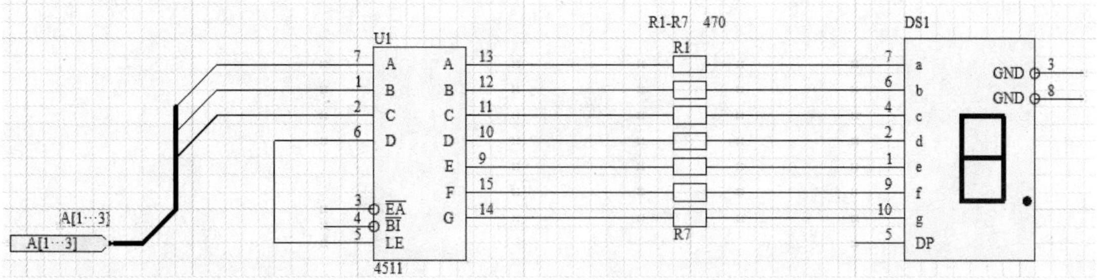

图4-43　放置网络标签

5.　放置电源和接地符号。

单击布线工具栏中的按钮，在所需的位置放置 VCC 电源，这里放置一个电源符号。

单击布线工具栏中的按钮，在所需位置放置接地符号，这里共需要放置两个接地符号，结果如图 4-44 所示。

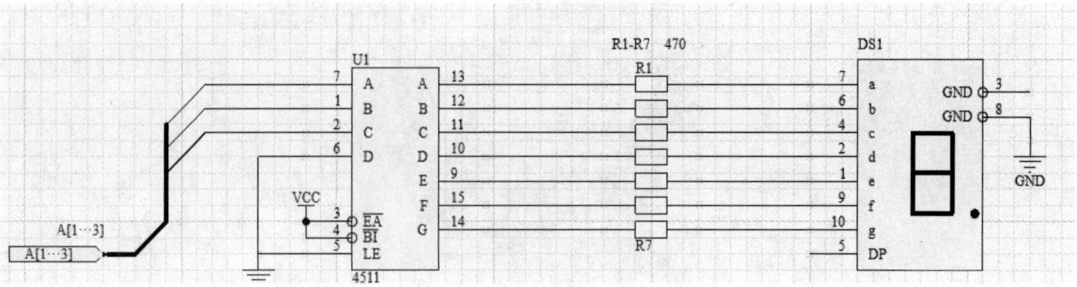

图4-44 放置电源和接地符号

4.9 习题

1. 练习设置原理图的参数。
2. 练习创建与保存原理图文件。
3. 练习通过原理图库放置元件。
4. 练习编译及修正原理图。

第5章 PCB 设计

设计电路原理图的最终目的是生产满足需要的 PCB。利用 Altium Designer 21 可以非常轻松地从原理图设计转入 PCB 设计。Altium Designer 21 为用户提供了一个完整的 PCB 设计环境，在其中既可以进行手动设计，也可以进行全自动设计，设计结果可以用多种形式输出。

本章将简单介绍 PCB 编辑器及部分参数，并结合项目的设计来介绍 PCB 设计的常规流程，帮助读者熟悉 Altium Designer 21 的 PCB 设计流程。

【本章要点】

- PCB 常用系统参数的设置方法。
- PCB 常规操作。
- PCB 常用规则的设置方法。
- PCB 布局、布线方法及操作技巧。

5.1 PCB 常用系统参数设置

系统参数设置界面用于设置系统各个模块的参数，通常情况下，用户并不需要修改系统默认的全局参数，而是根据自己的使用习惯和需求对软件的一些常用参数进行调整，以使软件能够根据用户的设定更快速、高效地分配和使用系统资源，从而提升电子设计工作的效率。

5.1.1 General 参数设置

单击菜单栏右侧的⚙按钮，打开【优选项】对话框，打开【PCB Editor】选项卡下的【General】子选项卡，按照图 5-1 所示进行参数设置。

(1) 【编辑选项】选项组。

- 【在线 DRC】复选框：在手动布线和调整工程的过程中实时进行 DRC，并在第一时间告知用户违反设计规则的错误，实时检测用户设计的规范性。
- 【捕捉到中心点】复选框：选择某个元件时，鼠标指针自动跳到该元件的中心点（又称基准点）。
- 【移除复制品】复选框：当系统准备将数据输出时，可以检查和删除重复对象。当输出到打印设备时，可勾选此复选框。
- 【确认全局编译】复选框：允许在提交全局编译之前弹出确认对话框，包括提示将被编译对象的数量。
- 【单击清除选项】复选框：在 PCB 编辑区的任意空白位置单击，可以自动清除对象的选中状态。
- 【点击 Shift 选中】复选框：勾选该复选框，需按 Shift 键才能选中 PCB 编辑器中的设计对象。设计对象的指定由右侧的 元素... 按钮设置。

- 【智能 TrackEnds】复选框：勾选该复选框，将重新计算网络拓扑距离，即当前布线的鼠标指针到终点的距离而不是网络最短距离。
- 【双击运行交互式属性】复选框：勾选该复选框，可在双击对象时禁用属性面板；取消勾选该复选框，可以在双击对象时弹出相应的属性面板，即还原旧版本双击对象时的模式。

图5-1 【General】子选项卡

(2) 【其他】选项组。

要点提示 软件中“其它”和“其他”混用，本书统一为“其他”。

- 【旋转步进】文本框：用于设置旋转角度。在放置元件时，按一次 Space 键元件会旋转一个角度。这个角度可以任意设置，系统默认值是 90°。
- 【光标类型】下拉列表：鼠标指针有【Small 45】【Small 90】【Large 90】3 种样式。推荐使用【Large 90】的鼠标指针，以便布局、布线时进行对齐操作。

(3) 【铺铜重建】选项组。

勾选【铺铜修改后自动重铺】和【在编辑过后重新铺铜】这两个复选框，以便直接对铜皮进行修改，或者铜皮被移动时，软件可以根据设置自动调整以避开障碍。

(4) 【文件格式修改报告】选项组。

勾选【禁用打开旧版本报告】和【禁用打开新版本报告】这两个复选框，每次打开文件时就不会弹出创建修改报告的提示。

5.1.2 Display 参数设置

在【优选项】对话框中打开【PCB Editor】选项卡下的【Display】子选项卡，按照图 5-2 所示进行参数设置。

图5-2 【Display】子选项卡

5.1.3 Board Insight Display 参数设置

在【优选项】对话框中打开【PCB Editor】选项卡下的【Board Insight Display】子选项卡，按照图 5-3 所示进行参数设置。

(1) 【焊盘与过孔显示选项】选项组。

【应用智能显示颜色】：勾选该复选框，软件会自动控制焊盘的显示字体特征和过孔细节。建议用户保持默认设置。

(2) 【可用的单层模式】选项组。

该选项组用于设置单层显示的模式。

- 【隐藏其他层】复选框：勾选该复选框，在单层模式下仅显示当前层，其他层将被隐藏。
- 【其他层变灰】复选框：勾选该复选框，在单层模式下当前层将高亮显示，其他层上的所有对象均以灰色显示。
- 【其他层单色】复选框：勾选该复选框，在单层模式下当前层将高亮显示，其他层上的所有对象均以相同的灰色显示。

在 PCB 编辑区的背景为黑色的情况下，【其他层变灰】和【其他层单色】的表现形式类似，故只勾选其中一个复选框即可。

图5-3 【Board Insight Display 】子选项卡

(3) 【实时高亮】选项组。

- 【使能的】复选框：勾选该复选框，鼠标指针悬停在网络上时，可以高亮显示网络。
- 【仅换键时实时高亮】复选框：若勾选该复选框，则实时高亮功能仅在按Shift键时才能起作用，所以不建议勾选此复选框。
- 【外形颜色】：执行高亮操作时，使对象外围轮廓的颜色高亮显示。

(4) 【显示对象已锁定的结构】选项组。

该选项组用于切换锁定纹理的可见性，用户可以轻松区分锁定对象和非锁定对象。

- 【从不】单选按钮：选择该单选按钮，从不显示锁定对象的锁定纹理。
- 【总是】单选按钮：选择该单选按钮，始终显示锁定对象的锁定纹理。
- 【仅当实时高亮】单选按钮：选择该单选按钮，仅在鼠标指针经过时实时突出锁定对象的锁定纹理。

5.1.4 Board Insight Modes 参数设置

在【优选项】对话框中打开【PCB Editor】选项卡下的【Board Insight Modes】子选项卡，该子选项卡用于设置 PCB 细节，可按照图 5-4 所示进行参数设置，基本保持默认值。

【显示抬头信息】复选框：网格坐标、图层、尺寸和动作等显示信息可以在 PCB 编辑区左上角看到。可取消勾选此复选框，或者按快捷键 Shift+H 切换打开/关闭状态。

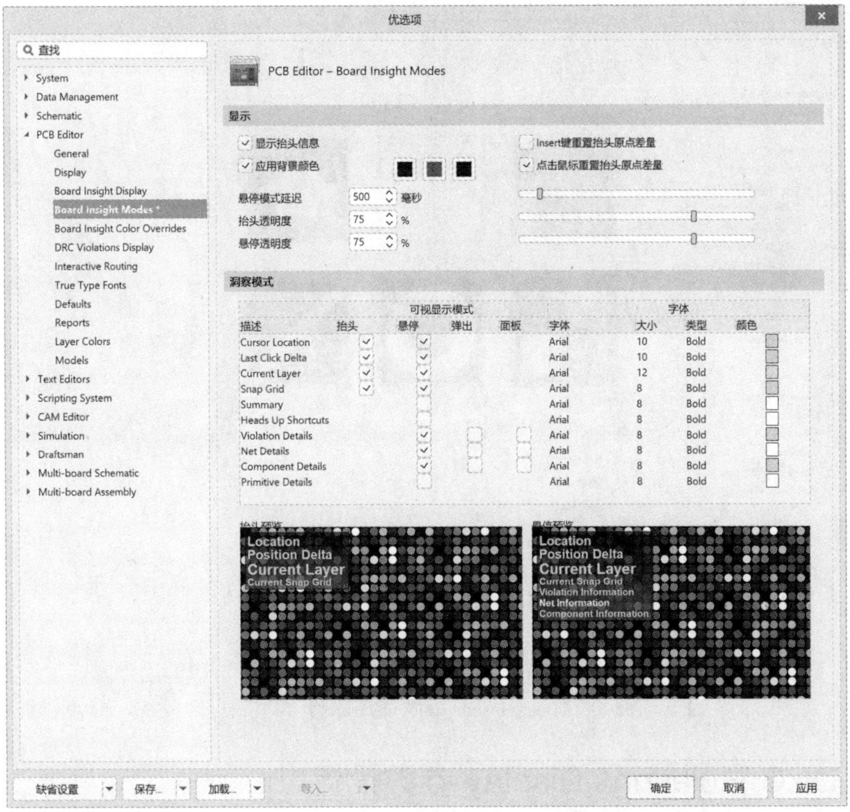

图5-4 【Board Insight Modes】子选项卡

5.1.5 Board Insight Color Overrides 参数设置

在【优选项】对话框中打开【PCB Editor】选项卡下的【Board Insight Color Overrides】子选项卡，按照图 5-5 所示进行参数设置。

常用的参数说明如下。

(1) 【基础样式】选项组。

在该选项组中可以选择基本图案，可选的样式有【无(层颜色)】【实心(覆盖颜色)】【星】【棋盘】【圆环】【条纹】6 种，这里推荐使用【实心(覆盖颜色)】样式。

(2) 【缩小行为】选项组。

该选项组用于设置缩小时网络的显示方式。

- 【基础样式】单选按钮：在缩小网络时缩放基本图案。
- 【层颜色主导】单选按钮：选择该单选按钮，可以使指定的图层颜色为主导，用户可以进一步缩小网络，直到颜色不明显为止。
- 【覆盖色主导】单选按钮：选择该单选按钮，可以使分配的网络覆盖颜色为主导，用户可以进一步缩小网络，直到颜色不明显为止。

要点提示 当【基础样式】选择【实心(覆盖颜色)】时，选择【基础样式】单选按钮和【覆盖色主导】单选按钮的显示效果一致。

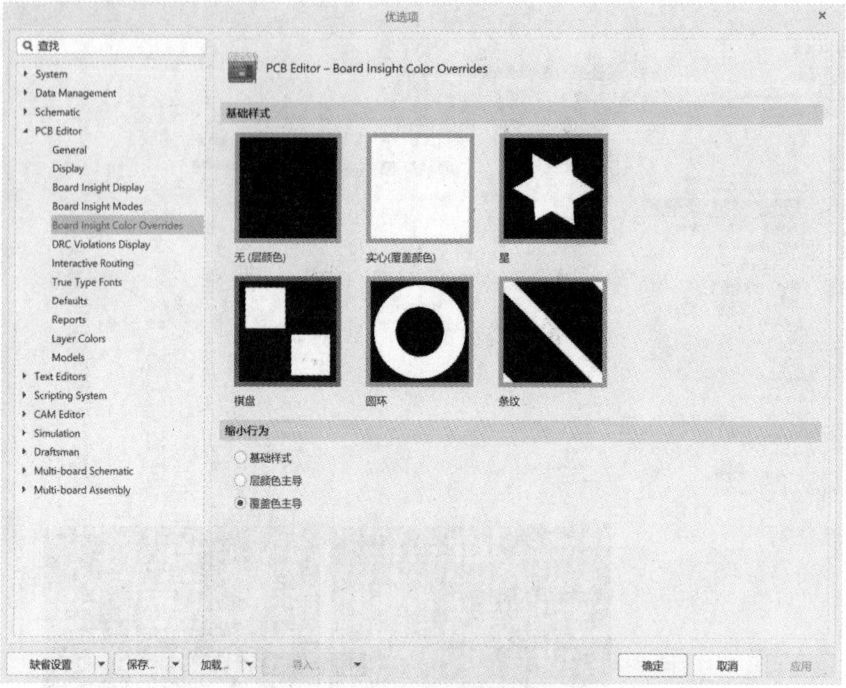

图5-5 【Board Insight Color Overrides】子选项卡

5.1.6 DRC Violations Display 参数设置

在【优选项】对话框中打开【PCB Editor】选项卡下的【DRC Violations Display】子选项卡，按照图 5-6 所示进行参数设置。

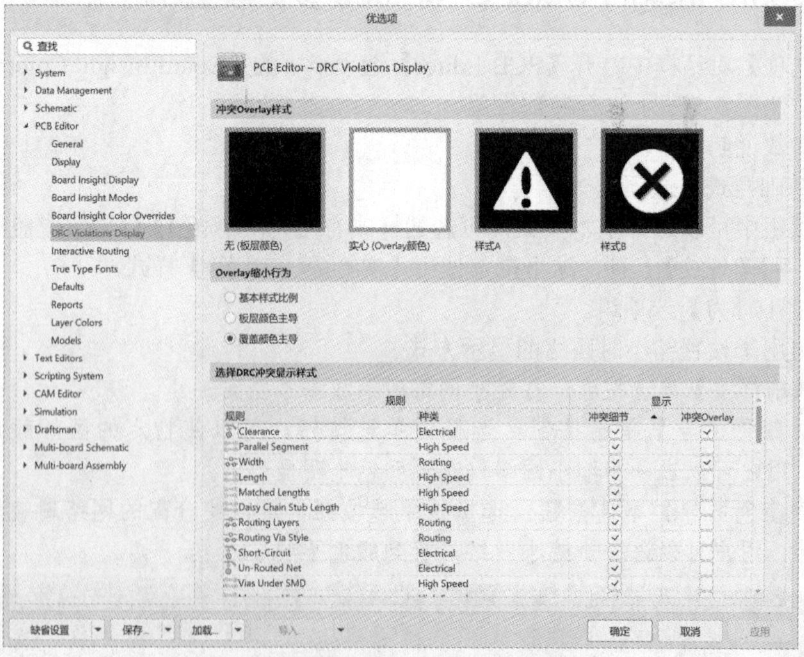

图5-6 【DRC Violations Display】子选项卡

【冲突 Overlay 样式】选项组与【Overlay 缩小行为】选项组中的参数与【Board Insight Color Overrides】子选项卡中的相关参数类似，这里不再赘述。

默认情况下，所有规则类型都启用了【冲突细节】显示选项，并且仅对【Clearance】【Width】【Component Clearance】规则启用了【冲突 Overlay】显示选项。

将【冲突细节】与【冲突 Overlay】两种显示选项一起使用很有用。缩小页面后可以标记存在违规的地方，放大后可以查看违规处的详细信息。

5.1.7 Interactive Routing 参数设置

在【优选项】对话框中打开【PCB Editor】选项卡下的【Interactive Routing】子选项卡，按照图 5-7 所示进行参数设置。

常用的参数介绍如下。

(1) 【布线冲突方案】选项组。

- 【忽略障碍】复选框：勾选此复选框，可以在布线时允许线路穿过障碍物，同时显示违规信息。
- 【推挤障碍】复选框：勾选此复选框，可以在布线时将现有线路推挤开，以便让出空间给新的线路。若同时勾选【允许过孔推挤】复选框，还可以推动过孔以让路给新线路。
- 【绕开障碍】复选框：勾选此复选框，在布线时绕过现有的线路、焊盘和过孔。
- 【在遇到第一个障碍时停止】复选框：勾选此复选框，可以使交互式布线在其路径中遇到第一个障碍时停止布线。
- 【紧贴并推挤障碍】复选框：勾选此复选框，可以在布线时尽可能紧贴着现有的线路、焊盘和过孔，并在必要时推挤障碍物以继续布线。
- 【当前模式】下拉列表：用于选择 PCB 编辑区正在使用的布线模式。

在 PCB 编辑器中，用户可以在布线过程中按快捷键 Shift+R 进行模式切换。

(2) 【交互式布线选项】选项组。

- 【自动终止布线】复选框：勾选此复选框，当线路连接到目标焊盘时，布线工具不会从目标焊盘继续运行，而是重置。
- 【自动移除闭合回路】复选框：勾选此复选框，可以自动删除在布线过程中出现的任何冗余环路，即在重新布线时不需要手动删除原有的线路。
- 【允许过孔推挤】复选框：勾选此复选框，可以在推挤线路时将已放好的过孔移开，以便新的线路连接。
- 【显示间距边界】复选框：进行交互式布线时，现有对象（线路或焊盘、过孔等）和当前间距规定的禁行间隙区域将显示为阴影多边形，以指示用户有多少空间可用于布线。需要注意的是，间距边界的显示在除忽略障碍以外的所有布线模式中均可用。
- 【减小间距显示区域】复选框：默认情况下，将显示 PCB 编辑区的所有间距边界，用户可以通过勾选此复选框，查看布线处局部范围内的边界，减小间距显示区域。

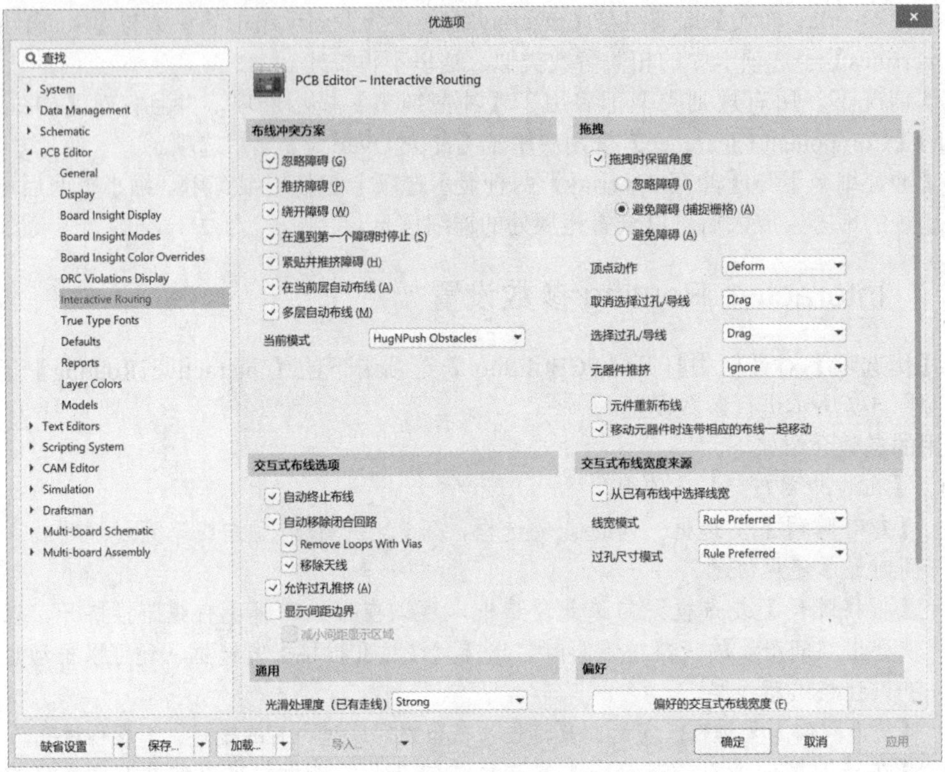

图5-7 【Interactive Routing】子选项卡

(3) 【拖拽】选项组。

- 【避免障碍(捕捉栅格)】单选按钮：选择该单选按钮后，软件将在保留角度的同时尝试避开障碍物。
- 【取消选择过孔/导线】下拉列表：将拖动未选择的过孔或线路的默认行为设置为【Move】或【Drag】。例如，若选择【Drag】选项，则在不选择过孔的情况下拖动过孔，布线也一起移动。
- 【选择过孔/导线】下拉列表：将拖动选择的过孔或线路的默认行为设置为【Move】或【Drag】。例如，若选择【Drag】选项，则在选中过孔的情况下拖动过孔，布线一起移动。
- 【元器件推挤】下拉列表：用于设置移动元件时的冲突模式，可按快捷键 R 进行切换。

  【Ignore】：默认行为，可以在移动元件时忽略与其他元件的冲突。在这种模式下，使用三维元件（如果有）或铜和丝印图元来标识对象的间距。

  【Push】：元件会将其他元件推开，以满足元件之间的安全间距。在这种模式下，元件通过其选择边界进行标识，该选择边界是将元件中所有图元包围起来的最小可能的矩形（即单击元件时出现的白色阴影区域）。锁定的元件无法推动。

  【Avoid】：元件将被迫避免违反与其他元件的安全间距。在这种模式下，元件通过其选择边界进行标识。
- 【元件重新布线】复选框：已连接的元件移动后，系统会尝试重新连接该元件。移动元件的过程中按快捷键 Shift+R 可以切换。

(4)　【交互式布线宽度来源】选项组。

【线宽模式】下拉列表：用于选择交互式布线的线宽模式。

- 【User Choice】：选择此选项后，宽度由在【Choose Width】对话框中选择的宽度确定。可以在布线时按快捷键Shift+W切换。
- 【Rule Minimum】：布线时优先使用线宽规则的最小宽度。
- 【Rule Preferred】：布线时优先使用线宽规则的首选宽度。
- 【Rule Maximum】：布线时优先使用线宽规则的最大宽度。

(5)　【偏好】选项组。

单击 偏好的交互式布线宽度 (E) 按钮，在弹出的【偏好的交互式布线宽度】对话框（见图 5-8）中可以对偏好的交互式布线宽度进行添加、删除、编辑操作。在交互式布线状态下，用户可以直接按快捷键Shift+W来调用布线宽度。

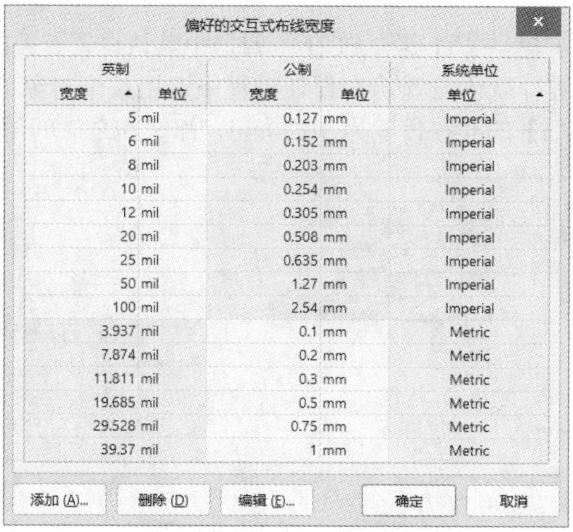
偏好的交互式布线宽度
英制
公制
系统单位
宽度
单位
宽度
单位
单位
5 mil　0.127 mm　Imperial
6 mil　0.152 mm　Imperial
8 mil　0.203 mm　Imperial
10 mil　0.254 mm　Imperial
12 mil　0.305 mm　Imperial
20 mil　0.508 mm　Imperial
25 mil　0.635 mm　Imperial
50 mil　1.27 mm　Imperial
100 mil　2.54 mm　Imperial
3.937 mil　0.1 mm　Metric
7.874 mil　0.2 mm　Metric
11.811 mil　0.3 mm　Metric
19.685 mil　0.5 mm　Metric
29.528 mil　0.75 mm　Metric
39.37 mil　1 mm　Metric
添加 (A)...
删除 (D)
编辑 (E)...
确定
取消

图5-8　【偏好的交互式布线宽度】对话框

(6)　【通用】选项组。

- 【光滑处理度（已有走线）】：改变走线光泽度，软件会自动仔细分析选定的路线，减少弯道数量，并消除和缩短弯道。包含【Off】（禁用）、【Weak】（弱）、【Strong】（强）3 种设置，可使用快捷键Ctrl+Shift+G在设置之间循环转换。
- 【环抱风格】：用于控制布线时如何管理拐角形状，将会影响正在拖动的线路以及被推开的线路。包含以下 3 种模式。

  【Mixed】（混合）：当正被移动/推开的对象是直的时，使用直线段；当正被移动/推开的对象是弯的时，使用圆弧。

  【Rounded】（圆角）：在移动/推动操作中涉及的每个顶点处都使用圆弧。使用此模式进行蛇形布线，并在修线时（在交互式布线和手动修线过程中）使用弧线+任意角度布线。

  【45 Degree】（45° 角）：在拖动线路的过程中，始终使用直正交/对角线线段来创建转角。

要点提示　在拖动线路的过程中，按 Shift + Space 键可在 3 种模式之间切换。

- 【最小弧度】：定义了允许放置的最小圆弧半径，其中，最小圆弧半径=最小弧率 × 圆弧宽度。若将其设置为 0，则拐角始终为圆弧。
- 【斜接比】：使用斜接比率控制最小转角的紧密性，可输入等于或大于 0 的正值。斜接比率 × 当前线宽=该比率布线的最小 U 形壁之间的距离。
- 【焊盘入口稳定性】：用于约束线路连接到焊盘时的位置。可输入 0~10 的数值，0 代表线路从焊盘任意位置出线，10 代表线路只允许从焊盘中心或对角出线。数值越大，约束力就越强，建议输入 5 以上的数值。

5.1.8 Defaults 参数设置

【Defaults】子选项卡提供了许多与 PCB 编辑器中默认设置有关的控件，用户可以在此子选项卡中对设计对象进行默认设置，在设计过程中调用某个对象时，将会使用此处的设置。例如，图 5-9 中【Via】的孔径设置为 10/20mil，那么在之后的 PCB 设计中，默认设置的过孔尺寸为 10/20mil。

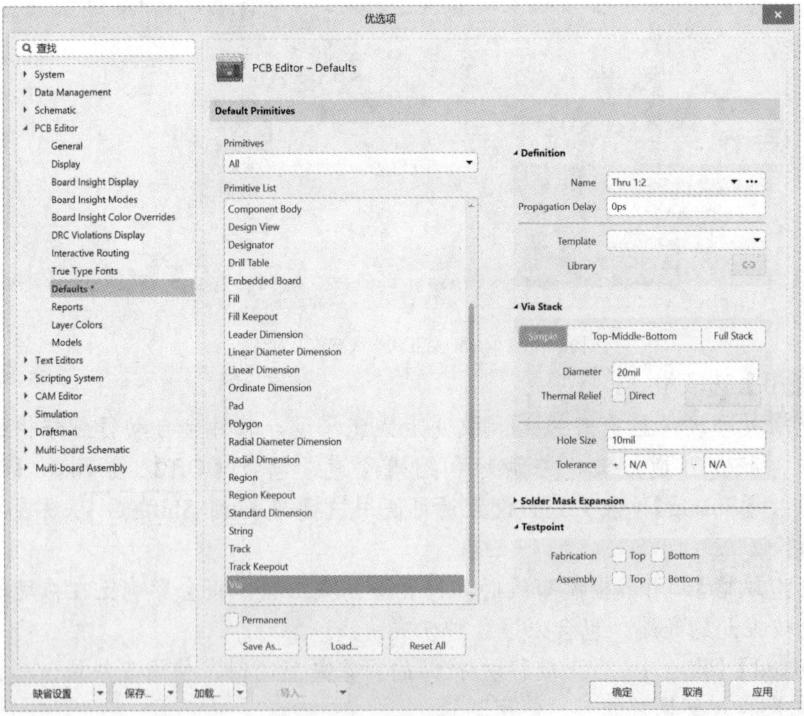

图5-9 【Defaults】子选项卡

建议用户对【Track】（导线）、【Via】（过孔）、【Pad】（焊盘）、【Polygon】（铜皮）等的常用参数进行默认设置。

其他的附加控制参数说明如下。

(1) Save As... 按钮：单击此按钮，将当前的默认对象属性保存到自定义属性文件（.dft），如图 5-10 所示。

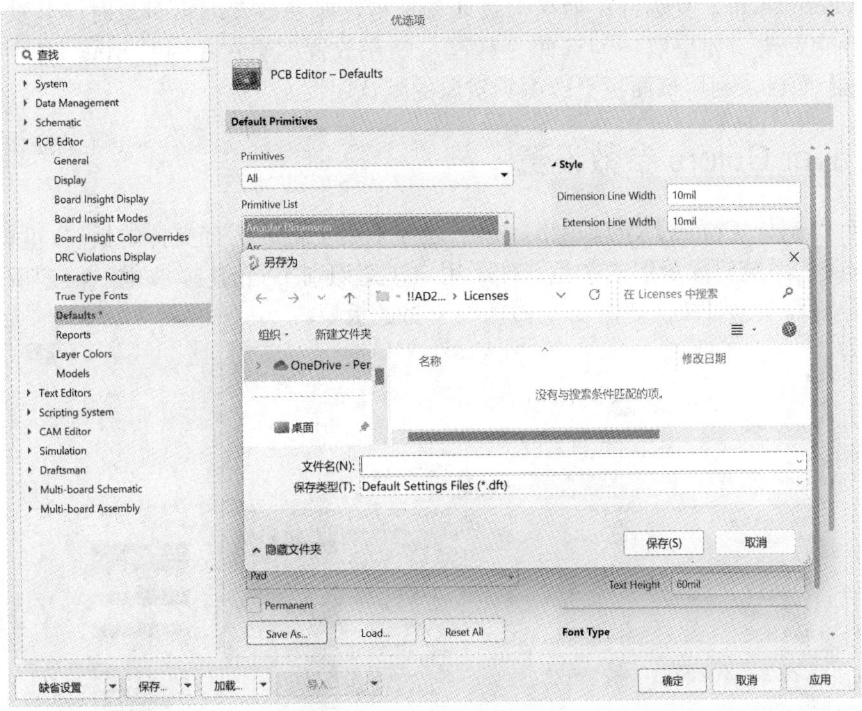

图5-10　保存属性文件

(2) Load... 按钮：单击此按钮，打开【打开】对话框，利用该对话框加载先前保存的默认对象的属性文件（.dft），如图 5-11 所示。

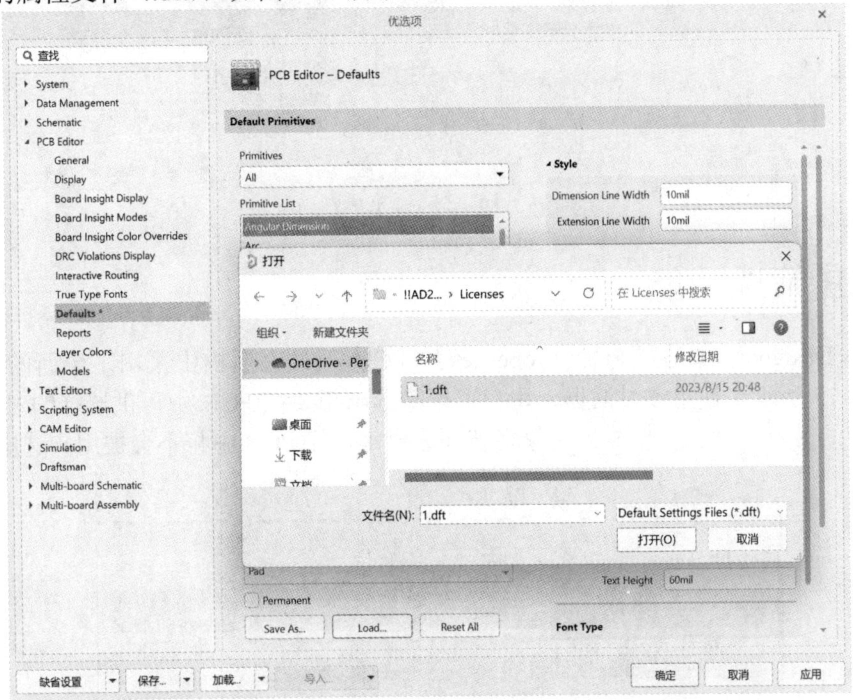

图5-11　加载属性文件

(3) Reset All 按钮：单击此按钮，将所有对象的属性重置为系统默认值。

(4) 【Permanent】复选框：如果勾选此复选框，则在放置编辑对象时，其默认属性将被锁定，不能更改。如果取消勾选此复选框，则在放置编辑对象时按 Tab 键，可以打开【Properties】面板，利用该面板更改编辑对象的默认属性。

5.1.9 Layer Colors 参数设置

切换到【Layer Colors】子选项卡，该子选项卡用于更改所有支持的板层，以二维模式查看与板相关的系统对象所用的颜色，便于用户快速识别不同的层，如图 5-12 所示。用户在 PCB 设计过程中也可按快捷键 L 更改所有支持的板层。

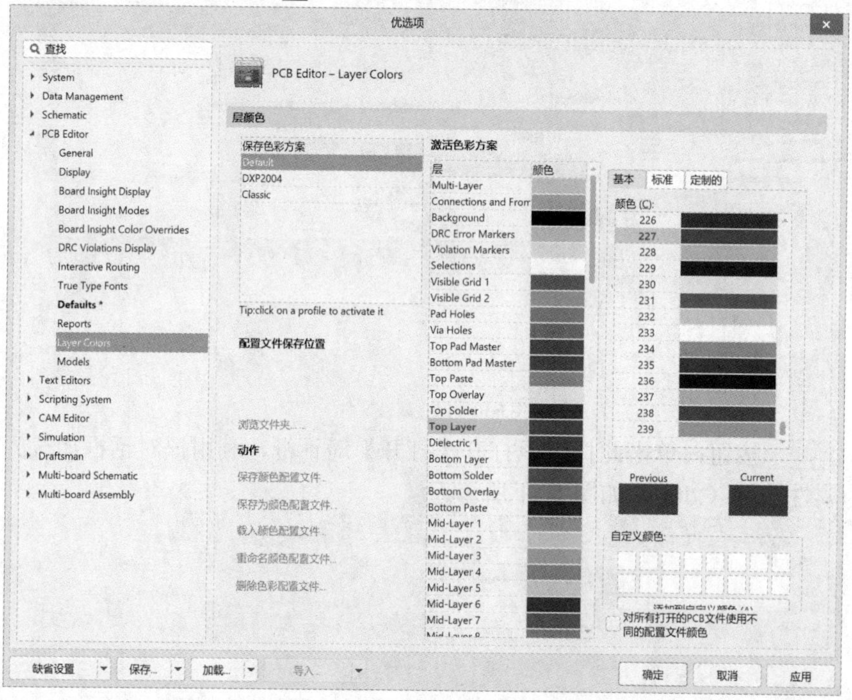

图5-12 【Layer Colors】子选项卡

5.2 PCB 筛选功能

Altium Designer 21 在【PCB Properties】（PCB 属性）面板中采用了全新的对象过滤器，如图 5-13 所示。使用该过滤器，用户可以筛选出想要在 PCB 中可供选择的对象。单击下拉列表中的对象，没有被使能的对象将被筛选出来，在 PCB 中将不会被用户选中。

图5-13 过滤器

例如，按图 5-14 所示进行设置，表示元件和走线不能被选择。

图5-14　使用过滤器

> **要点提示** 筛选功能与锁定功能具有本质的区别。锁定是将对象锁定，但双击锁定对象依然可以选择对象；筛选则是不允许用户进行选择（未使能的对象）。

5.3　同步电路原理图数据

可以通过更新或导入原理图设计数据的方式完成原理图与 PCB 之间的信息同步。在进行设计数据的同步之前，需要装载元件的封装库及对同步比较器的比较规则进行设置。

设置完比较规则后，即可进行设计数据的导入工作。此处的原理图为 Lenardo 开发板文件，文件名为“Lenardo.SchDoc”，如图 5-15 所示。

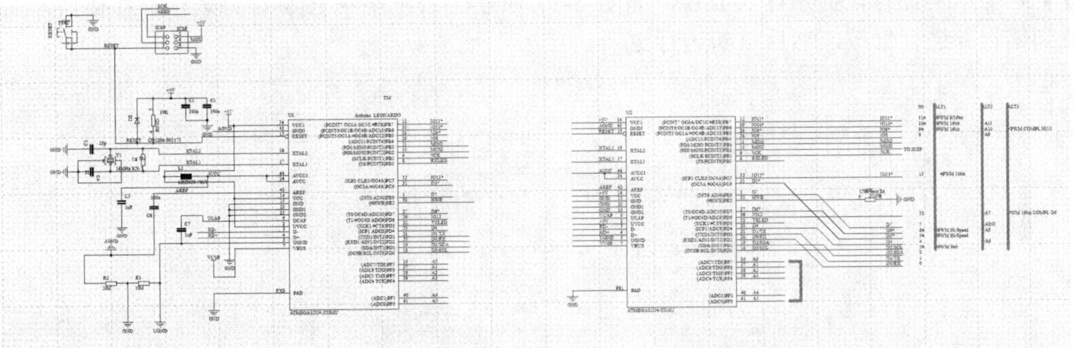

图5-15　原理图文件

将原理图更新到 PCB 的步骤如下。

(1) 选择菜单命令【设计】/【Update PCB Document PCB1.PcbDoc】命令，弹出【工程变更指令】对话框，如图 5-16 所示。

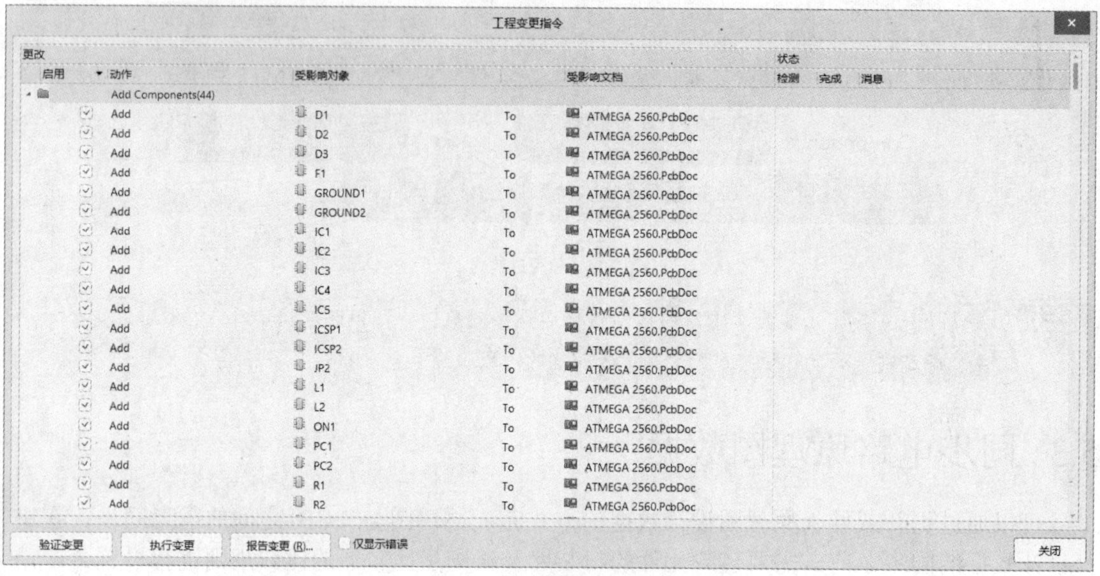

图5-16 【工程变更指令】对话框

(2) 单击 执行变更 按钮，系统将进行设计数据的导入，导入完成后在每一项的【完成】栏显示图标，提示导入成功，如图 5-17 所示。若出现图标，则表示存在错误，需找到错误并进行修改，然后重新进行更新。

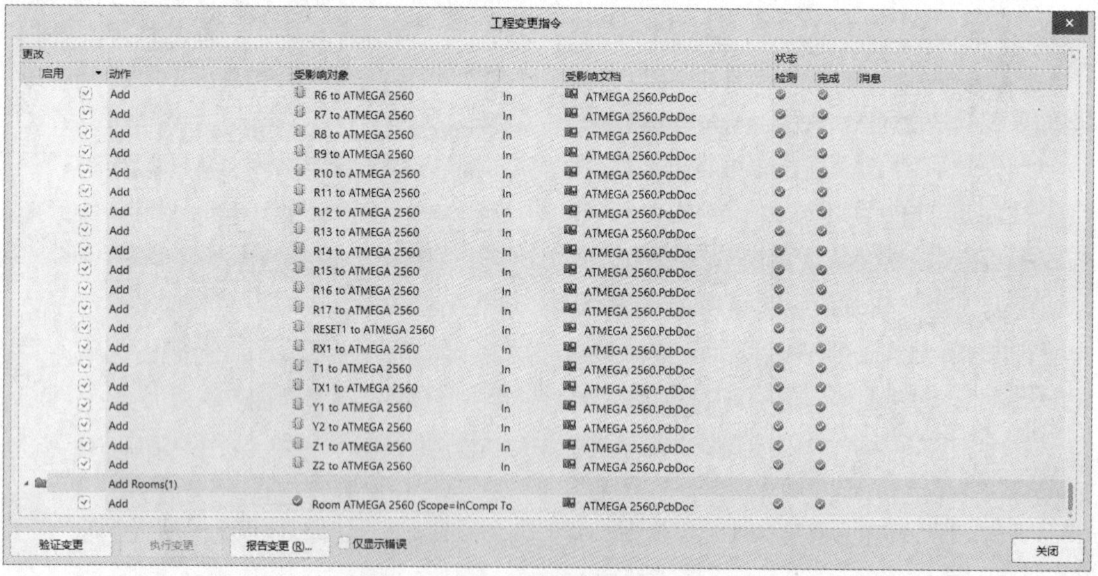

图5-17 执行变更

(3) 单击 关闭 按钮，关闭【工程变更指令】对话框，完成原理图与 PCB 之间的同步更新，结果如图 5-18 所示。

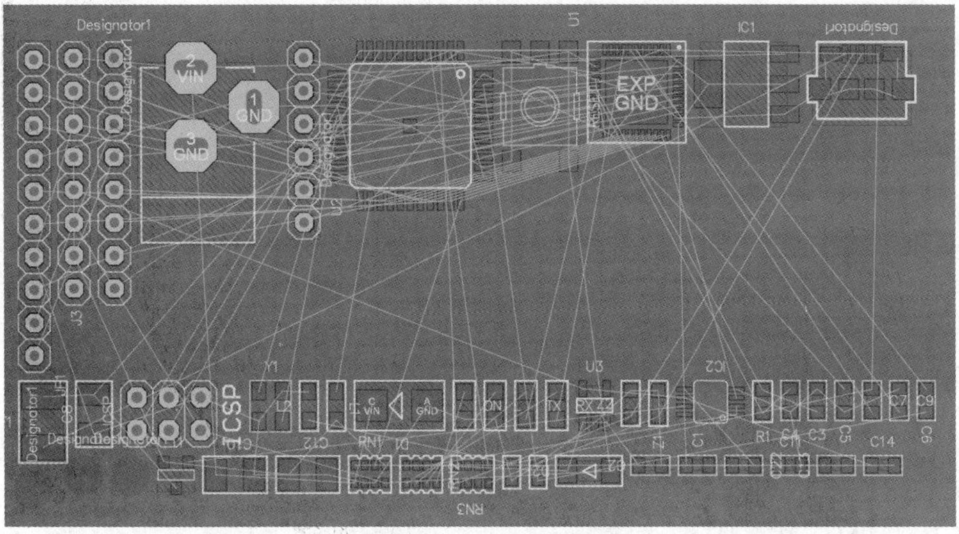

图5-18　完成原理图与 PCB 之间的同步更新

5.4 定义板框及设置原点

导入 PCB 时，用户需要根据实际情况来定义 PCB 的长度和宽度，甚至 PCB 的形状，这时候就需要对板框进行定义并设置原点。

5.4.1 定义板框

如果设计项目的板框是简单的矩形或规则的多边形，则直接在 PCB 编辑器中绘制即可。PCB 的边框在机械层内定义。下面以板框放置在“Mechanical 1”层为例，详细介绍板框的绘制方法。

(1) 切换到“Mechanical 1”层，然后选择菜单命令【放置】/【线条】，在 PCB 编辑区绘制需要的板框形状，如图 5-19 所示。

图5-19　绘制板框形状

(2) 选中绘制的板框形状，注意必须是一个闭合的区域，否则定义不了板框。选择菜单命令【设计】/【板子形状】/【按照选择对象定义】或按快捷键 D+S+D，完成板框的定义，效果如图 5-20 所示。

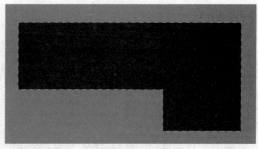

图5-20　板框效果

5.4.2　从 CAD 中导入板框

很多项目的板框的外形都是不规则的，手动绘制板框的复杂度比较高，这时就可以选择导入 CAD（Computer-Aided Design，计算机辅助设计）结构工程师绘制的板框文件，例如扩展名为“.DWG”或“.DXF”的文件。

导入之前需要将 CAD 板框文件转换为较低的版本，以确保 Altium Designer 21 能正确地导入。

导入 CAD 板框文件的步骤如下。

(1) 新建一个 PCB 文件，选择菜单命令【文件】/【导入】/【DXF/DWG】，在弹出的【Import File】对话框中选择需要导入的 DXF 文件，然后单击 打开(O) 按钮，如图 5-21 所示。

图5-21　选择 DXF 文件

(2) 导入属性设置。

① 打开【从 AutoCAD 导入】对话框，在【比例】选项组中设置导入单位，需和 AutoCAD 的单位保持一致，否则导入的板框尺寸不对。

② 选择需要导入的层参数，为了简化导入操作，“PCB 层”这一项可以保持默认，成功导入之后再将某些层更改为需要的层，如图 5-22 所示。

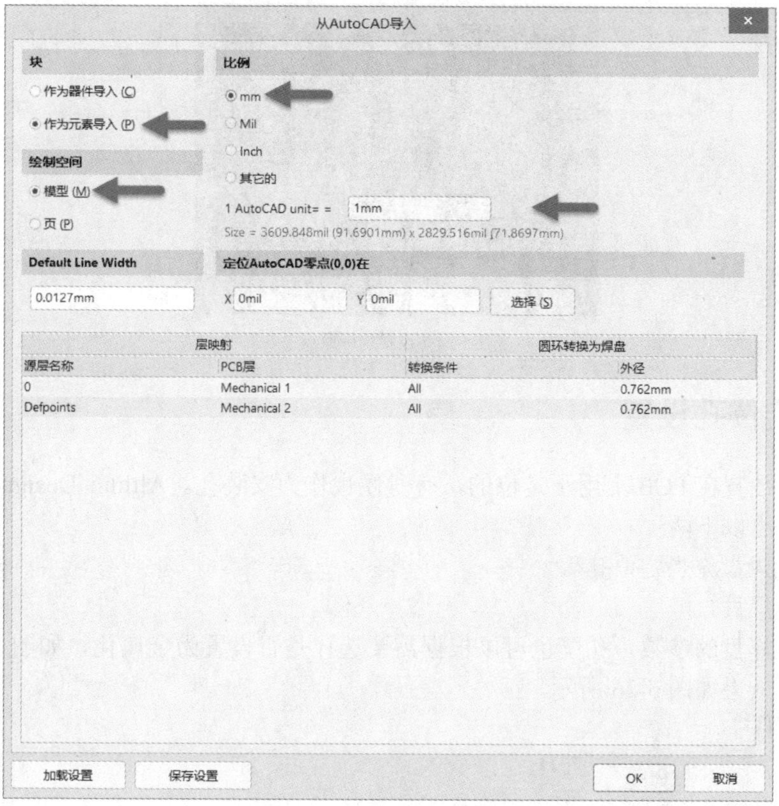

图5-22　DXF 文件导入设置

(3) 导入的板框如图 5-23 所示。选择需要重新定义的闭合板框线，然后选择菜单命令【设计】/【板子形状】/【按照选择对象定义】或按快捷键 D+S+D，完成板框的定义。

图5-23　从 DXF 文件导入的板框

5.4.3　板框原点设置

在 PCB 行业中，对于矩形的板框，一般把坐标原点设置在板框的左下角。设置方法为：选择菜单命令【编辑】/【原点】/【设置】，鼠标指针变为十字形状，将坐标原点设置在板框左下角，如图 5-24 所示。

图5-24　设置坐标原点

5.4.4　定位孔设置

定位孔是放置在 PCB 上用于定位的，有时候也作为安装孔。Altium Designer 21 中放置定位孔的方法有以下两种。

(1) 放置焊盘充当定位孔。

① 放置焊盘。

② 修改焊盘的参数，孔壁也可以根据需要选择是否设置为金属化，如图 5-25 所示，得到的定位孔效果如图 5-26 所示。

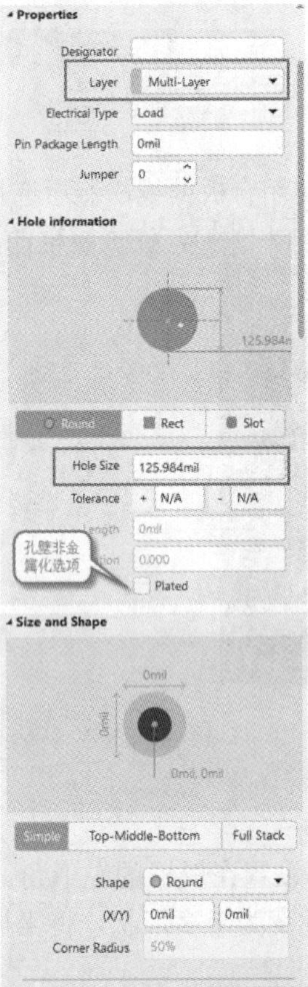

图5-25　修改焊盘参数

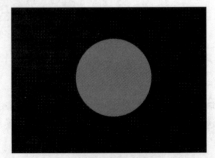

图5-26　定位孔效果

(2)　一般在“Mechanical 1”层绘制板框。若需要用到其他机械层绘制板框，则到相应的机械层中绘制即可。

①　在板框层绘制与定位孔大小一致的圆形，摆放位置与定位孔一致。选择菜单命令【放置】/【圆弧】/【圆】，其参数设置如图 5-27 所示。

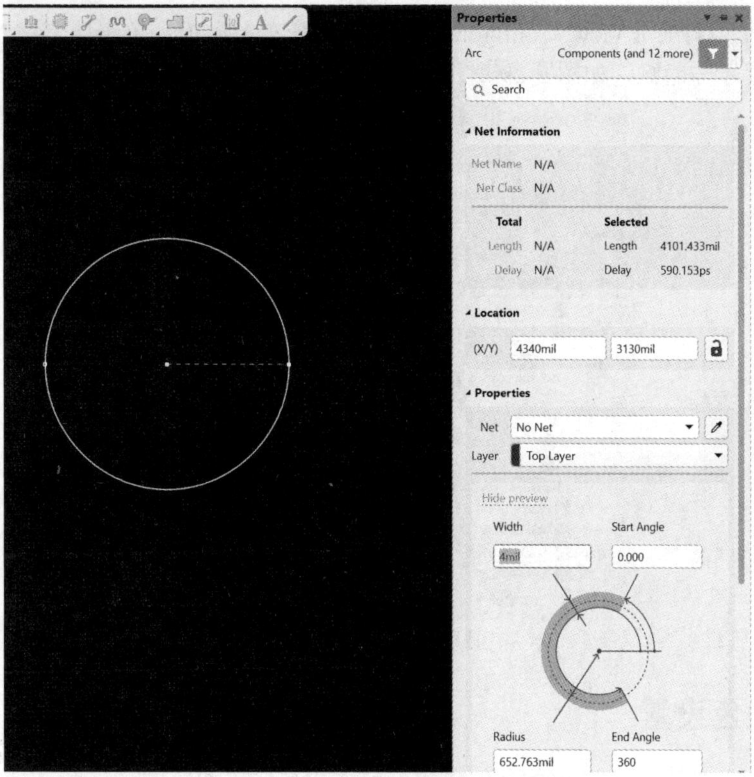

图5-27　圆的参数设置

②　选择该圆形，然后选择菜单命令【工具】/【转换】/【以选中的元素创建板切割槽】或按快捷键 T+V+B 创建板槽，显示效果如图 5-28 所示。

要点提示　这一步操作仅用于在三维模式下查看三维效果，对实际生产并无作用。用户在设计过程中不能仅以此设置定位孔。

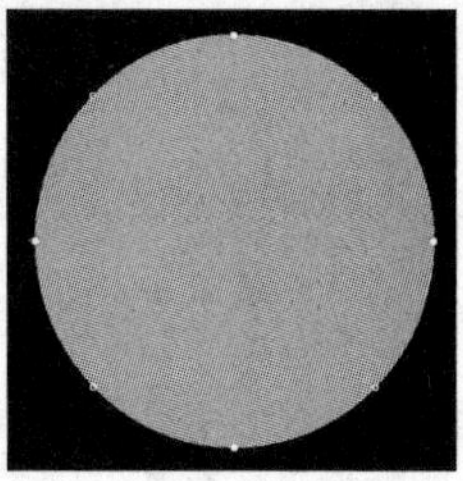

图5-28　孔的效果

5.5 层的相关设置

在设计 PCB 的过程中，用户可以对每层进行设置，以便制作和后期查看。

5.5.1 层的显示与隐藏

在设计多层板的时候，经常需要只看某一层，或者把其他层隐藏，在这种情况下就要用到层的显示与隐藏功能。

按快捷键 L，打开【View Configuration】（视图配置）面板，单击层名称左侧的 图标即可设置层的显示与隐藏，如图 5-29 所示。此处可以针对单层或多层进行显示与隐藏设置。

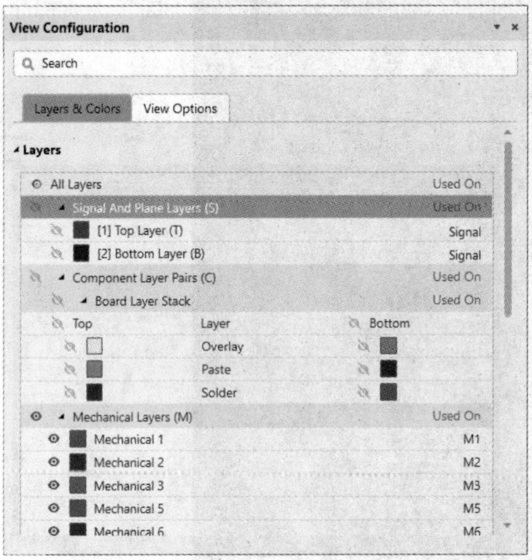

图5-29　设置层的显示与隐藏

5.5.2 层颜色设置

为了便于进行层内信息的识别，用户可以对不同的层设置不同的颜色。按快捷键 L，打开【View Configuration】面板，单击层名称左侧的颜色图标即可设置层的颜色，如图 5-30 所示。

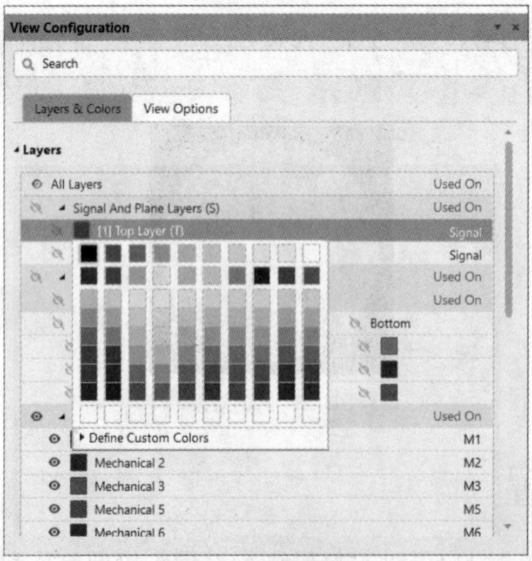

图5-30　设置层的颜色

利用【View Configuration】面板中的【System Colors】选项组可以配置系统特殊显示功能的颜色和可见性，参数设置如图 5-31 所示。

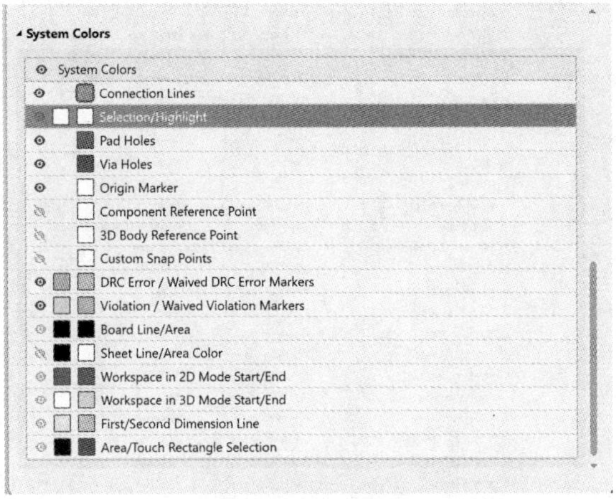

图5-31 设置系统颜色

常见的功能颜色如下。

- 【Connection Lines】：默认的飞线颜色。
- 【Selection/Highlight】：选中高亮对象时，对象显示的颜色。
- 【DRC Error/Waived DRC Error Markers】：规则报错的颜色。
- 【Board Line/Area】：PCB 板框的背景色。

5.6 常用规则设置

在进行 PCB 设计前，应进行设计规则设置，以约束 PCB 元件布局或 PCB 布线行为，确保 PCB 设计和制造的连贯性与可行性。PCB 设计规则就如同交通规则一样，只有遵守已制定好的交通规则才能保证不发生事故。在 PCB 设计中这种规则是由设计人员自己制定的，并且可以根据设计需要随时进行修改，只要在合理的范围内就行。

在 PCB 编辑器中选择菜单命令【设计】/【Rules】，打开【PCB 规则及约束编辑器[mil]】对话框，如图 5-32 所示。该对话框左边为树状结构的规则列表，软件将规则分为以下十大类。

- 【Electrical】：电气类规则。
- 【Routing】：布线类规则。
- 【SMT】：表面封装规则。
- 【Mask】：掩膜类规则。
- 【Plane】：平面类规则。
- 【Testpoint】：测试点规则。
- 【Manufacturing】：制造类规则。
- 【High Speed】：高速规则。
- 【Placement】：布置规则。
- 【Signal Integrity】：信号完整性规则。

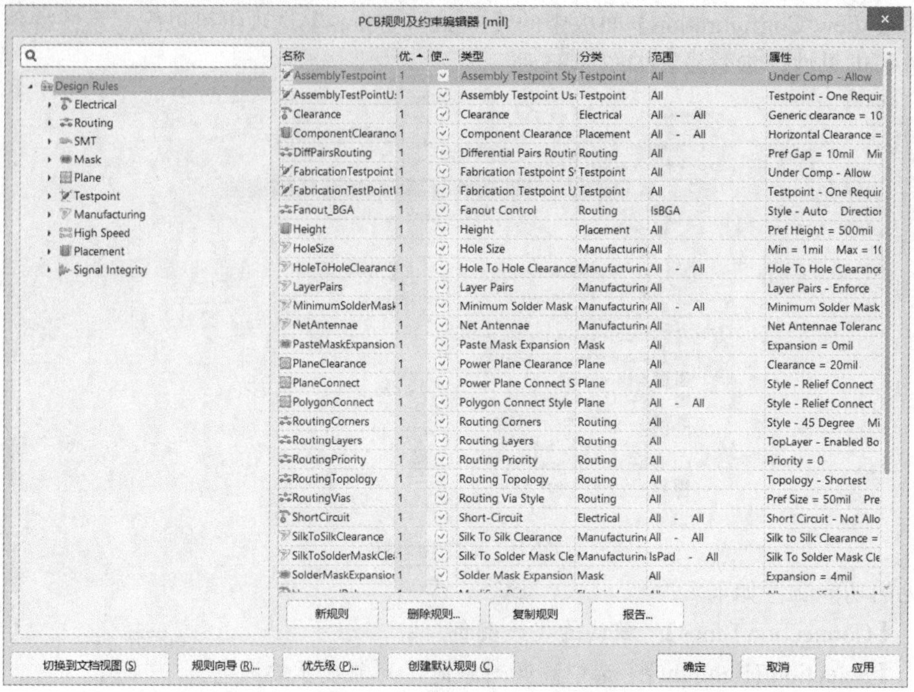

图5-32 【PCB 规则及约束编辑器[mil]】对话框

每一类的规则下又有不同用途的规则，规则内容显示在右边的编辑区中，设计人员可以根据编辑区的提示完成规则的设置。下面介绍一些 PCB 设计经常用到的规则设置。

5.6.1 Electrical 之 Clearance

Clearance（安全间距）规则用于设定两个电气对象之间的最小安全距离，若在 PCB 编辑区内放置的两个电气对象的间距小于此规则规定的间距，则该位置将报错，表示违反了规则。在【PCB 规则及约束编辑器[mil]】对话框左边的规则列表中选择【Electrical】/【Clearance】/【Clearance】后，在右边的编辑区中即可进行安全间距规则的设置，如图 5-33 所示。

具体操作步骤如下。

(1) 设置主要检索标签。

(2) 进行适用对象设置。

① 在【Where The First Object Matches】下拉列表中选择首个匹配电气对象。

- 【All】: 所有对象适用。
- 【Net】: 针对单个网络。
- 【Net Class】: 针对所设置的网络类。
- 【Net and Layer】: 针对网络与层。
- 【Custom Query】: 自定义查询。

② 在【Where The Second Object Matches】下拉列表中选择第二个匹配电气对象。

(3) 设置好匹配电气对象后，在【约束】选项组中设置所需的安全间距值。

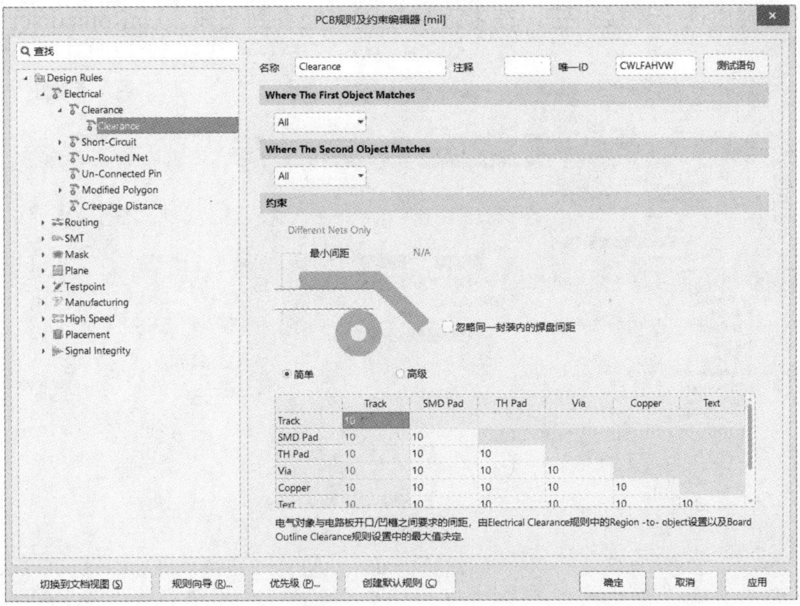

	Track	SMD Pad	TH Pad	Via	Copper	Text
Track	10					
SMD Pad	10	10				
TH Pad	10	10	10			
Via	10	10	10	10		
Copper	10	10	10	10	10	
Text	10	10	10	10	10	10

图5-33　Clearance 规则设置

5.6.2　Electrical 之 ShortCircuit

ShortCircuit（短路）规则用于检测线路是否短路，当两个具有不同网络标签的设计对象接触时，就会出现短路现象。ShortCircuit 规则设置如图 5-34 所示。

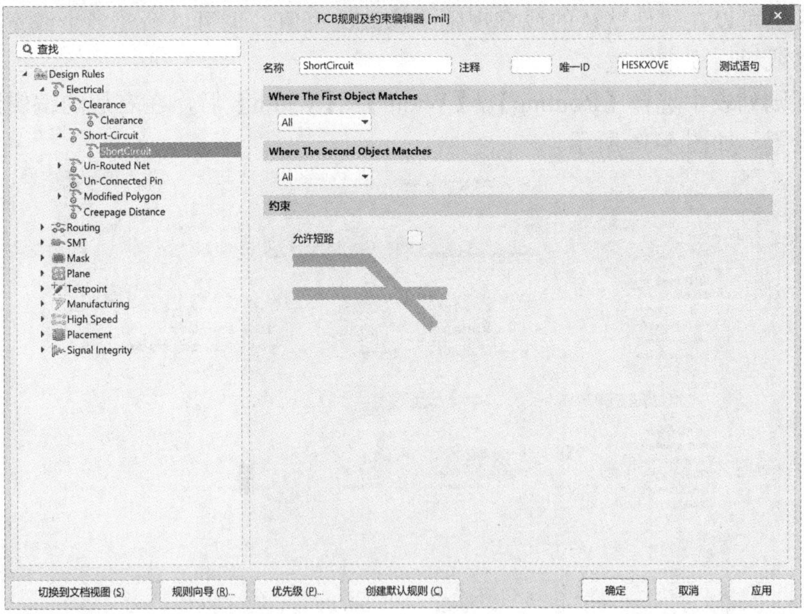

图5-34　ShortCircuit 规则设置

5.6.3　Electrical 之 UnRoutedNet

UnRoutedNet（开路）规则用于检测线路是否开路，当两个具有相同网络标签的设计对象未连接时，就会出现未连接报错，在未连接位置也能看到飞线。UnRoutedNet 规则设置如图 5-35 所示。

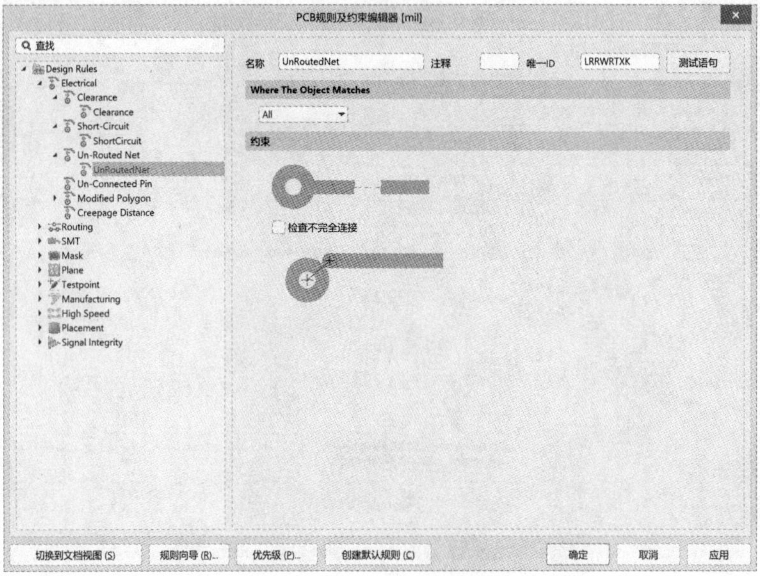

图5-35　UnRoutedNet 规则设置

5.6.4 Routing 之 Width

Width（线宽）规则用来设定布线时的线宽，以便自动布线或手动布线时线宽的选择及约束。设计人员可以在软件默认的线宽规则中修改约束值，也可以新建多个线宽规则，以针对不同的网络或板层规定线宽。

在左边规则列表中选择【Routing】/【Width】/【Width】后，在右边的编辑区中即可进行线宽规则设置，如图 5-36 所示。

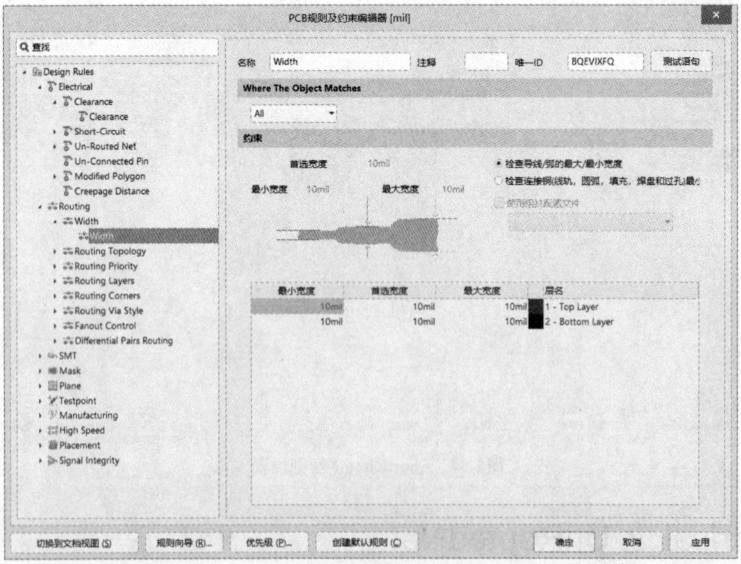

图5-36　Width 规则设置

在【约束】选项组中，导线的宽度有 3 个值可供设置，分别为【最小宽度】【首选线宽】【最大宽度】。线宽的默认值为“10mil”，用户可以单击相应的选项，直接输入数值进行更改。

5.6.5　Routing 之 Routing Via Style

Routing Via Style（布线过孔样式）规则用来设定布线时过孔的尺寸和样式。在左边规则列表中选择【Routing】/【Routing Via Style】/【RoutingVias】后，在右边编辑区的【约束】选项组中分别对过孔的内径、外径进行设置，如图 5-37 所示。其中【过孔孔径大小】用于设置过孔内环的直径范围，【过孔直径】用于设置过孔外环的直径范围。

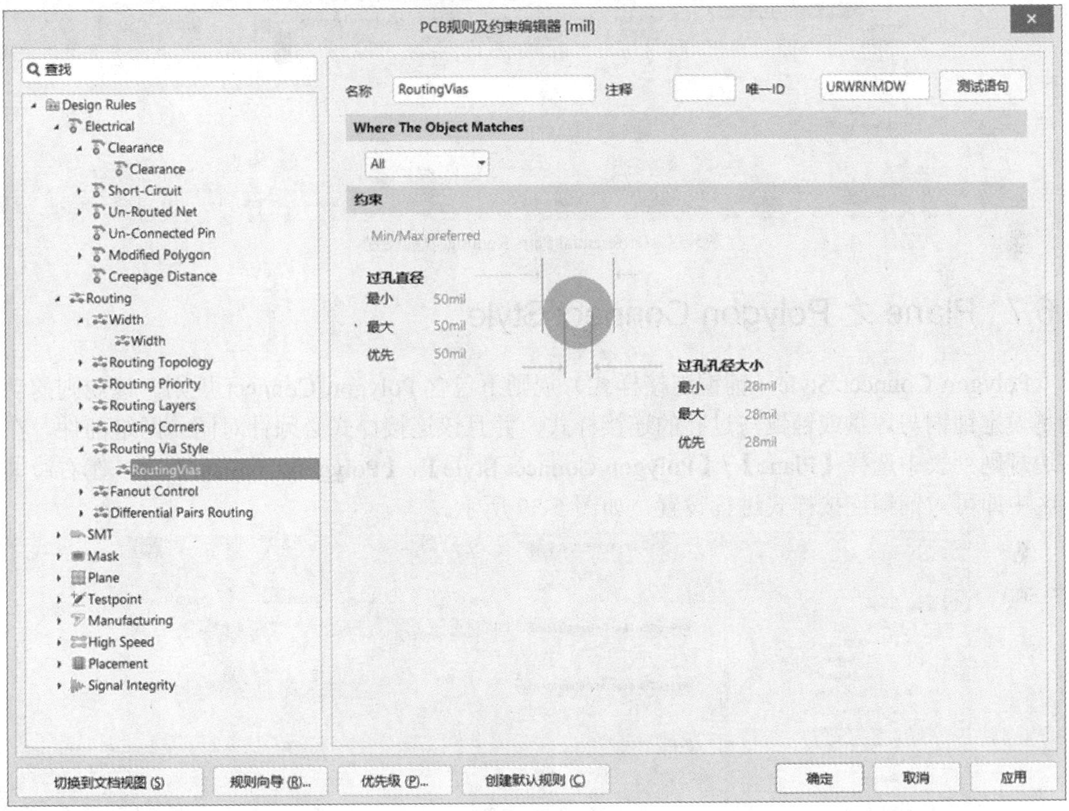

图5-37　Routing Via Style 规则设置

5.6.6　Routing 之 Differential Pairs Routing

Differential Pairs Routing（差分对走线）规则是针对高速板的差分对的设计规范。差分对走线具有阻抗相等、长度相等并且相互耦合的特点，可以大大提高传输信号的质量，因此在高速信号传输中一般建议采用差分对走线的方式进行走线。在左边规则列表中选择【Routing】/【Differential Pairs Routing】/【DiffPairsRouting】后，在右边编辑区中即可对差分对走线的规则进行设置，如图 5-38 所示。

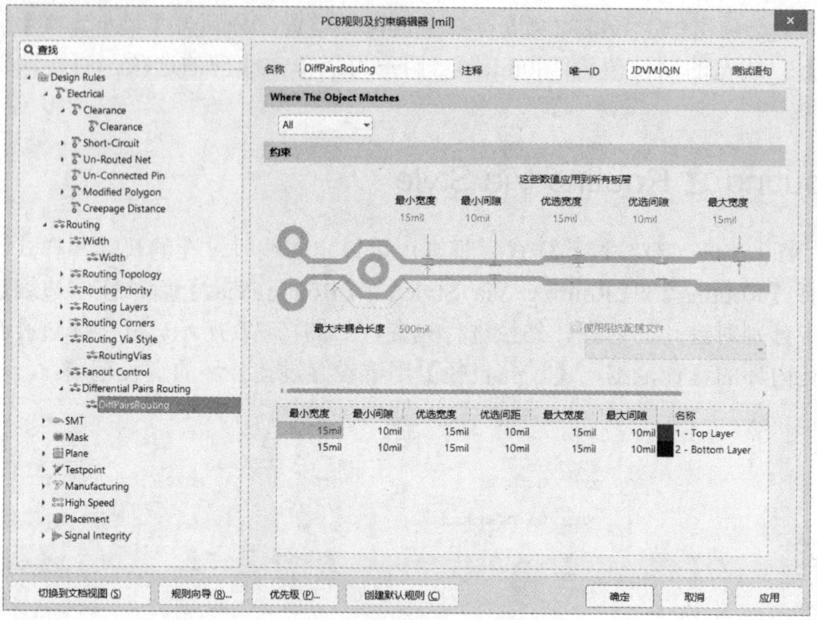

图5-38 Differential Pairs Routing 规则设置

5.6.7 Plane 之 Polygon Connect Style

Polygon Connect Style（铺铜连接样式）规则下包含 Polygon Connect 规则，该规则的功能是设定铺铜与焊盘或铺铜与过孔的连接样式，并且该连接样式必须针对同一网络部件。在左边规则列表中选择【Plane】/【Polygon Connect Style】/【Polygon Connect】后，在右边编辑区中即可对铺铜连接样式进行设置，如图 5-39 所示。

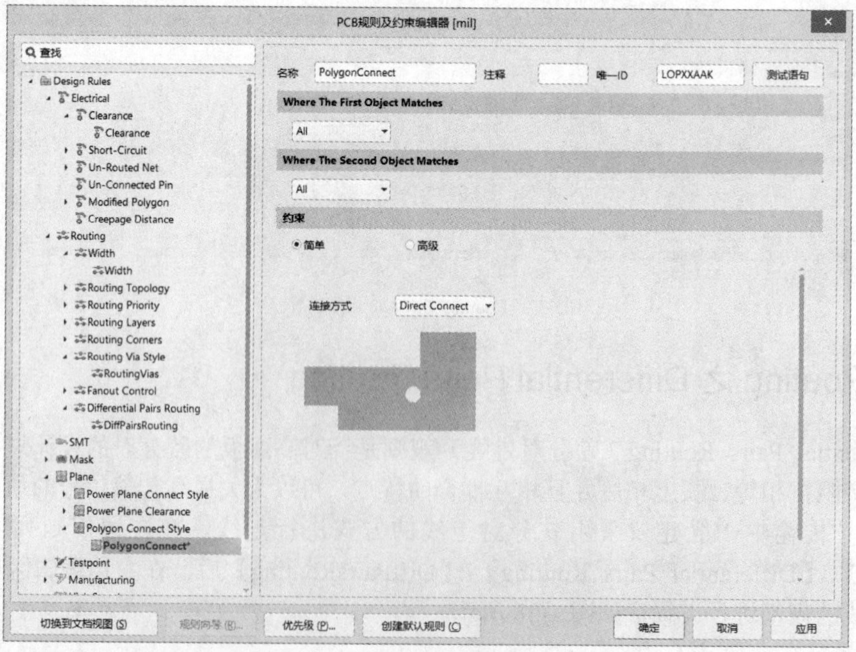

图5-39 Polygon Connect Style 规则设置

【约束】选项组的【连接方式】下拉列表中有 3 种连接方式可供选择。

- 【Relief Connect】：凸起连接方式，即采用放射状的连接方式。通过【导体】选项选择与铜皮连接的导线数量，通过【导体宽度】选项设置连接导线的宽度，通过【空气间隙宽度】选项设置间隔间隙的宽度。
- 【Direct Connect】：直接连接方式（又称全连接），设定铜皮与过孔或焊盘全部连接在一起。
- 【No Connect】：无连接，表示不连接。

5.6.8 规则优先级

Altium Designer 21 允许在同规则项目下设置多条规则，比如线宽，可以设置适用于整板的线宽规则，也可以设置针对关键信号或电源等信号的线宽规则。那么在这些规则中，检查时应以哪个规则为准？软件为此提供了规则优先级，以便用户根据实际需要进行调整，实现灵活多样的规则约束。

规则优先级的调整方法如下。

(1) 在相同类目下的规则（以线宽规则为例）的优先级通过单击【PCB 规则及约束编辑器[mil]】对话框下方的 优先级 (P)... 按钮，在弹出的【编辑规则优先级】对话框中设置，如图 5-40 所示。可以选择规则，然后单击 增加优先级 (I) 或 降低优先级 (D) 按钮进行优先级的调整。优先级为 1 的是最高优先级；若取消勾选【使能的】复选框，则该规则将无效。软件默认新增的规则自动成为最高优先级。

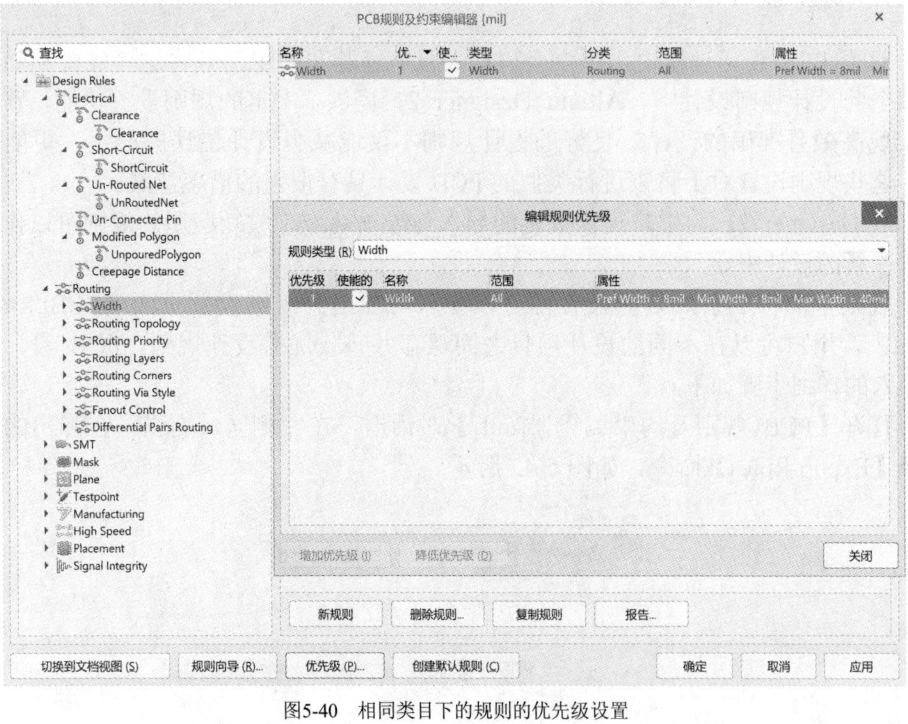

图5-40 相同类目下的规则的优先级设置

(2) 不同类目的规则的优先级可以直接在【PCB 规则及约束编辑器[mil]】对话框中进行设置，如图 5-41 所示。软件默认所有规则的优先级为同一等级，建议保持默认设置。

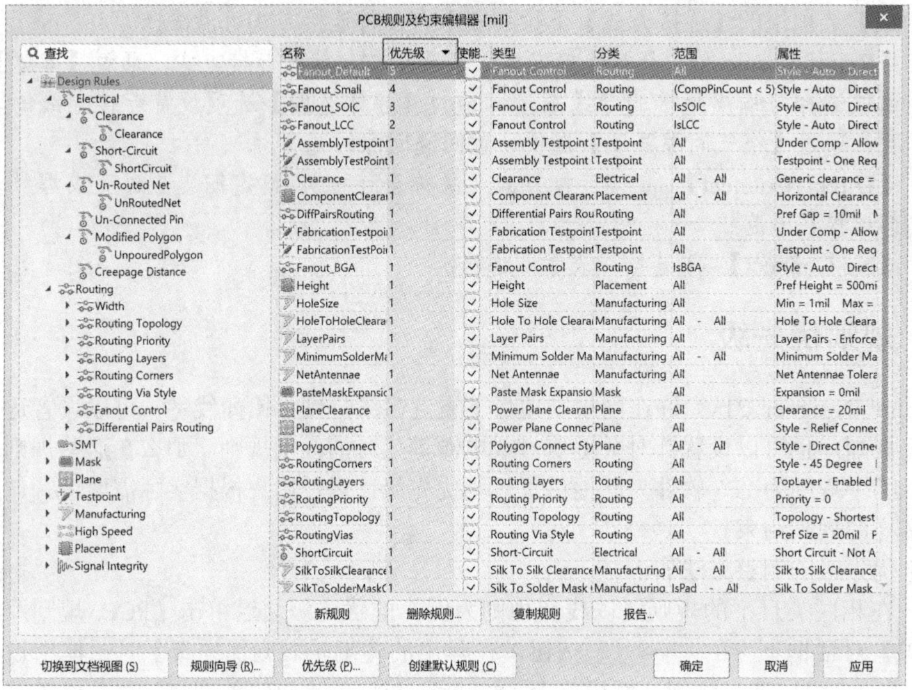

图5-41　所有规则的优先级设置

5.6.9　规则的导入与导出

在长期的 PCB 设计过程中，用户会积累大量的经验和知识，并将这些经验和知识应用在细致周全的设计规则设置中。Altium Designer 21 提供了丰富的规则设置功能，帮助电子工程师实现高效且准确的设计。良好的设计规则不仅能减少设计错误的产生，更能提高设计效率。这些规则设置对于将来进行类似的 PCB 设计具有很强的借鉴意义。

Altium Designer 21 为用户提供规则的导入与导出功能，成功应用的规则可以作为文件导出，并在新的设计中导入。

设计规则里面每一条规则的设置都可以导入与导出到规则设置页面（PCB Rules and Constraint），用户可以在不同的设计项目之间保存并装载优秀设计规则，PCB 设计规则的导出与导入的详细步骤如下。

(1) 打开【PCB 规则及约束编辑器[mil]】对话框，在左侧区域右击，在弹出的快捷菜单中选择【Export Rules】命令，如图 5-42 所示。

图5-42　规则的导出

(2) 在弹出的【选择设计规则类型】对话框中选择需要导出的规则，一般选择全部导出，按快捷键 Ctrl + A 全选，如图 5-43 所示。

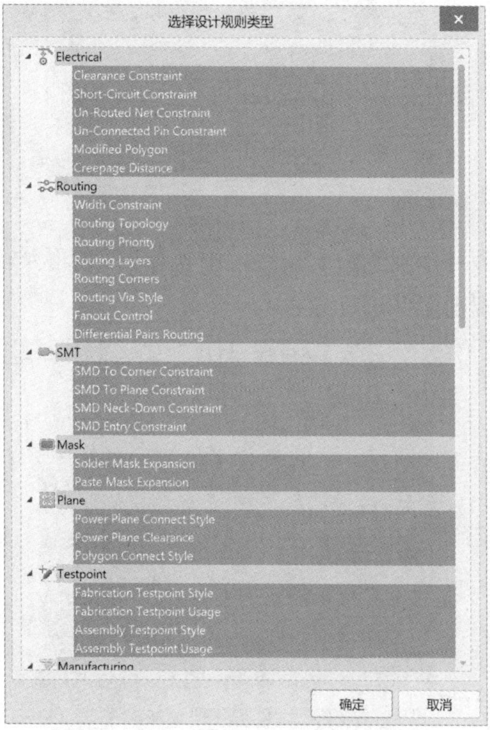

图5-43　选择需要导出的规则

(3) 单击 确定 按钮，生成一个扩展名为“.rul”的文件，该文件就是导出的规则文件，选择路径将其保存，如图 5-44 所示。

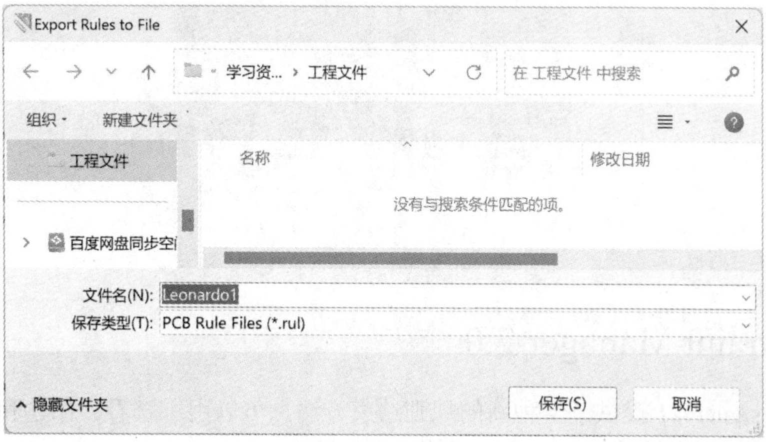

图5-44　保存导出的规则

(4) 打开另外一个需要导入规则的 PCB 文件并按快捷键 D+R，打开【PCB 规则及约束编辑器[mil]】对话框，在左侧区域右击，然后在弹出的快捷菜单中选择【Import Rules】命令，如图 5-45 所示。

图5-45　规则的导入

(5) 在弹出的【选择设计规则类型】对话框中选择需要导入的规则，如图 5-46 所示。

(6) 选择之前导出的规则文件进行导入。

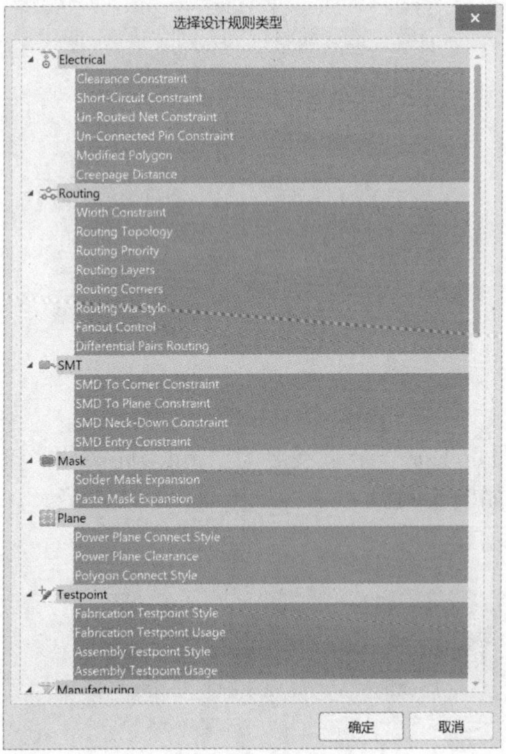

图5-46　选择需要导入的规则

5.7 Constraint Manager 2.0

Altium Designer 21 提供了一种新的规则约束方法，可以用于查看、创建和管理 PCB 的设计规则。作为基于文档的用户界面，新的“规则编辑器”（Constraint Manager 2.0）与现有的“PCB 规则及约束编辑器”共存，两者之间的区别在于，现有的“PCB 规则及约束编辑器”以规则（Clearance、Width 等）为中心，而新的“规则编辑器”以设计对象（网络、网络类等）为中心，如图 5-47 所示。

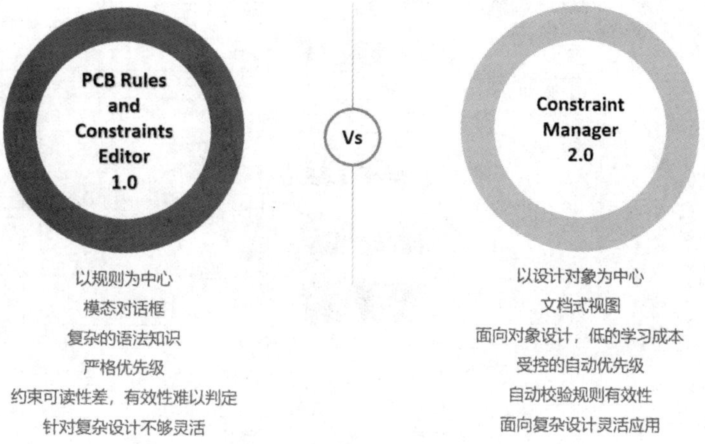

图5-47　两个编辑器的区别

5.7.1　访问 Constraint Manager 2.0

要访问新的“规则编辑器”文档界面，需按快捷键 D+R 打开现有的【PCB 规则及约束编辑器[mil]】对话框，然后单击该对话框左下角的 切换到文档视图 (S) 按钮，如图 5-48 所示，打开图 5-49 所示的文档界面。

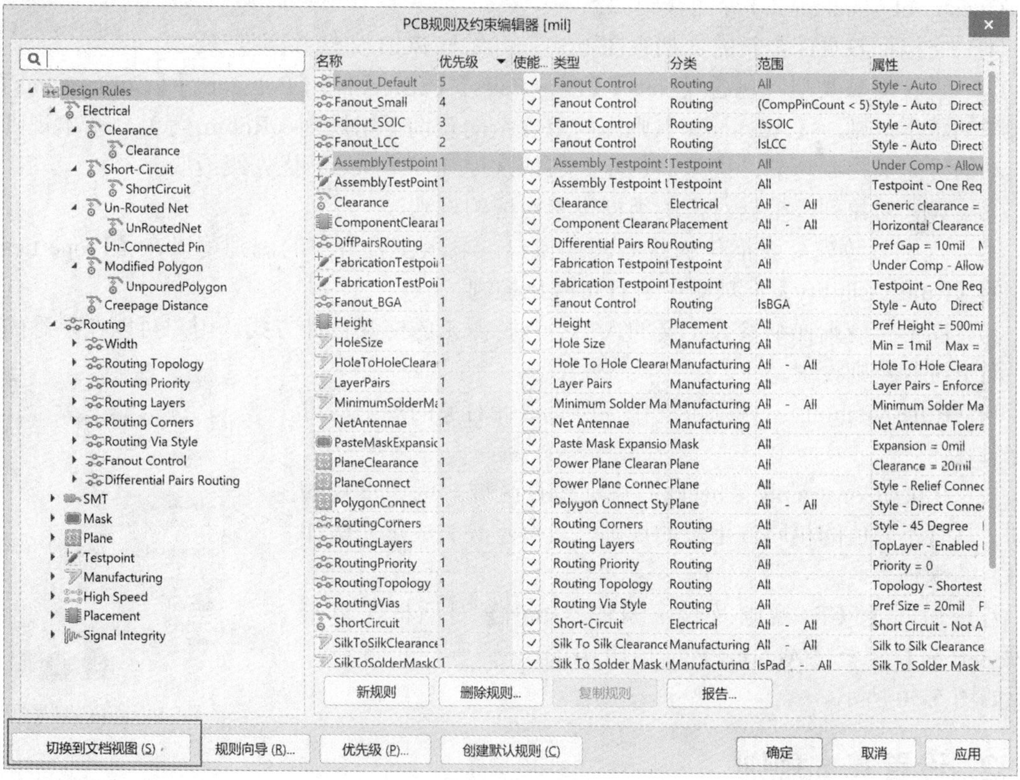

图5-48　访问 Constraint Manager 2.0

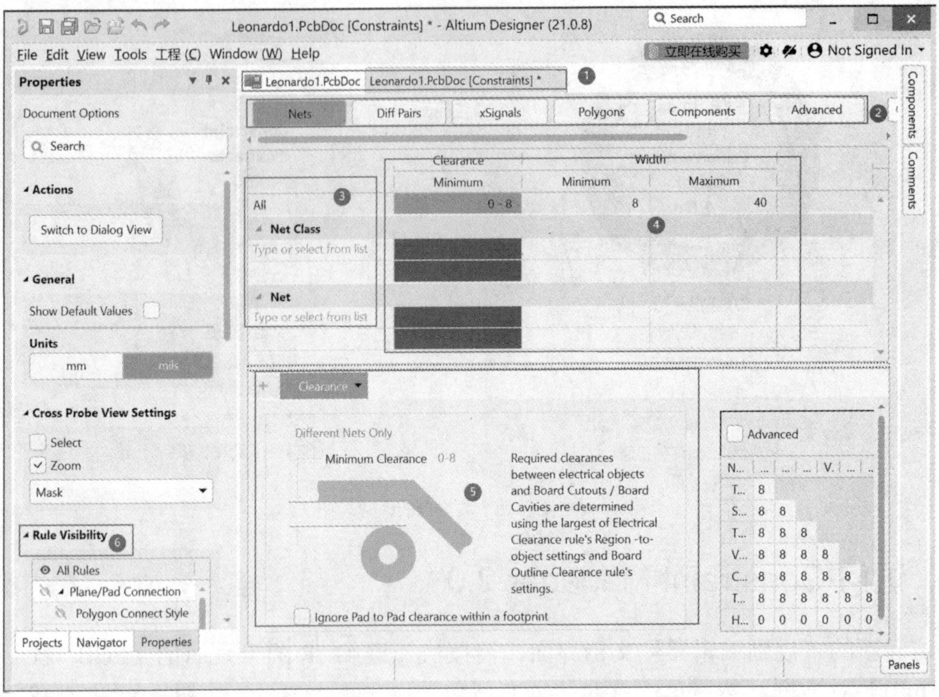

图5-49　新的"规则编辑器"文档界面

Constraint Manager 2.0 界面介绍如下。

① 文档标签页：全新的文档视图方式，可以与 PCB 文件并列打开。

② 设计对象类型：包含【Nets】【Diff Pairs】【xSignals】【Polygons】【Components】5 个对象的基本规则，【Advanced】则面向更复杂的查询语句规则（Room 等）。基本规则具有自动的优先级控制功能，优先级从左到右依次提升，【Nets】优先级最低。

③ 设计对象列：根据对象的类型设置对应的规则。

④ 规则参数列：表格化的规则输入窗口。显示在表格中的规则可以在【Properties】面板的【Rule Visibility】选项组中进行可视化控制。

⑤ 图形化规则详细参数定义的入口：保持原来的交互设计方式，用户可以在熟悉的视图界面下进行规则设置。

⑥ Rule Visibility：规则可视化，所有设计对象的规则均可视化。

⑦ Rules/Constraints Checks：规则检查区域。例如重复的规则、具有不同值的相同作用域的规则、具有重叠类成员（例如网络）的规则等。

若想返回【PCB 规则及约束编辑器[mil]】对话框，单击【Properties】面板【Actions】选项组中的 Switch to Dialog View 按钮即可，如图 5-50 所示。

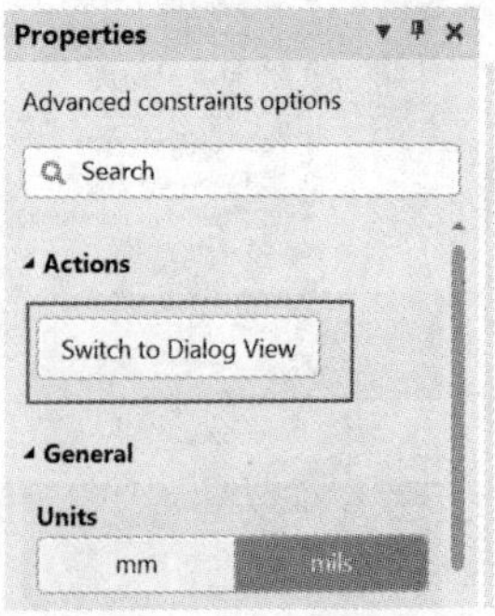

图5-50　切换规则界面

5.7.2　设置基本规则

以网络类为例，在新的"规则编辑器"文档界面中设置安全间距为 10mil、线宽为

15mil 的规则。

(1) 在“规则编辑器”文档界面中新建一个 PWR 网络类，在【Nets】基本规则的【Net Class】选项组的空白处右击，在弹出的快捷菜单中选择【Add Class】命令，如图 5-51 所示，在弹出的【Edit Net Class】对话框中选择相关的网络到类中，然后单击 确定 按钮，如图 5-52 所示。

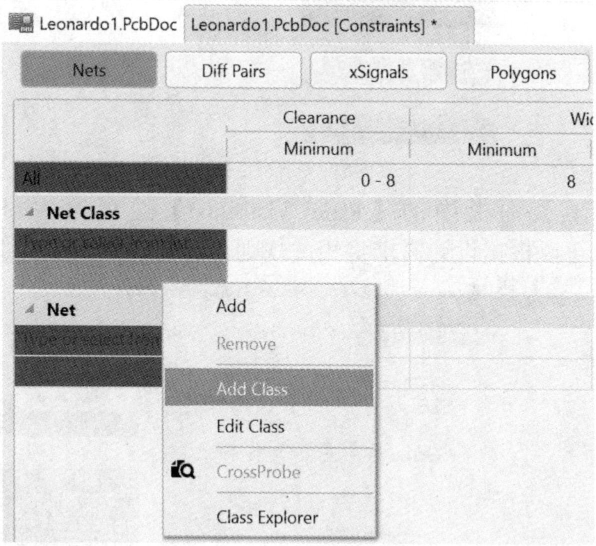

图5-51 创建网络

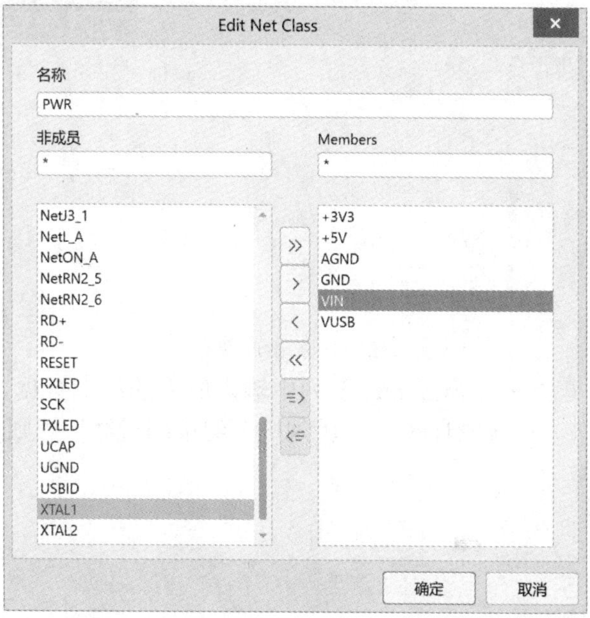

图5-52 网络类添加成员

(2) 在【Net Class】选项组的【Type or select from list】下拉列表中选择【PWR】网络类，如图 5-53 所示。

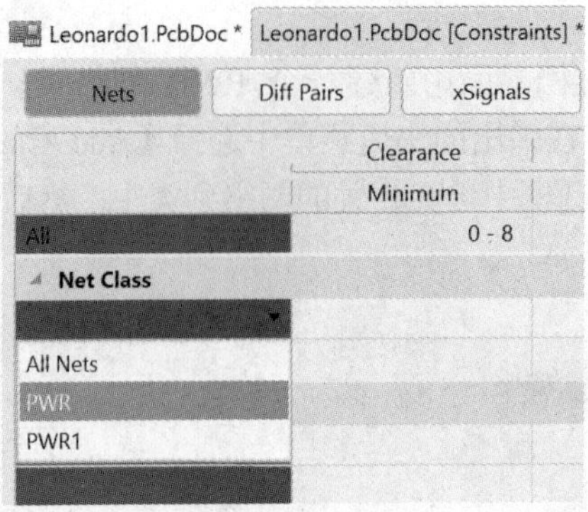

图5-53　选择网络类

(3) 在【Properties】面板中的【Rule Visibility】选项组中显示【Clearance】和【Width】规则，用户可以根据设计需求将相关规则可视化，如图 5-54 所示。

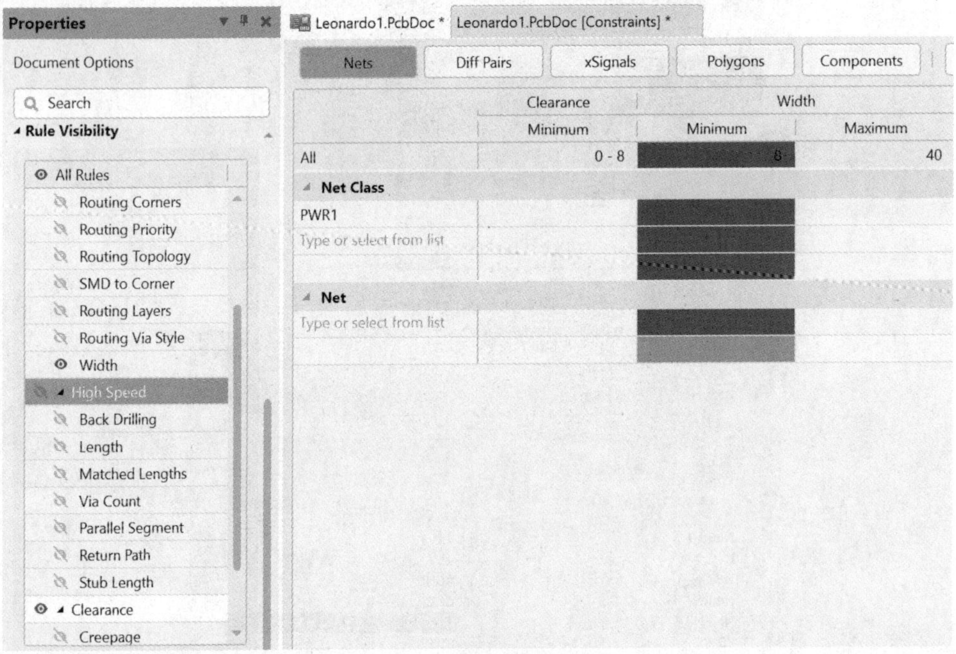

图5-54　规则可视化

(4) 在【Width】规则的【Minimum】列中输入所需的线宽数据，即可在界面下方弹出图形化规则定义窗口，它与现有的“PCB 规则及约束编辑器”规则定义窗口一致，如图 5-55 所示。

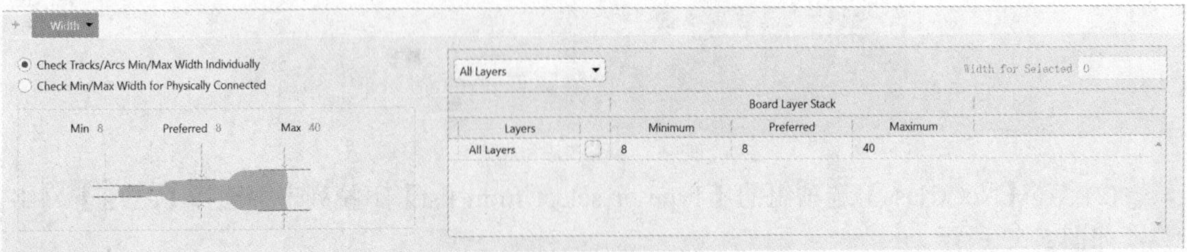

图5-55　规则定义窗口

(5) 切换到【Clearance】，按步骤（4）的方法设置间距大小即可。与“PCB 规则及约束编辑器”相比，新的“规则编辑器”是在同一文档界面下面对对象进行多个约束设计。

(6) 想查看适用于对象的所有规则，可以在设计对象列中单击【All】，图 5-56 显示了 Net 适用的所有规则。

(7) 单击 All Layers 按钮，添加对象规则的变体。例如增加一个规则，要求电源线在“Bottom”层的首选线宽为 20mil，设置如图 5-57 所示。

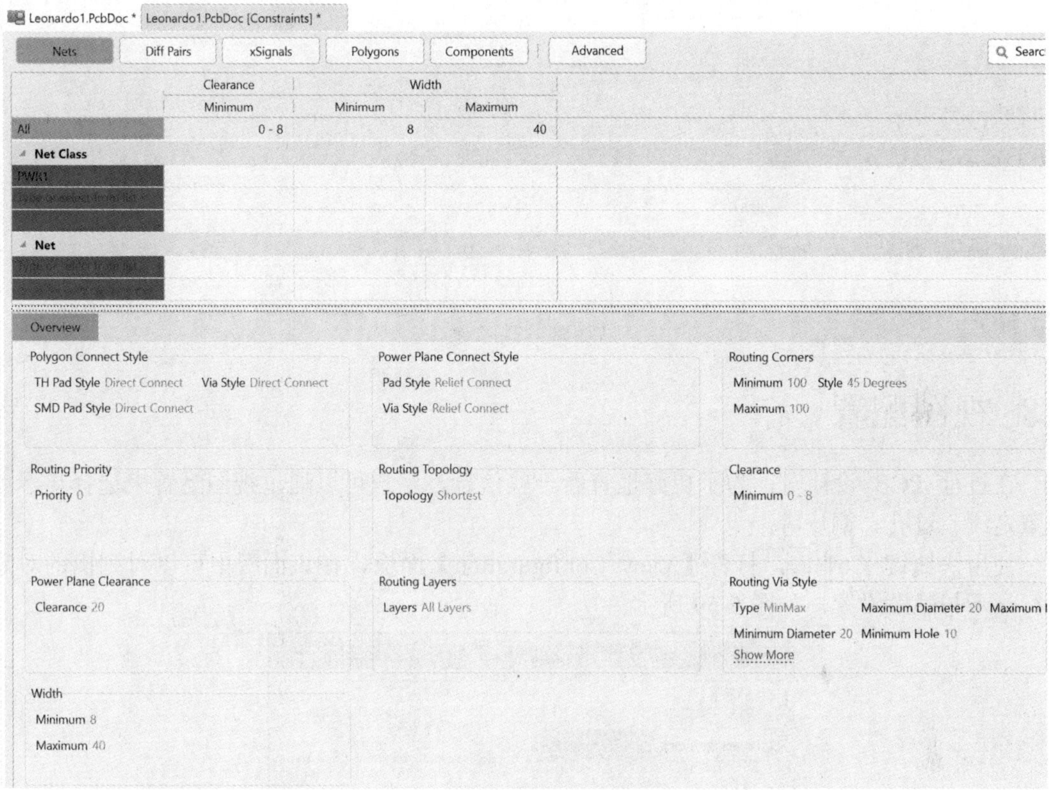

图5-56　对象适用的所有规则

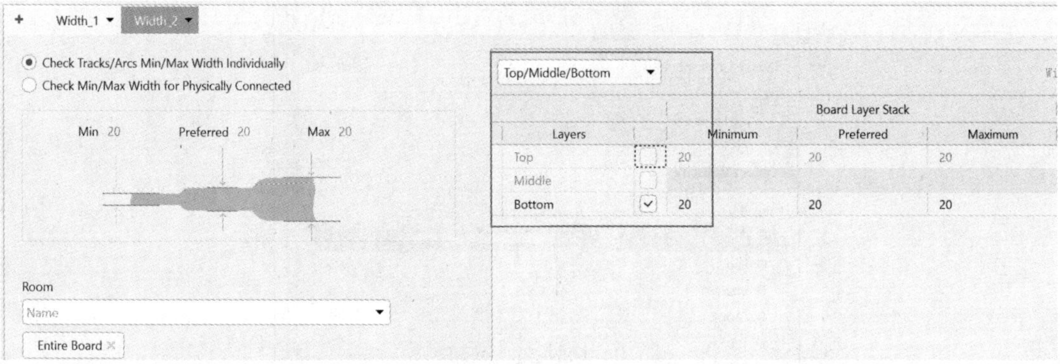

图5-57　添加规则变体

(8) 检查可能出错的规则，每种违规类型条目可以展开显示。例如，再给+5V 网络添加一个 6mil 的线宽规则（与上述设置的 15mil 冲突），单击【Properties】面板的【Rules/Constraints Checks】选项组中的 Check 按钮，如图 5-58 所示，可以检查出同一对象具有的不同规则。用户可以根据提示分析规则并纠正。

图5-58　规则检查

5.8 视图配置

在进行 PCB 设计时，为了更好地查看一些信息，用户可以通过视图配置来选择显示或隐藏走线、过孔、铜皮等。

使用快捷键 Ctrl+D，打开【View Configuration】面板，在该面板中可以对列出的对象进行显示与隐藏设置，如图 5-59 所示。

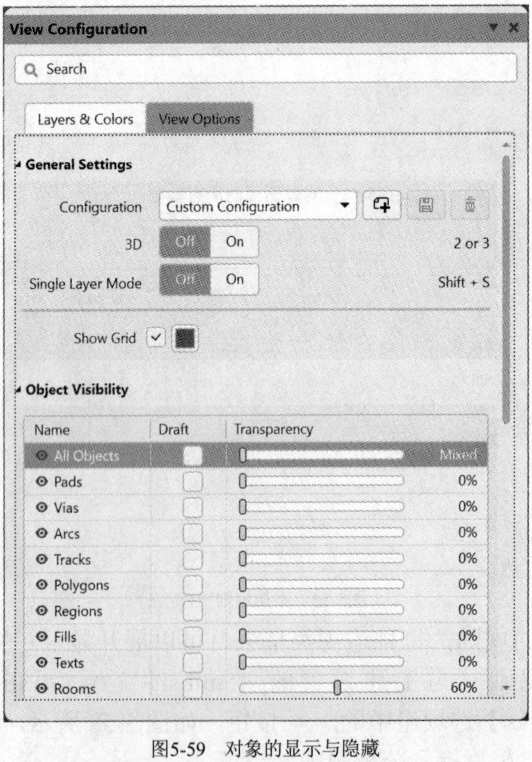

图5-59　对象的显示与隐藏

5.9　PCB 布局

合理的 PCB 层设置、正确的元件布局及有效的滤波可以减少各单元电路之间的相互干扰。大功率低速电路、模拟电路和数字电路应分块布局。在各分块内，以核心元件为中心进行布局，尽量缩短各元件间的引线连接。

5.9.1　交互式布局和模块化布局

1.　交互式布局

为了方便布局时快速找到元件所在的位置，需要将原理图与 PCB 对应起来，使两者之间能相互映射，简称交互。利用交互式布局可以快速地实现元件的布局，大大提高工作效率。

交互式布局的使用方法如下。

(1)　打开交叉选择模式。需要在原理图编辑器和 PCB 编辑器中都选择菜单命令【工具】/【交叉选择模式】，如图 5-60 所示，或者按快捷键 Shift+Ctrl+X。

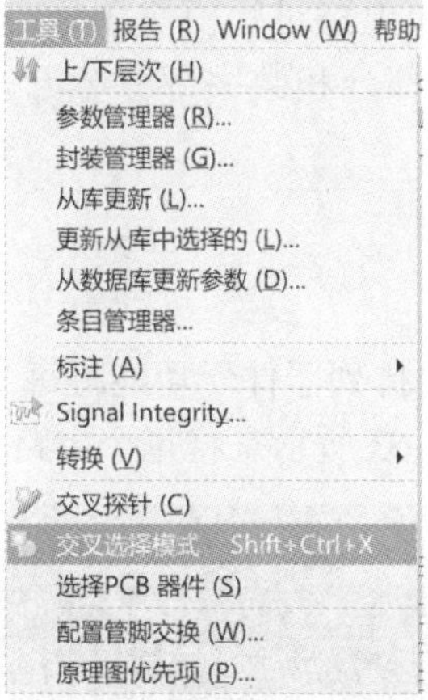

图5-60　打开交叉选择模式

(2)　在原理图上选择元件，PCB 上相对应的元件会同步被选中；反之，在 PCB 中选中元件，原理图上相对应的元件也会被选中，如图 5-61 所示。

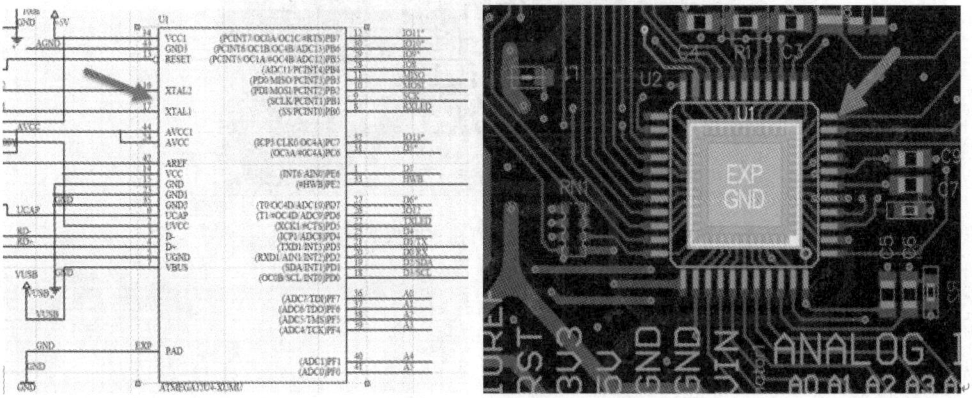

图5-61　交叉选择模式

2. 模块化布局

在介绍模块化布局之前，介绍一个在区域内排列元件的功能。单击工具栏中的“排列工具”按钮，在弹出的下拉列表中单击“在区域内排列器件”按钮，如图 5-62 所示，该按钮可以在预布局之前将一堆杂乱无章的元件进行划分并排列整齐。

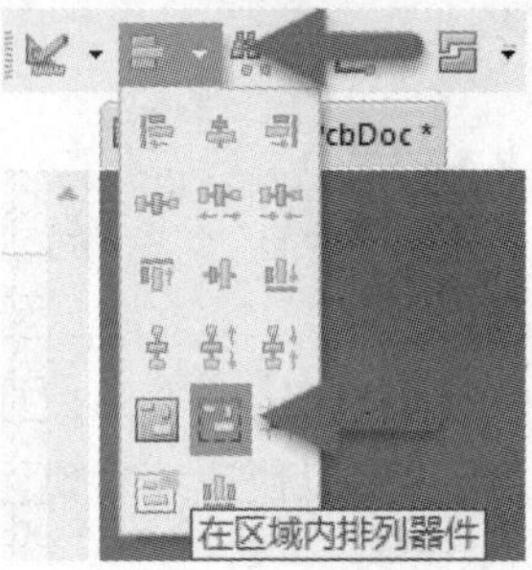

图5-62 “在区域内排列器件”按钮

所谓模块化布局，就是结合交互式布局与模块化布局将同一个模块的电路布局在一起，然后根据电源流向和信号流向对整个电路进行模块划分。布局的时候应按照信号流向关系，保证整个布局的合理性，要求模拟部分和数字部分分开，尽可能做到关键高速信号走线最短，其次考虑电路板的整齐、美观。

5.9.2 就近集中原则

就近集中原则是使用“在区域内排列器件”功能将每个电路模块大致排列在 PCB 板框周边，以便进行后面的布局工作。图 5-63 所示是将每个电路模块放置在 PCB 板框周边的效果。

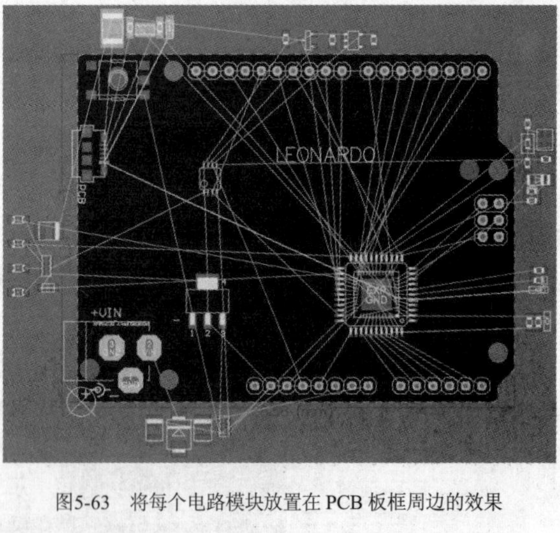

图5-63 将每个电路模块放置在 PCB 板框周边的效果

5.9.3 布局常见的基本原则

布局常见的基本原则如下。

(1) 先放置与结构相关的位置固定的元件，然后根据结构图设置板框尺寸，按结构要求放置安装孔、接插件等需要定位的元件，并将这些元件锁定。

(2) 明确结构要求，注意针对某些元件或区域的禁止布线区域、禁止布局区域及限制高度的区域。

(3) 元件摆放要便于调试和维修，小元件周围不能放置大元件，需调试的元件周围要有足够的空间，需拔插的接口、排针等元件应靠板边摆放。

(4) 结构确定后，根据周边的接口元件及其出线方向判断主控芯片的位置及方向。

(5) 先大后小、先难后易。重要的单元电路、核心元件应当优先布局，元件较多、较大的电路优先布局。

(6) 尽量保证各个模块电路的连线尽可能短，关键信号走线最短。

(7) 高压大电流与低压小电流的信号完全分开，模拟信号与数字信号分开，高频信号与低频信号分开。

(8) 同类型插装元件或有极性的元件在 x 或 y 轴上应尽量朝一个方向放置，以便生产。

(9) 相同结构的电路部分尽可能采用“对称式”标准布局，即电路中元件的放置保持一致。

(10) 电源部分尽量靠近负载摆放，注意输入/输出电路。

5.9.4 区域排列

区域排列就是前面所说的“在区域内排列器件”，它可以将选中的元件按照用户所绘制的区域进行排列。这一功能在模块化布局操作中经常用到。具体使用方法为：先选中需要排列的对象，然后单击工具栏中的“排列工具”按钮，在弹出的下拉列表中单击“在区域内排列器件”按钮或按快捷键 I+L，在弹出的菜单中选择【在矩形区域排列】命令，如图 5-64 所示。

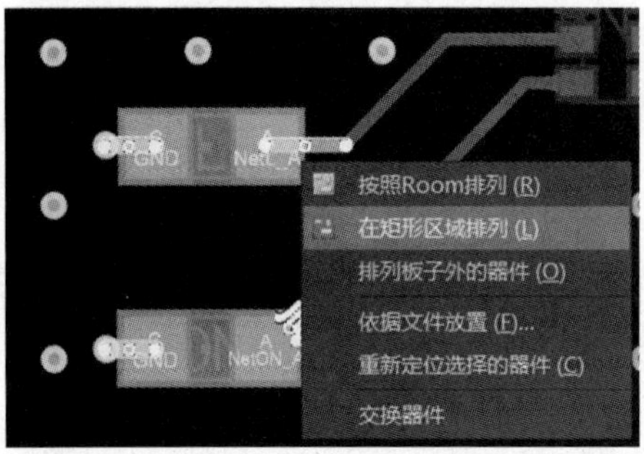

图5-64 在区域内排列器件

5.9.5 元件的对齐及换层

1. 元件的对齐

Altium Designer 21 提供了非常方便的对齐功能，可以用于对元件进行左对齐、右对齐、顶对齐、底对齐、水平等间距对齐及垂直等间距对齐等操作。

元件对齐的操作方法有如下 3 种。

(1) 选择需要对齐的对象，按两次 A 键，打开【排列对象】对话框，如图 5-65 所示，在该对话框中选择所需的单选按钮，实现对齐功能。

(2) 选择需要对齐的对象，直接按快捷键 A，在弹出的菜单中选择所需的对齐命令，如图 5-66 所示。

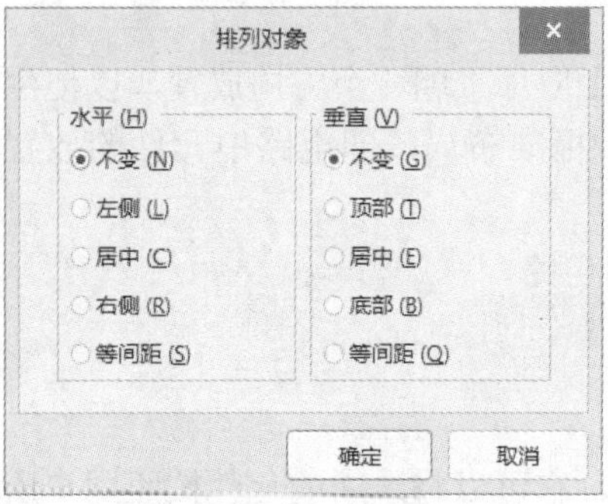

图5-65 【排列对象】对话框

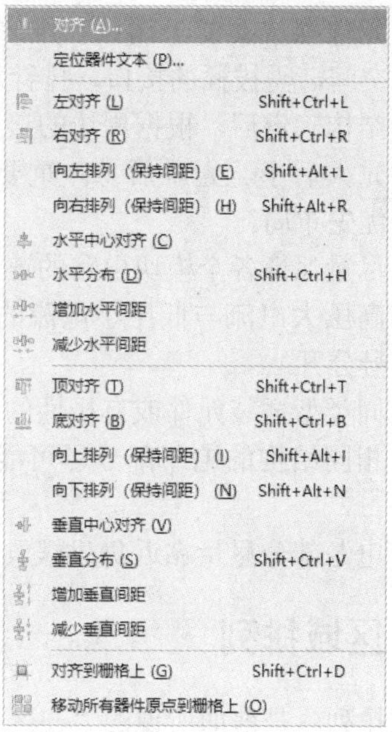

图5-66 对齐命令

(3) 选择需要对齐的对象，然后单击工具栏中的“排列工具”按钮，在弹出的下拉列表中单击所需的按钮，如图 5-67 所示。

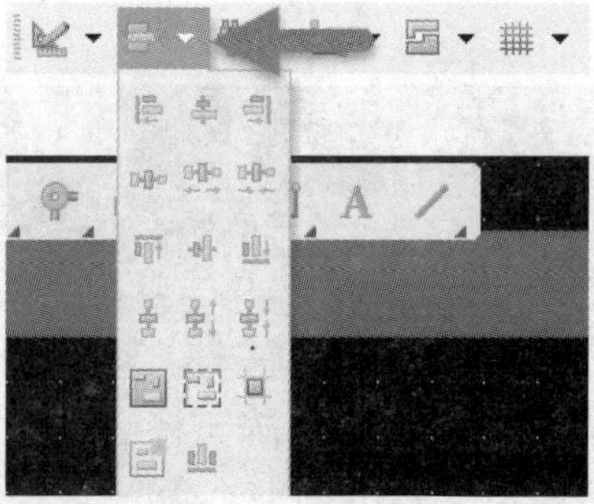

图5-67 【排列工具】下拉列表

2. 元件的换层

Altium Designer 21 默认的元件层是“Top Layer”和“Bottom Layer”，用户可以根据 PCB 的元件密度、尺寸大小和设计要求判断是否进行双层布局。在原理图中导入 PCB 后，元件默认放在“Top Layer”层，若想切换到“Bottom Layer”层，最便捷的方式是在拖动元件的过程中按快捷键 L。

5.10 PCB 布线

PCB 布线在电子产品设计中起着关键作用，它将直接影响电路的性能。

5.10.1　常用的布线命令

1.　交互式布线连接

(1)　选择菜单命令【放置】/【走线】，或者单击工具栏中的“交互式布线连接”按钮，鼠标指针变成十字形状。

(2)　将鼠标指针移到元件的一个焊盘上，单击选择布线的起点。手动布线转角模式包括任意角度、90° 拐角、90° 弧形拐角、45° 拐角及 45° 弧形拐角 5 种，按 Shift+Space 键可以依次切换 5 种转角模式，按 Space 键可以在预布线两端切换转角模式。

2.　交互式布多根线连接

使用“交互式布多根线连接”命令可以同时布一组走线，以达到快速布线的目的。需要注意的是，在进行交互式布多根线连接之前应选中需要多路布线的网络。

先选中需要多路布线的网络，然后单击工具栏中的“交互式布多根线连接”按钮，即可同时布多根线，如图 5-68 所示。

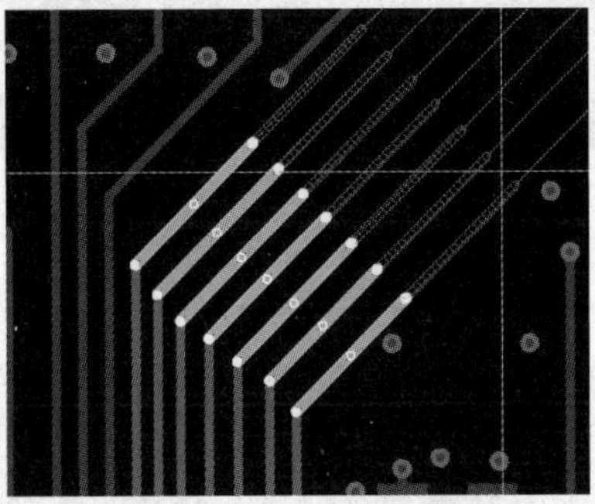

图5-68　交互式布多根线连接

3.　交互式布差分对连接

差分传输是一种信号传输技术，有别于传统的一根信号线一根地线的做法，差分传输在这两根线上都传输信号，这两个信号的振幅相同、相位相反，在这两根线上传输的信号就是差分信号。信号接收端比较这两个电压的差值来判断发送端发送的逻辑状态。因为两条导线上的信号相互耦合，干扰相互抵消，所以对共模信号的抑制作用加强了。在高速信号走线中，一般采用差分对布线的方式。在进行差分对布线时，首先需要定义差分对，然后设置差分对布线规则，最后完成差分对的布线。

单击工具栏中的“交互式布差分对连接”按钮，在需要进行差分对布线的焊盘或导线处单击，可以根据布线的需要移动鼠标指针以改变布线路径，如图 5-69 所示。

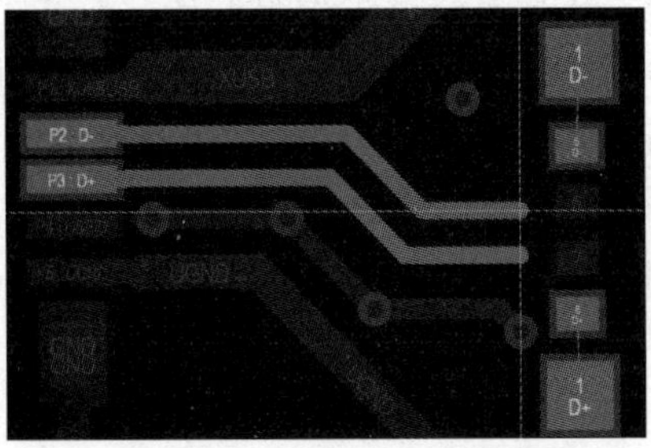

图5-69　交互式布差分对连接

5.10.2 走线自动优化操作

在 Altium Designer 21 中可以对一部分走线进行优化，具体操作步骤如下。

(1) 选择一部分要优化的线路，按 Tab 键，这时会选中全部对应的网络，如图 5-70 所示。

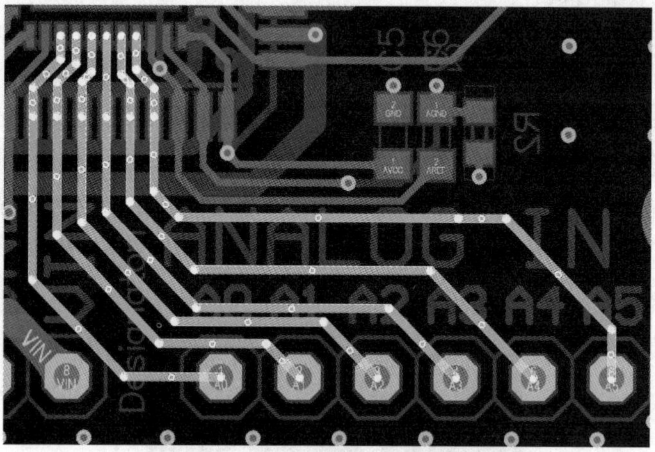

图5-70 选中需要优化的走线

(2) 选择菜单命令【布线】/【优化选中的走线】，或者按快捷键 Ctrl+Alt+G，进行优化，结果如图 5-71 所示。

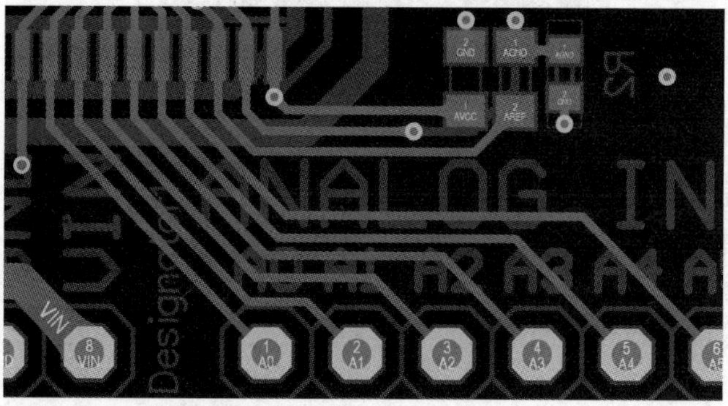

图5-71 优化后的走线

5.10.3 差分对的添加

Altium Designer 21 提供了针对差分对布线的工具，不过在进行差分对布线前需要定义差分对网络，即定义哪两条信号线需要进行差分对布线。差分对的定义既可以在原理图中实现，也可以在 PCB 中实现。下面介绍在 PCB 中添加差分对的方法。

(1) 打开 PCB 文件，在 PCB 编辑器中单击右下角的 Panels 按钮，在弹出的菜单中选择【PCB】命令，打开【PCB】面板，在上方的下拉列表中选择【Differential Pairs Editor】（差分对编辑器）选项，如图 5-72 所示。

(2) 单击 添加 按钮，在弹出的【差分对】对话框中选择差分对的正网络和负网络，并定义差分对的名称，如图 5-73 所示。

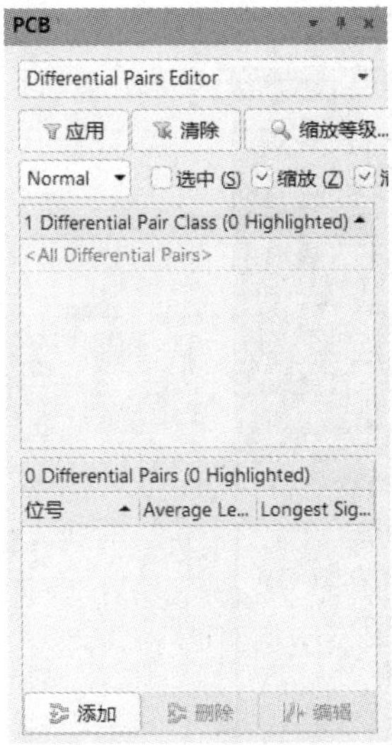

图5-72　【PCB】面板

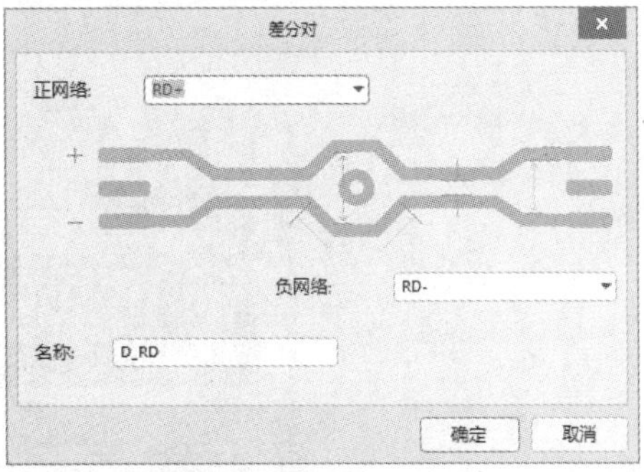

图5-73　【差分对】对话框

完成 PCB 编辑器中的差分对设置后，PCB 编辑区中的差分对呈现灰色，说明处于筛选状态。

5.10.4　飞线的显示与隐藏

网络飞线是指两点之间表示连接关系的线。飞线有利于厘清信号的流向，便于有逻辑地进行布线。在布线时可以显示或隐藏网络飞线，或者有选择性地对某类网络或某个网络的飞线进行显示与隐藏操作。在 PCB 编辑器中按快捷键N，打开快捷飞线开关，如图 5-74 所示。

图5-74　快捷飞线开关

- 【网络】: 针对单个或多个网络飞线操作。
- 【器件】: 针对元件网络飞线操作。
- 【全部】: 针对全部飞线操作。

5.10.5　网络颜色的更改

为了区分不同信号的走线，用户可以对某个网络或某类网络进行颜色设置，这样可以很方便地厘清信号流向和识别网络。

设置网络颜色的方法如下。

(1) 打开 PCB 文件，在 PCB 编辑器中单击右下角的 Panels 按钮，在弹出的菜单中选择【PCB】命令，打开【PCB】面板，在上方的下拉列表中选择【Nets】选项，打开网络管理器。

(2) 选择一个或多个网络，然后单击鼠标右键，在弹出的快捷菜单中选择【Change Net Color】(改变网络颜色）命令，对单个网络或多个网络进行颜色的更改，如图 5-75 所示。

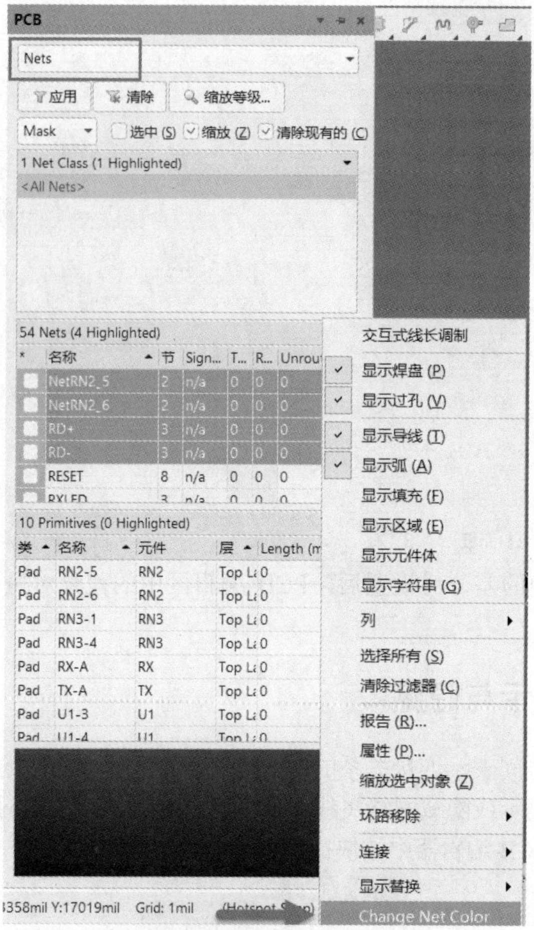

图5-75 选择【Change Net Color】命令

(3) 单击鼠标右键，在弹出的快捷菜单中选择【显示替换】/【选择的打开】命令，对修改过颜色的网络进行使能。

完成网络颜色的修改后，如果在 PCB 编辑器中看不到颜色的变化，需要按 F5 键打开颜色开关。

5.10.6 滴泪的添加与删除

添加滴泪是指在导线连接到焊盘时逐渐加大其宽度，因为其形状像滴泪，所以称这个操作为补滴泪。补滴泪的最大好处就是提高了信号完整性，因为在导线与焊盘尺寸差距较大时，采用补滴泪连接可以使得这种差距逐渐减小，以减少信号损失和反射，并且在 PCB 受到巨大外力的冲撞时，还可以降低导线与焊盘或导线与过孔的接触点因外力而断裂的风险。

在进行 PCB 设计时，如果需要进行补滴泪操作，可以选择菜单命令【设计】/【泪滴】，在弹出的图 5-76 所示的【泪滴】对话框中添加与删除滴泪。

单击 确定 按钮，完成对象的滴泪添加操作。补滴泪前后焊盘与导线连接的变化如图 5-77 所示。

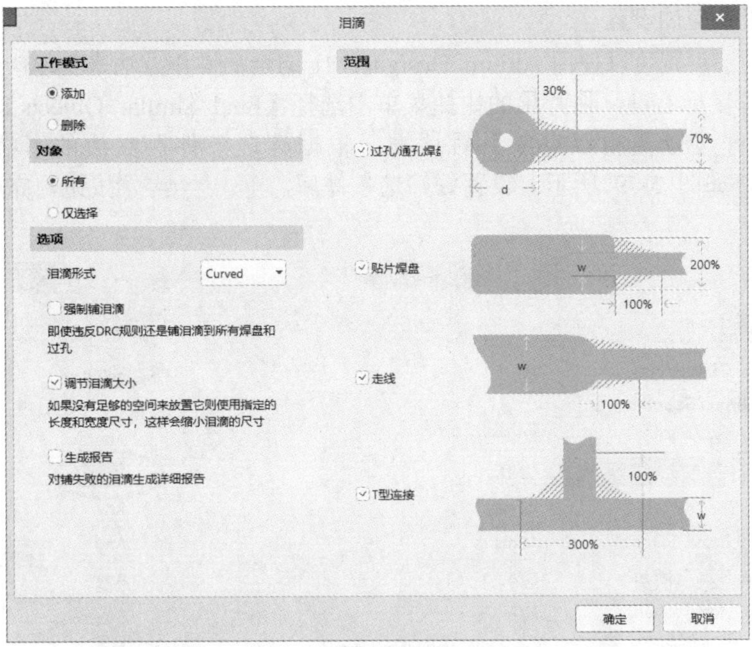

图5-76　【泪滴】对话框

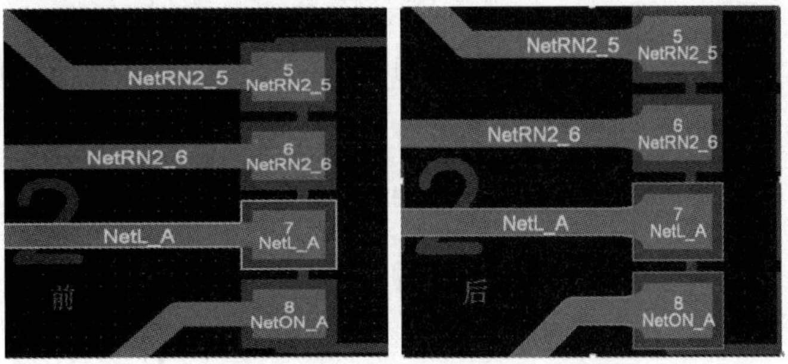

图5-77　补滴泪前后焊盘与导线连接的变化

5.10.7　过孔盖油处理

1.　单个过孔盖油设置

双击过孔弹出过孔属性编辑面板，在【Solder Mask Expansion】选项组中勾选【Top】和【Bottom】右侧的【Tented】复选框，为过孔顶部和底部盖油，如图 5-78 所示。

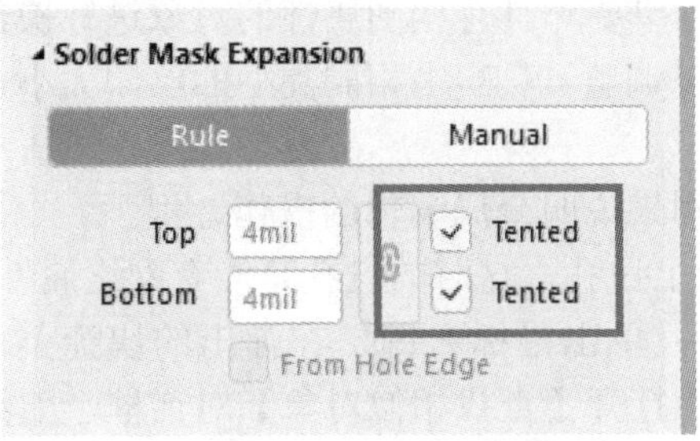

图5-78　单个过孔盖油设置

2. 批量过孔盖油设置

批量过孔盖油设置可以使用 Altium Designer 21 的全局操作方法来实现：选择任意一个过孔，然后单击鼠标右键，在弹出的快捷菜单中选择【Find Similar Objects】（查找相似对象）命令，打开【查找相似对象】对话框。根据筛选条件在右边的下拉列表中选择【Same】选项，如图 5-79 所示；设置好筛选条件后，单击 确定 按钮，完成过孔的相似选择。

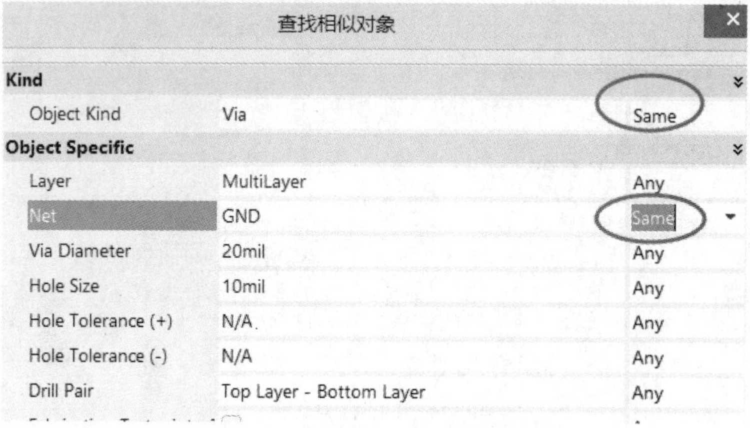

图5-79 查找相似对象

在弹出的【Properties】面板中根据需求勾选【Top】和【Bottom】右侧的【Tented】复选框，如图 5-80 所示；关闭该面板，完成批量过孔盖油设置。

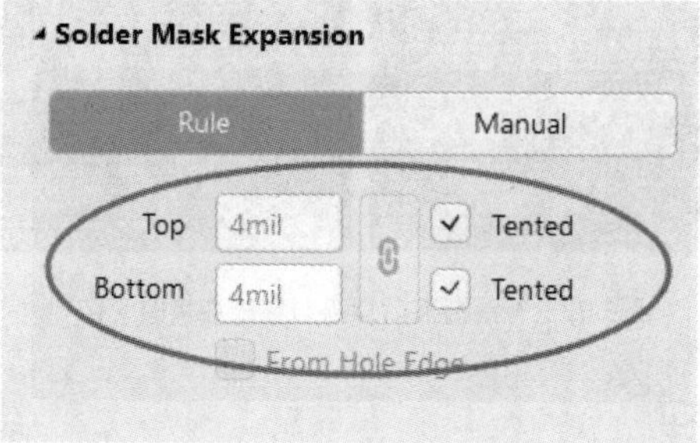

图5-80 批量过孔盖油设置

5.10.8 全局编辑操作

在进行 PCB 设计时，如果要对具有相同属性的对象进行操作，全局编辑功能便派上了用场。利用该功能，用户可以调整 PCB 中相同类型的丝印大小、过孔大小、线宽，以及锁定元件等。

下面以修改过孔网络为例来说明全局编辑的操作过程。

(1) 在 PCB 空白区域打上过孔，这时的过孔是没有网络属性的。

(2) 选择其中一个过孔，单击鼠标右键，在弹出的快捷菜单中选择【查找相似对象】（Find Similar Object）命令，打开【查找相似对象】对话框，如图 5-81 所示。

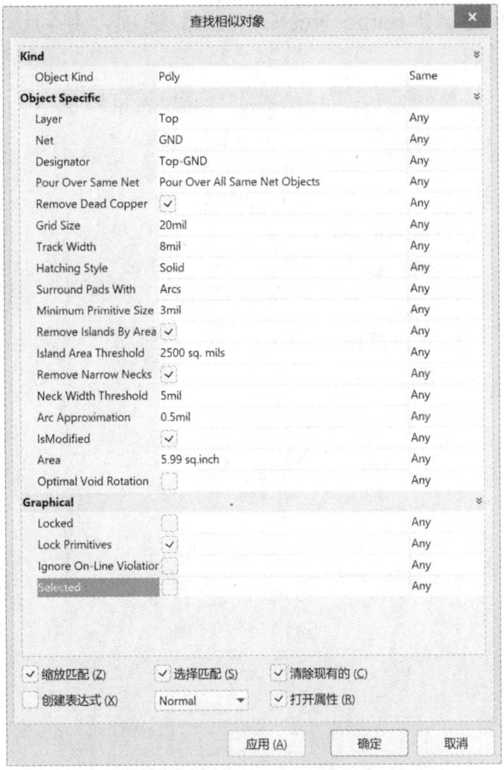

图5-81　打开【查找相似对象】对话框

(3) 将【Via】和【Net】属性更改为【Same】，然后单击 确定 按钮。在弹出的【Properties】面板中更改需要全局编辑的属性，例如将【Net】（过孔网络）属性设置为【GND】，如图 5-82 所示。

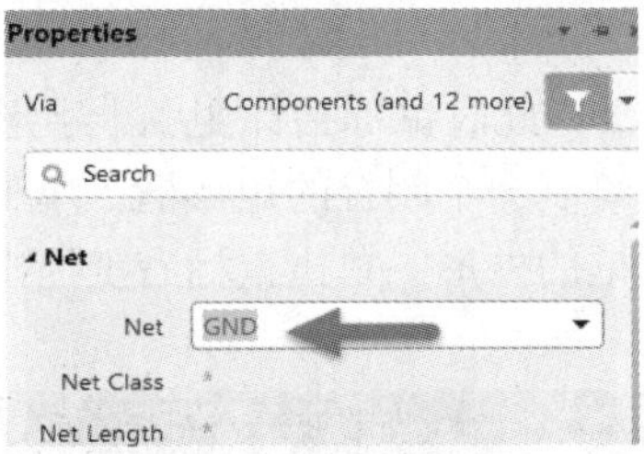

图5-82　过孔的全局属性修改

5.10.9　铺铜操作

铺铜是指在 PCB 中的空白位置放置铜皮，一般作为电源或地平面。在 PCB 设计的布局、布线工作结束之后，就可以在 PCB 中的空白位置铺铜了。

(1) 选择菜单命令【放置】/【铺铜】，或者单击工具栏中的“放置多边形平面”按钮，按 Tab 键，打开【Properties】面板，选择【Hatched】动态铺铜方式，如图 5-83 所示。

(2) 在【Properties】面板中对铺铜属性进行设置。在【Net】下拉列表中选择铺铜网络，在【Layer】下拉列表中选择铺铜的层，在【Grid Size】和【Track Width】文本框中输入网格尺寸和轨迹宽度（建议设置成较小的相同数值，这样铺的铜则为实心铜），在下方的下拉列表中选择【Pour Over All Same Net Objects】选项，并勾选【Remove Dead Copper】（死铜移除）复选框。

图5-83　铺铜属性编辑面板

(3) 按Enter键，关闭该面板。此时鼠标指针变成十字形状，准备开始铺铜操作。

(4) 沿着 PCB 板框边界线绘制一个闭合的矩形框。单击确定起点，然后将鼠标指针移动至拐角处并单击，直至确定板框的外形，单击鼠标右键退出。这时软件在框线内部自动生成了铜，效果如图 5-84 所示。

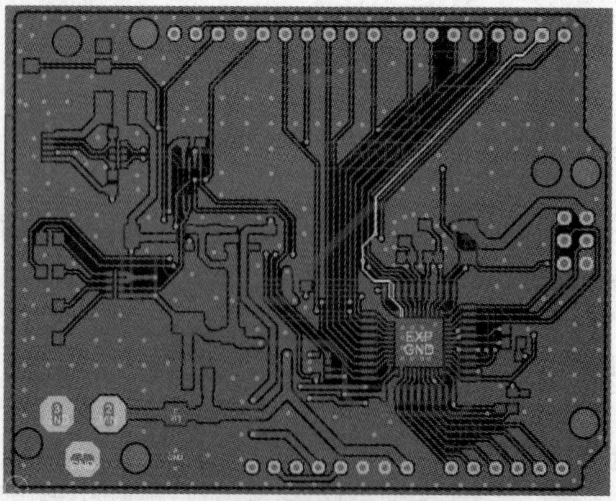

图5-84　PCB 铺铜效果

5.10.10 放置尺寸标注

为了使设计者更加方便地了解 PCB 的尺寸信息，通常需要给设计好的 PCB 添加尺寸标注。尺寸标注分为线性、圆弧半径、角度等类型，下面以添加线性尺寸标注为例进行详细的介绍。

(1) 选择菜单命令【放置】/【尺寸】/【线性尺寸】。

(2) 在放置尺寸标注状态下按 Tab 键，打开尺寸标注属性编辑面板，如图 5-85 所示。

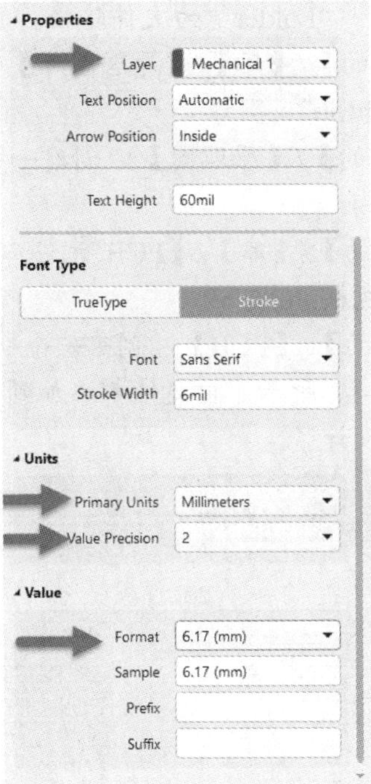

图5-85　尺寸标注属性编辑面板

- 【Layer】：放置的层。
- 【Primary Units】：显示的单位，如 Millimeters、mm（常用）、inch。
- 【Value Precision】：显示的小数点后的位数。
- 【Format】：显示的格式。

线性尺寸标注放置好的效果如图 5-86 所示。

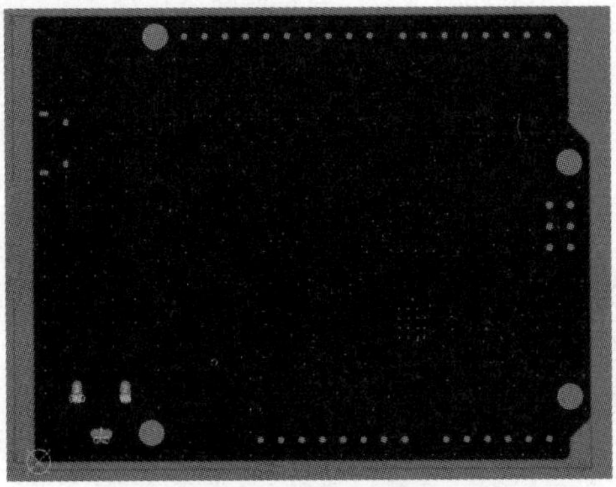

图5-86　放置线性尺寸标注效果

5.11 实战演练

为方便读者更好地掌握 PCB 设计流程，结合前文所讲内容，本节选择了入门常见的最小系统板作为实例，帮助初学者将理论和实践相结合。

1. 创建工程。

(1) 选择菜单命令【文件】/【新的】/【项目】，打开【Greate Project】对话框，在该对话框左侧选择【Local Projects】，然后在右侧的【Project Name】文本框中输入“最小系统板”，保存到硬盘目录下，“Folder”为文件路径。

(2) 选择菜单命令【文件】/【新的】/【库】/【原理图库】，创建一个新的原理图库文件，将其命名为“最小系统板.SchLib”。

(3) 选择菜单命令【文件】/【新的】/【原理图】，创建一个新的原理图文件，将其命名为“最小系统板.SchDoc”。

(4) 选择菜单命令【文件】/【新的】/【库】/【PCB 元件库】，创建一个新的 PCB 元件库文件，将其命名为“最小系统板.PcbLib”。

(5) 选择菜单命令【文件】/【新的】/【PCB】，创建一个新的 PCB 文件，将其命名为“最小系统板.PcbDoc”，如图 5-87 所示。把文件都添加到“最小系统板”工程下面，进行保存，就可以开始进行电子设计了。

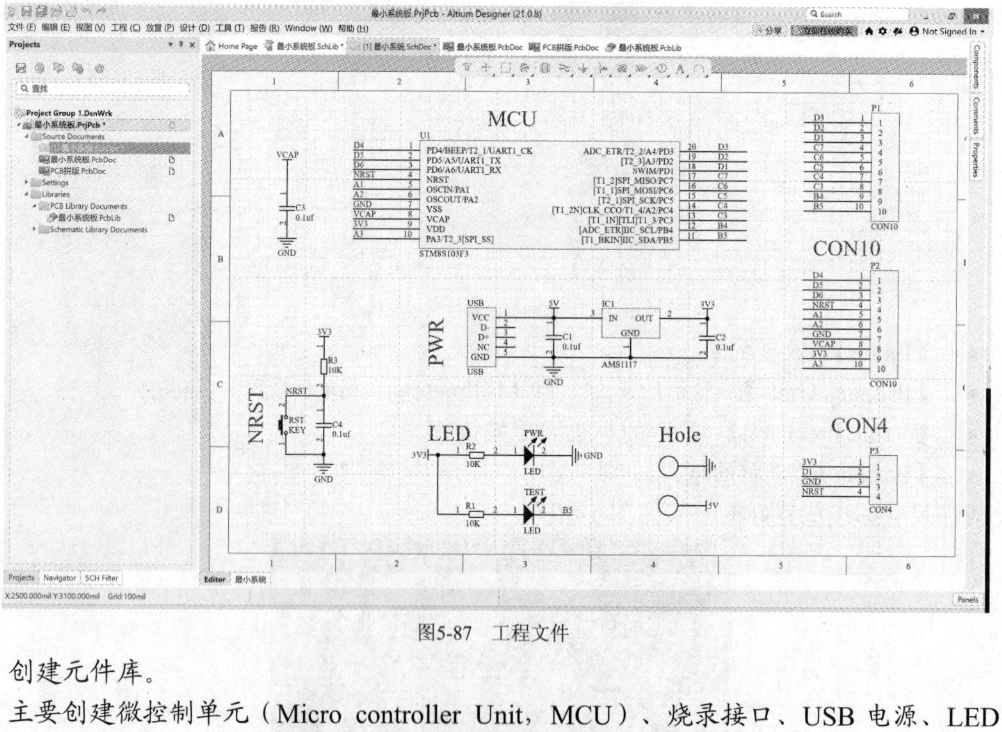

图5-87 工程文件

2. 创建元件库。

主要创建微控制单元（Micro controller Unit，MCU）、烧录接口、USB 电源、LED 电路及复位电路等。下面以 STM8S103F3 主控芯片及 LED 为例进行说明。

3. 创建 STM8S103F3 主控芯片。

(1) 在原理图库编辑器中选择菜单命令【工具】/【新器件】，创建一个新的元件，将新元件命名为“STM8S103F3”。

(2) 选择菜单命令【放置】/【矩形】，放置一个矩形框，如图 5-88 所示。

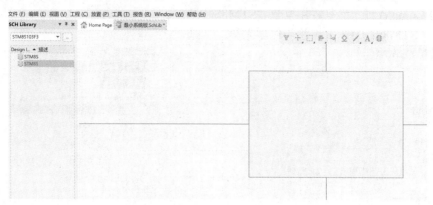

图5-88　放置矩形框

(3) 选择菜单命令【放置】/【管脚】，在放置状态下按 Tab 键，打开【Properties】面板，利用该面板对引脚的属性进行设置，如图 5-89 所示，然后将引脚放置到矩形框的边缘。重复该操作，放置完 STM8S103F3 主控芯片的所有引脚，结果如图 5-90 所示。

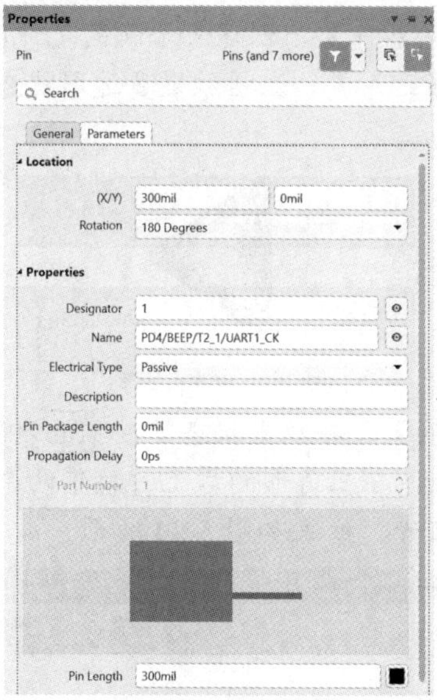

图5-89　引脚属性设置

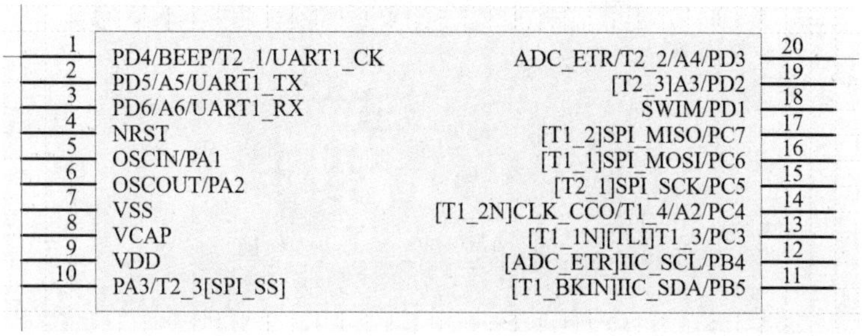

图5-90　放置引脚

(4) 在【SCH Library】面板中双击元件名“STM8S103F3”，对所创建的主控芯片的元件属性进行设置，如图 5-91 所示。

- 【Designator】：设置为芯片常用位号“U?”。
- 【Comment】：填写芯片型号“STM8S103F3”。

至此，STM8S103F3 主控芯片创建完毕。

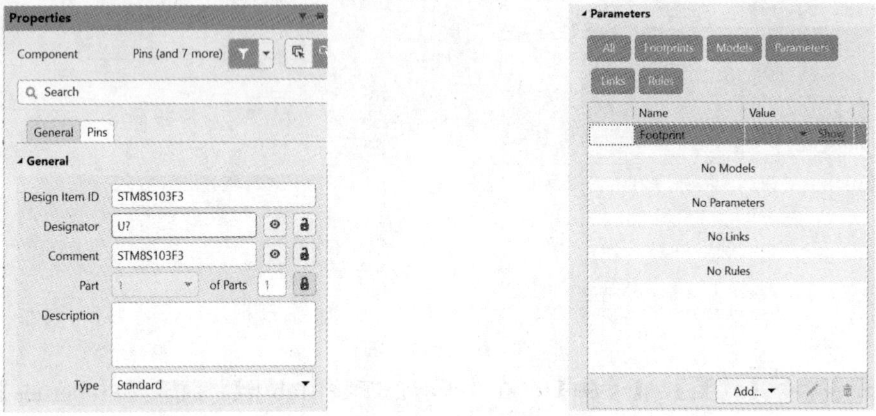

图5-91　设置元件属性

4. 创建 LED。

(1) 选择菜单命令【工具】/【新器件】，创建一个新的元件，将其命名为“LED_1”。

(2) 选择菜单命令【放置】/【多边形】，激活放置多边形状态，放置一个三角形，如图 5-92 所示。

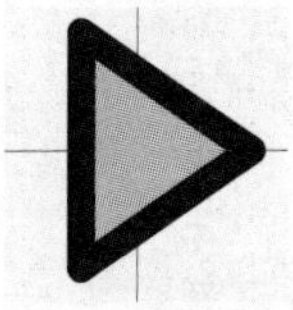
图5-92　放置三角形

(3) 选择菜单命令【放置】/【线】，在放置状态下按 Tab 键，打开【Properties】面板，按图 5-93 所示设置线条属性，在三角形的右上方放置两个箭头线条，并且在三角形右侧放置一条竖线，表示是二极管，结果如图 5-94 所示。

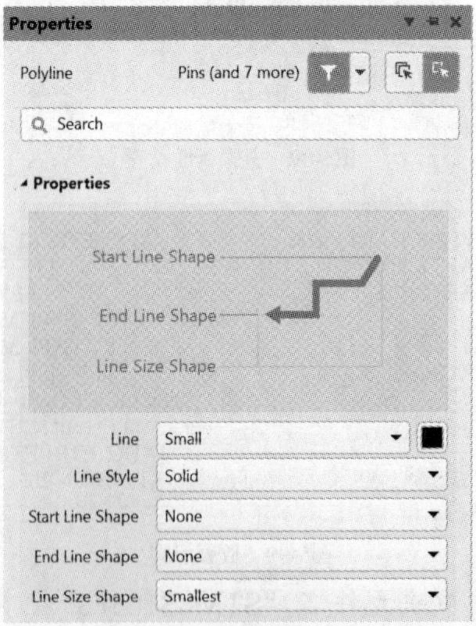

图5-93　设置线条属性

(4) 选择菜单命令【放置】/【管脚】，在三角形两端各放置一个引脚，然后稍微调整元件的协调性和美观性，结果如图 5-95 所示。

(5) 在【SCH Library】面板中双击该元件名称，打开【Properties】面板，设置其元件属性，如图 5-96 所示，完成 LED 的创建。

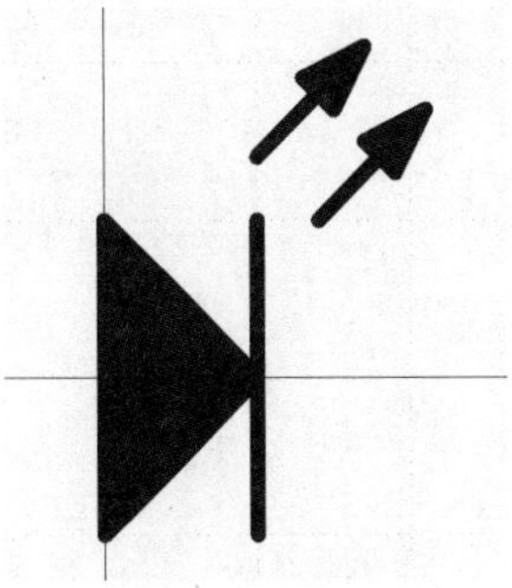

图5-94　放置线条

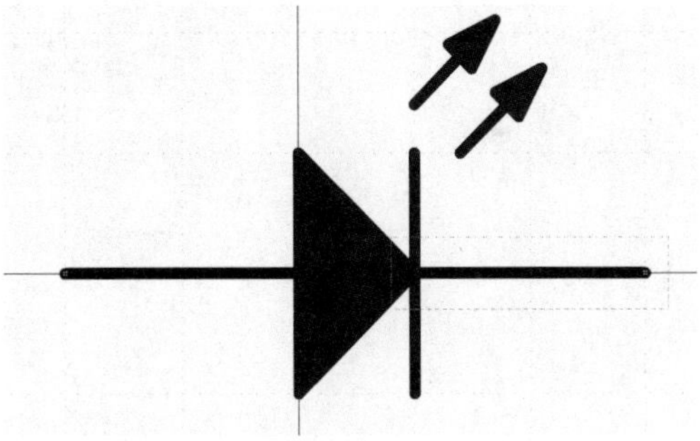

图5-95　完成的 LED

(6) 使用与创建 LED 类似的方法完成其他元件的创建，如图 5-97 所示。

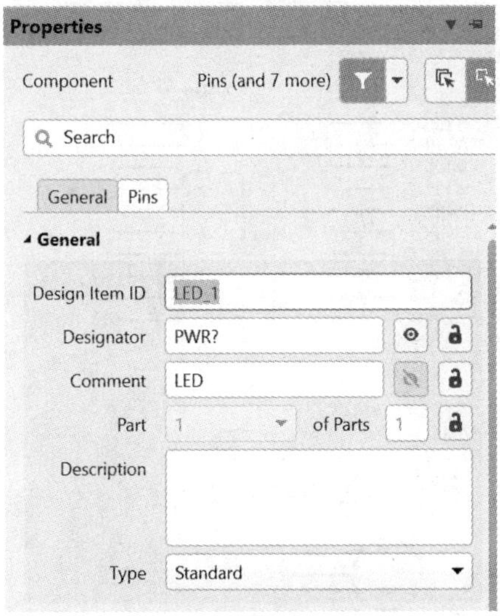

图5-96　设置 LED 的元件属性

图5-97　创建其他元件

5. 放置元件。

(1) 双击打开创建好的“最小系统板.SchDoc”“最小系统板.SchLib”文件。

(2) 在元件列表中选择需要放置的元件，然后单击 放置 按钮，放置该元件，如图 5-98 所示。继续执行此操作，将每个功能模块需要用到的元件分开放置，结果如图 5-99 所示。

6. 复制和放置元件。

(1) 有时在设计时需要用到多个同类型的元件，这时不需要重复执行放置操作，可以按住 Shift 键，然后拖动。

(2) 如果想多个一起复制，可以选择多个元件，然后执行步骤（1）。

(3) 根据实际需要放置各类元件，结果如图 5-100 所示。

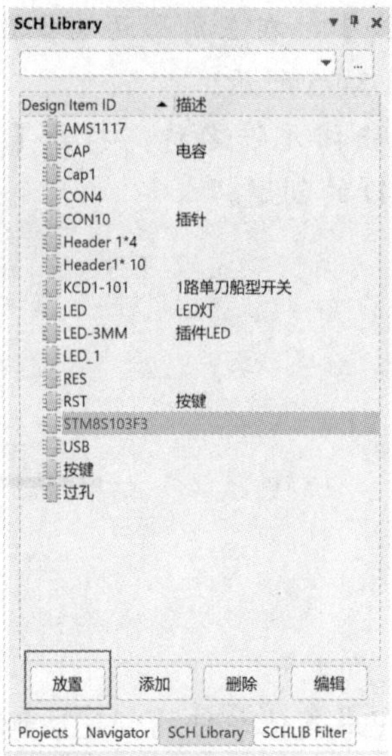

图5-98　放置元件

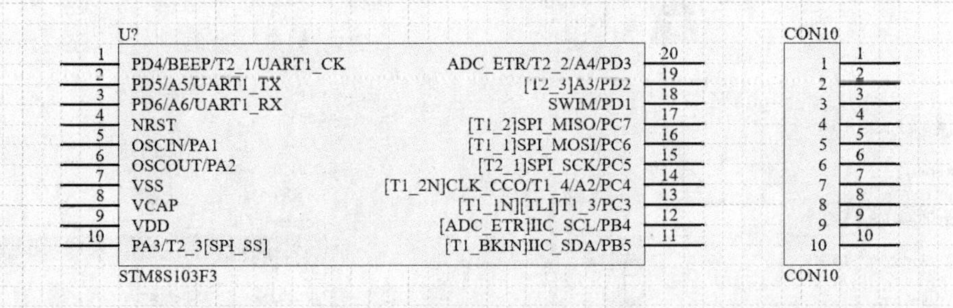

图5-99　原理图元件放置结果

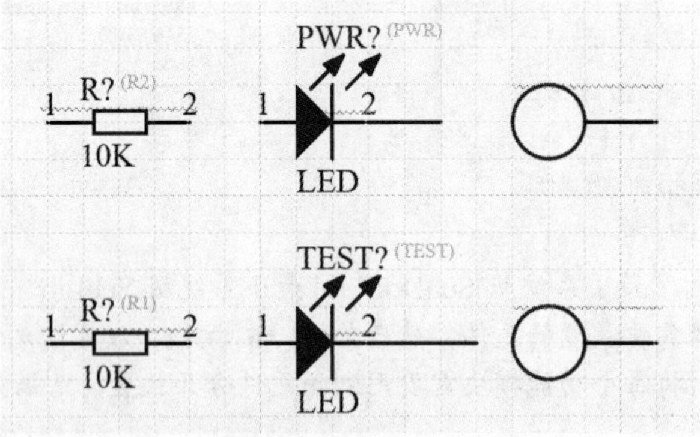

图5-100　复制并放置元件

(4) 放置好元件之后，更改电阻、电容等的 Comment 值。

7. 放置电气连接。

放置好元件之后，需要对元件之间的连接关系进行处理。这是原理图设计中的重中之重，否则可能会出现由于一点点连接的失误造成板卡短路、开路或功能无效等问题。

(1) 对于元件附近执行连接的元件，选择菜单命令【放置】/【线】，放置电气导线进行连接。

(2) 对于远端连接的导线，采取放置网络标签的方式进行电气连接。

(3) 对于电源和地，采取放置电源端口的全局连接方式，结果如图 5-101 所示。

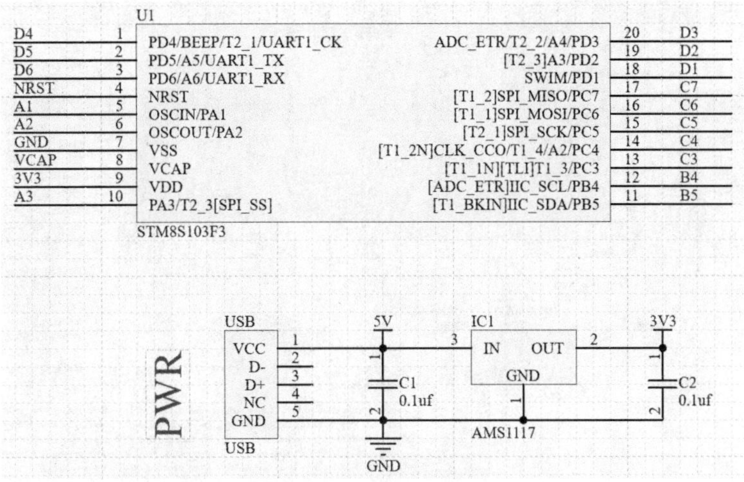

图5-101　放置电气连接

8. 放置非电气性能标注。

(1) 有时需要对功能模块进行一些标注说明，或者添加特殊元件的说明，从而增强原理图的可读性。选择菜单命令【放置】/【文本字符串】，放置字符标注（如电源），结果如图 5-102 所示。

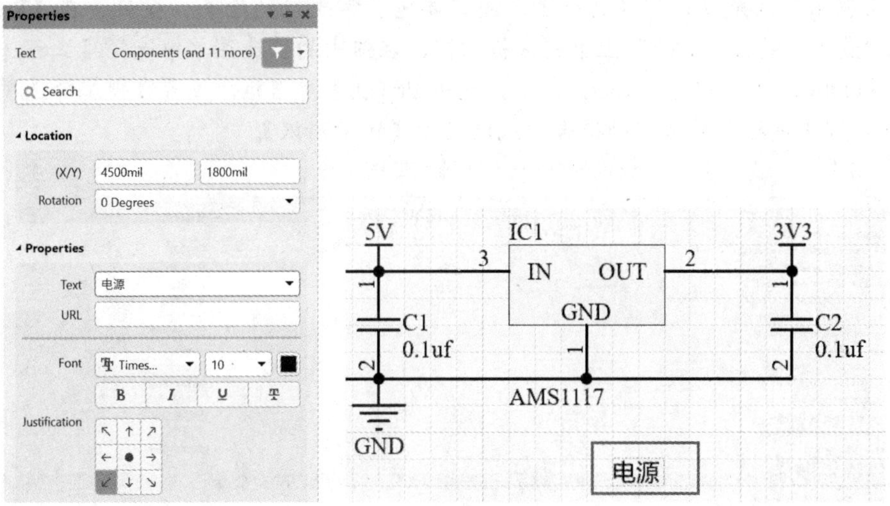

图5-102　放置字符标注

(2) 按照上述类似的方法，标注其他功能模块的原理图。

9. 对元件位号进行重新编号。

完成整个产品原理图功能模块的放置和电气连接之后，需要对整体原理图的元件位号进行重新编号，以使元件位号唯一。

(1) 按住 T 键，然后连续两次按 A 键，打开图 5-103 所示的【标注】对话框，单击 更新更改列表 按钮，进行位号的重新编号。

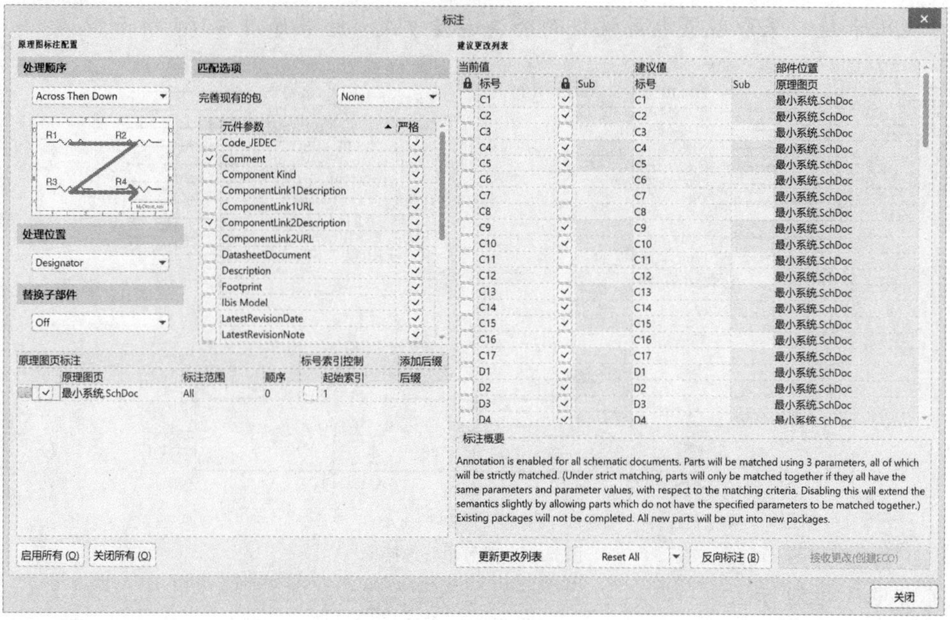

图5-103 【标注】对话框

(2) 单击 接收更改(创建ECO) 按钮，更新到原理图中。

10. 编译与检查原理图。

一份原理图不只是设计完成就行了，还需要进行常规性的检查、核对。在【Projects】面板中的“最小系统板.PrjPcb”上单击鼠标右键，在弹出的快捷菜单中选择【工程选项】命令，打开【Options for PCB Project 最小系统板.PrjPcb】对话框，设置常规编译选项，如图5-104 所示，将需要检查的选项的报告格式设置为【致命错误】。

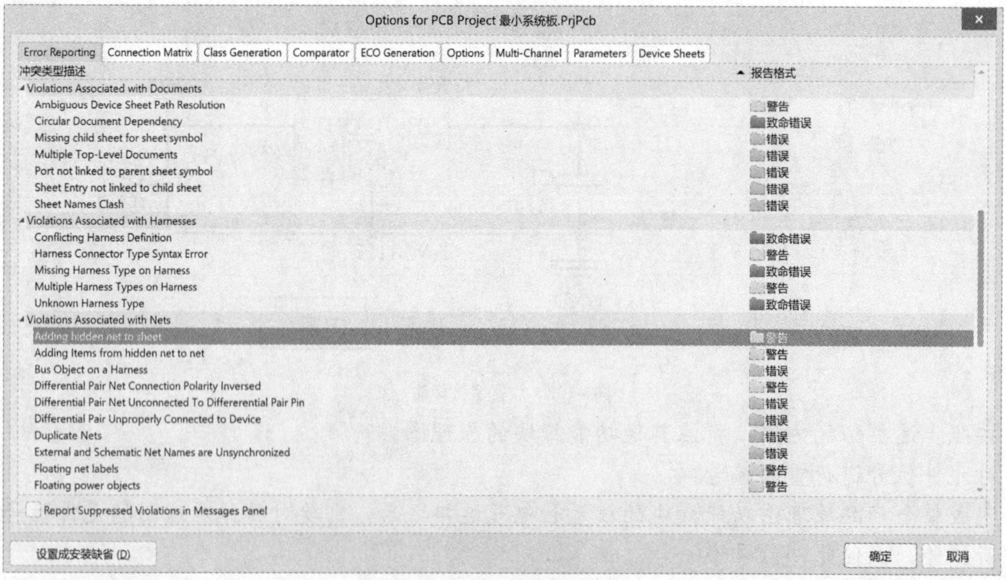

图5-104 编译设置

11. PCB 封装。

PCB 封装是实物和原理图图纸衔接的桥梁。封装的制作一定要精准，一般按照规格书的尺寸制作封装。制作多个封装的方法是类似的，这里以 LQFP48 为例进行说明。

(1) 通过网络找到 STM32F103C8T6 的规格书，并且找到其 LQFP48 封装的规格，如图 5-105 所示。

(2) 从图 5-105 中获取有用的数据，一般都选择最大值进行计算。

- 焊盘尺寸：长度=（D－D1）/2=1.00mm，宽度=b=0.27mm。但是，实际上制作封装时会考虑一定的补偿量。根据经验，长度取 1.50mm，宽度取 0.30mm。
- 相邻焊盘中心间距=e=0.50mm。
- 对边焊盘中心间距=D1+（D－D1）/2=8.00mm。
- 丝印尺寸=D1=E1=7.00mm。

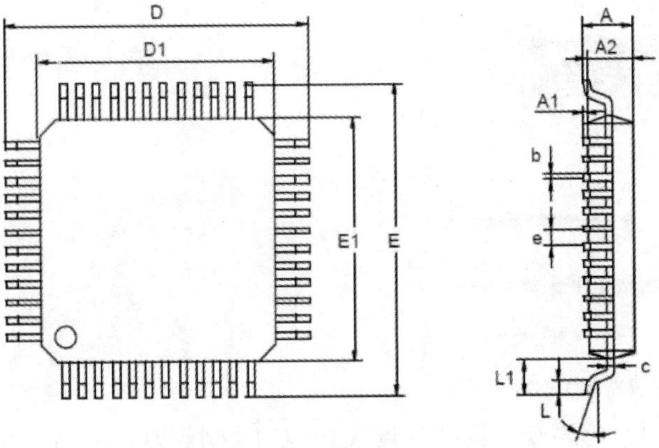

Dim.	mm			inches(1)		
	Min	Typ	Max	Min	Typ	Max
A			1.60			0.063
A1	0.05		0.15	0.002		0.006
A2	1.35	1.40	1.45	0.053	0.055	0.057
b	0.17	0.22	0.27	0.007	0.009	0.011
C	0.09		0.20	0.004		0.008
D		9.00			0.354	
D1		7.00			0.276	
E		9.00			0.354	
E1		7.00			0.276	
e		0.50			0.020	
θ	0°	3.5°	7°	0°	3.5°	7°
L	0.45	0.60	0.75	0.018	0.024	0.030
L1		1.00			0.039	
	Number of pins					
N	48					

图5-105 LQFP48 封装的规格

(3) 选择菜单命令【放置】/【焊盘】，在放置状态下按 Tab 键，打开【Properties】面板，利用该面板设置焊盘的属性，如图 5-106 所示。

(4) 选择刚放置的焊盘，按快捷键 Ctrl+C，然后单击焊盘的中心，按快捷键 E+A，打开【选择性粘贴】对话框，单击 粘贴阵列... 按钮，打开【设置粘贴阵列】对话框，设置好阵列粘贴的参数，如图 5-107 所示，再次单击焊盘的中心，放置芯片一边的焊盘，如图 5-108 所示。

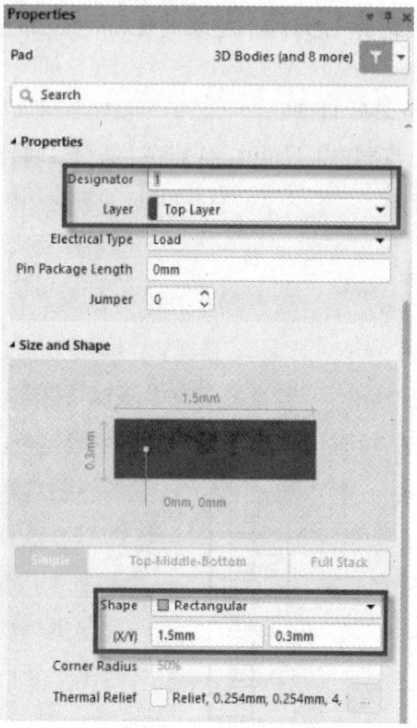

图5-106　设置焊盘的属性

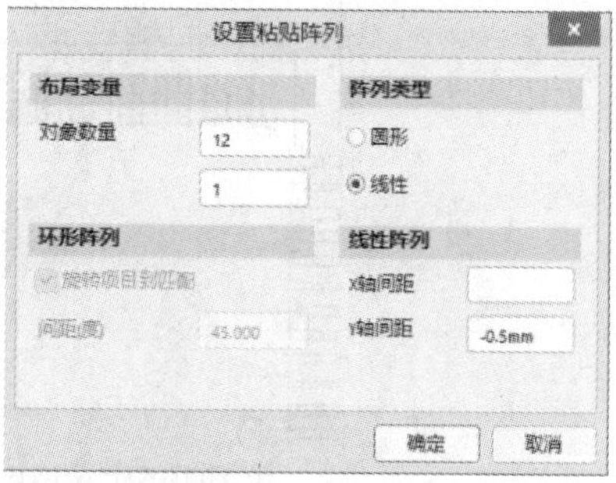

图5-107　【设置粘贴阵列】对话框

(5) 选择引脚标号为 12 的焊盘，按快捷键 Ctrl+C 复制焊盘，然后按快捷键 M，在弹出的菜单中选择【通过 X,Y 移动选中对象】命令，打开【获得 X/Y 偏移量[mil]】对话框，设置【X 偏移量】为“8mm”，更改标号为 25，用与步骤（4）相同的方法在这一列复制 12 个焊盘，结果如图 5-109 所示。

(6) 用步骤（5）的方法，继续放置好另外两排焊盘。

(7) 跳转到丝印层，按快捷键 P+L，绘制 7mm × 7mm 的丝印框。

(8) 在 1 号引脚处放置一个圆形的丝印，标识为 1 脚，结果如图 5-110 所示。

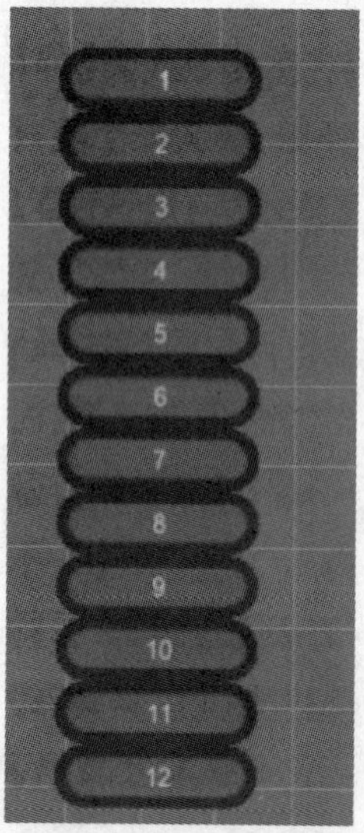

图5-108　放置第一列焊盘

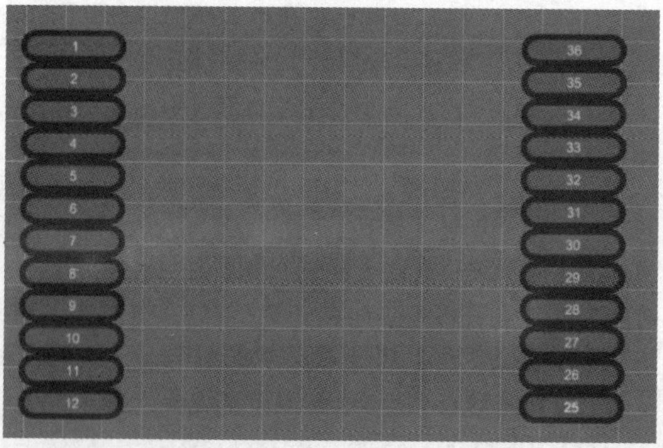

图5-109　第二列焊盘

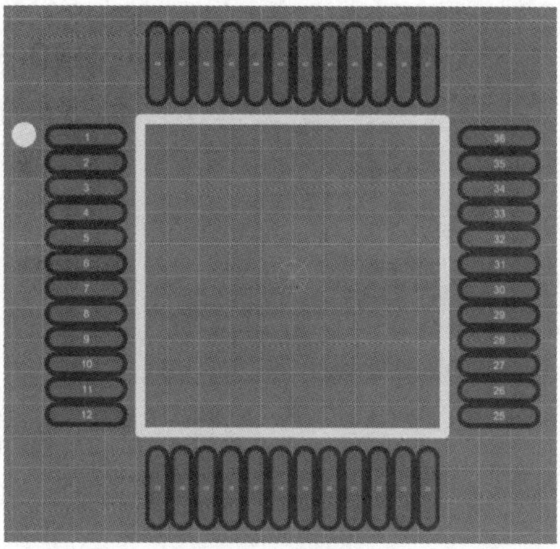

图5-110　标识 1 脚

(9) 依次快速按快捷键 E+F+C，把元件原点放置在元件的中心。至此，完成 LQFP48 封装的制作。

12. 检查元件封装匹配。

在进行 PCB 的导入时，经常会出现“Footprint Not Found”或“Unknown Pin”的提示，这些都是封装不匹配的问题，所以要对封装进行检查。

(1) 在原理图编辑器中选择菜单命令【工具】/【封装管理器】，进入封装管理器，如图 5-111 所示。

(2) 选择一个元件，单击鼠标右键，在弹出的快捷菜单中选择【查找相似对象】/【Current Footprint】命令，对当前封装进行排序。

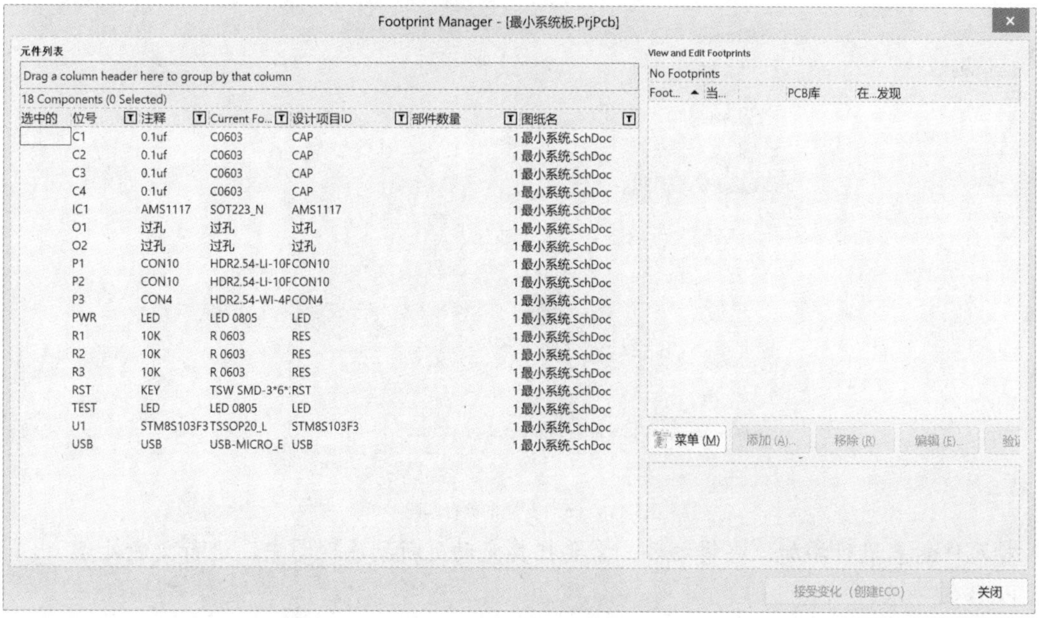

选中的	位号	注释	Current Fo...	设计项目ID	部件数量	图纸名
	C1	0.1uf	C0603	CAP	1	最小系统.SchDoc
	C2	0.1uf	C0603	CAP	1	最小系统.SchDoc
	C3	0.1uf	C0603	CAP	1	最小系统.SchDoc
	C4	0.1uf	C0603	CAP	1	最小系统.SchDoc
	IC1	AMS1117	SOT223_N	AMS1117	1	最小系统.SchDoc
	O1	过孔	过孔	过孔	1	最小系统.SchDoc
	O2	过孔	过孔	过孔	1	最小系统.SchDoc
	P1	CON10	HDR2.54-LI-10F	CON10	1	最小系统.SchDoc
	P2	CON10	HDR2.54-LI-10F	CON10	1	最小系统.SchDoc
	P3	CON4	HDR2.54-WI-4P	CON4	1	最小系统.SchDoc
	PWR	LED	LED 0805	LED	1	最小系统.SchDoc
	R1	10K	R 0603	RES	1	最小系统.SchDoc
	R2	10K	R 0603	RES	1	最小系统.SchDoc
	R3	10K	R 0603	RES	1	最小系统.SchDoc
	RST	KEY	TSW SMD-3*6*	RST	1	最小系统.SchDoc
	TEST	LED	LED 0805	LED	1	最小系统.SchDoc
	U1	STM8S103F3	TSSOP20_L	STM8S103F3	1	最小系统.SchDoc
	USB	USB	USB-MICRO_E	USB	1	最小系统.SchDoc

图5-111　封装管理器

(3) 逐一选择封装，在预览区可看到匹配封装，如图 5-112 所示。如果预览区不存在匹配封装，则证明此封装的路径或名称匹配有问题。

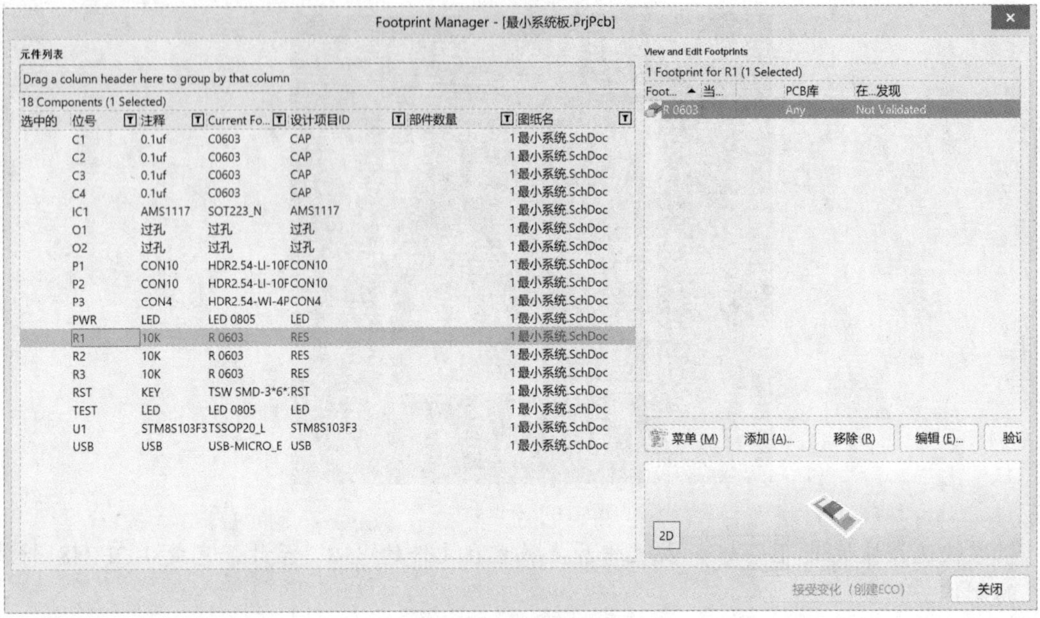

图5-112　封装预览

(4) 在有匹配问题的封装上双击，打开【PCB 模型】对话框，进入元件封装的优配设置界面，检查名称和封装库里面的名称是否对应，检查路径是否设置正确。如果封装库在当前工程下，在对话框中选择【任意】单选按钮就可以匹配上，如图 5-113 所示。

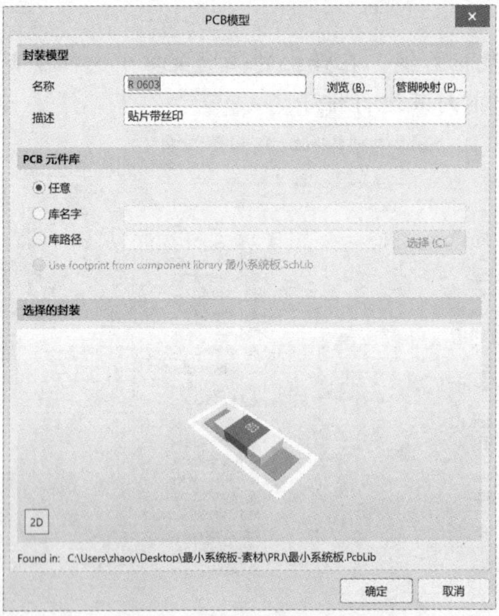

图5-113　元件封装的路径匹配

(5) 对元件封装进行添加、编辑之后，需要把其变动更新到原理图中，进行更新处理。

13. PCB 的导入。

检查完封装后，就可以对元件进行导入了，以实现原理图向实物的映射。

(1) 在原理图编辑器中，选择菜单命令【设计】/【Update PCB Document 最小系统板.PcbDoc】，打开【工程变更指令】对话框。

(2) 在执行更新时，工程一般会进行编译，如果存在问题，会显示红色的“警告：编译工程时发生错误！”文字，按照提示单击查看，更正后再执行。如果确认没问题就忽略，单击 执行变更 按钮，执行变更，如图 5-114 所示。

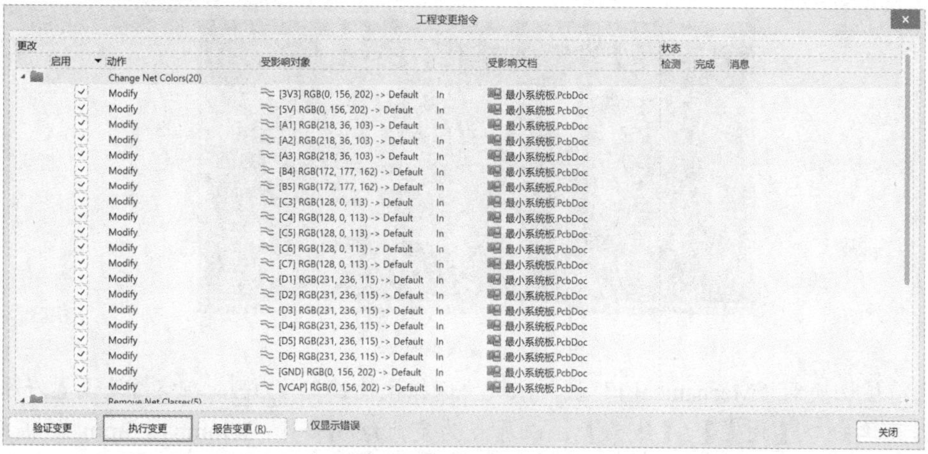

图5-114　变更

(3) 在执行变更的过程中，【状态】栏中出现 图标时，要检查之后再导入一次，直到全部是 图标为止，如图 5-115 所示，导入后的结果如图 5-116 所示。

(4) 导入后可能会报错，此时要把不必要的 DRC 项取消，然后利用全局操作把元件丝印整体变小，放置在元件的中心。

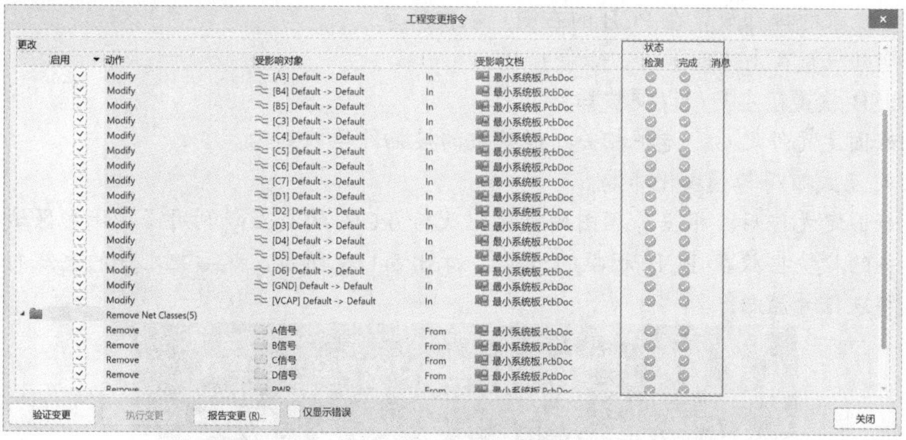

图5-115　导入状态提示

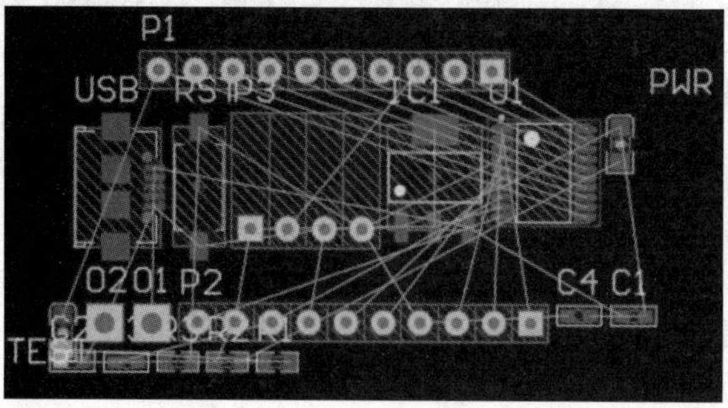

图5-116　导入结果

14. 绘制板框。

导入 PCB 之后，PCB 默认为 2 层板。

(1) 定义板框的大小为 30mm×18.5mm，如图 5-117 所示。

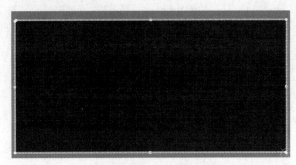

图5-117 定义板框的大小

(2) 把当前层切换到“Mechanical 1”层，依次快速按快捷键E+O+S，在空白处设置好原点。

(3) 选择菜单命令【放置】/【线条】，以原点为定点绘制一个 30mm×18.5mm 的板框，然后选择这个封闭的板框，依次快速按快捷键D+S+D，重新定义板框。

15. PCB 布局。

(1) 放置固定元件。

开发板对固定元件没有要求，但是考虑到其装配和调试的方便性，这里要对固定元件进行规划。

- 要烧录的排针放置在 PCB 的右侧，以便烧录。
- 接口放置在上方或下方，以便接插。
- USB 放置在左侧，以便拔插。

规划好固定元件之后，先把相关功能模块的接插件摆放到位。

(2) PCB 交互式布局与模块化布局。

放置好固定元件后，根据原理图的模块化及与 PCB 的交互，利用【在矩形区域排列】命令把相关的模块摆放在 PCB 板框的边缘，如图 5-118 所示，然后把元件的飞线打开，以便分析、整理信号流向。

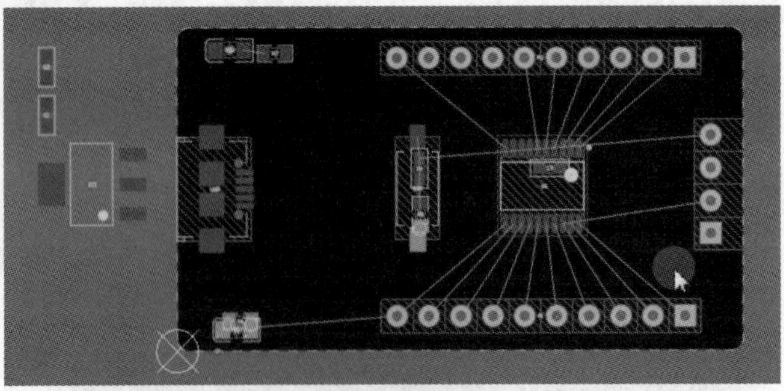

图5-118 模块化布局

(3) 先大后小原则。

按照先大后小原则，先放置主控部分的芯片，再放置体积较大的元件。

(4) 局部模块化原则。

根据常用的布局原则进行布局，可以参考前文的常规布局原则，把每个模块的元件都摆放好，并对齐，尽量整齐、美观。完整的布局如图 5-119 所示。

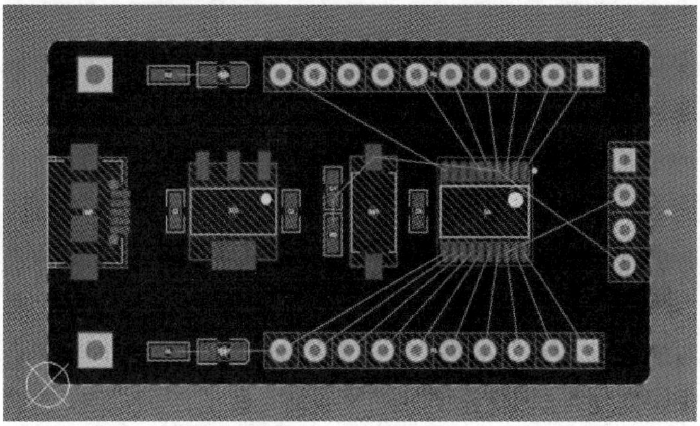

图5-119　完整的布局

16. 创建类及设置 PCB 规则。

在布局完成后，对信号进行分类和进行 PCB 规则设置是非常重要的。这样可以帮助用户更好地理解信号和分析设计思路，也可以通过软件规则约束来保证设计电路的性能。

(1) 按快捷键 D+C，打开【对象类浏览器】对话框。

(2) 在该对话框左侧的列表框中的【Net Classes】上单击鼠标右键，在弹出的快捷菜单中选择【添加类】命令，创建一个“PWR”类，把属于电源的信号都添加进去，如图 5-120 所示。

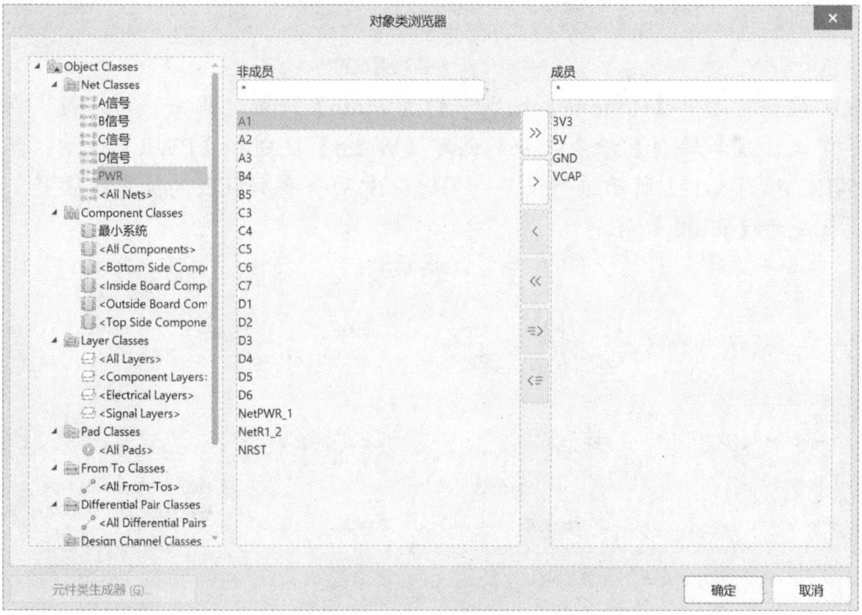

图5-120　创建类

(3) 按快捷键 D+R，打开【PCB 规则及约束编辑器.[mil]】对话框。

根据生产工艺能力的要求和考虑成本，最小间距为 6mil，最小线宽为 6mil，最小过孔大小为 12mil。

(4) 间距规则设置。在【Where The First Object Matches】和【Where The Second Object Matches】下拉列表中都选择【All】选项，间距规则设置如图 5-121 所示。

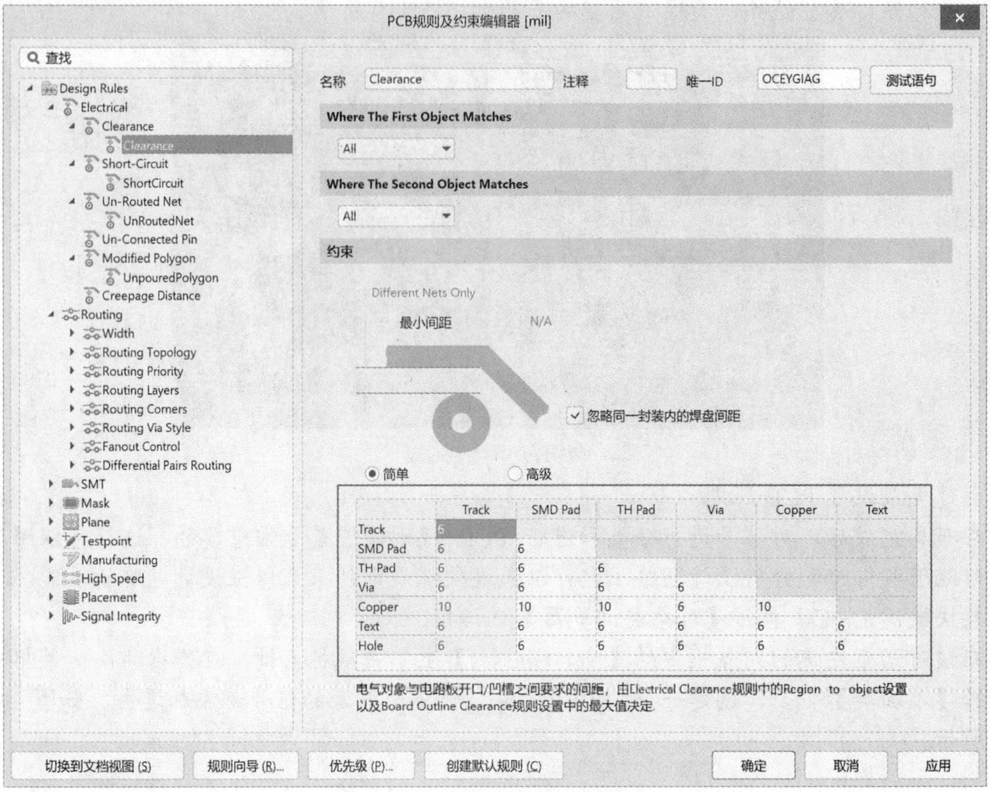

图5-121 间距规则设置

(5) 线宽规则设置。选中【Routing】规则中的【Width】规则，单击鼠标右键，在弹出的快捷菜单中选择【新规则】命令，分别创建【Width】规则和【PWR】规则，然后分别按照图 5-122 和图 5-123 所示进行设置，同时注意两个叠加规则的优先级设置，【PWR】规则要优先于【Width】规则。

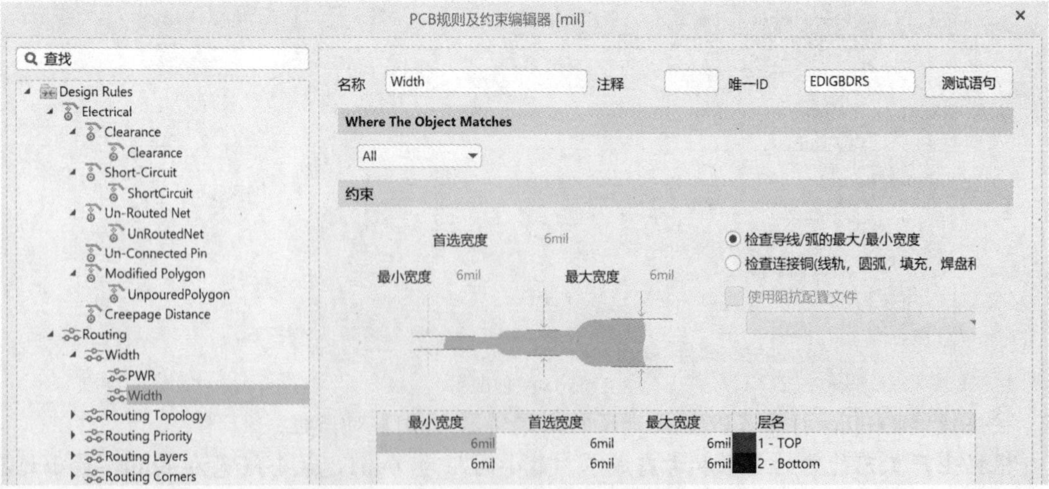

图5-122 【Width】规则设置

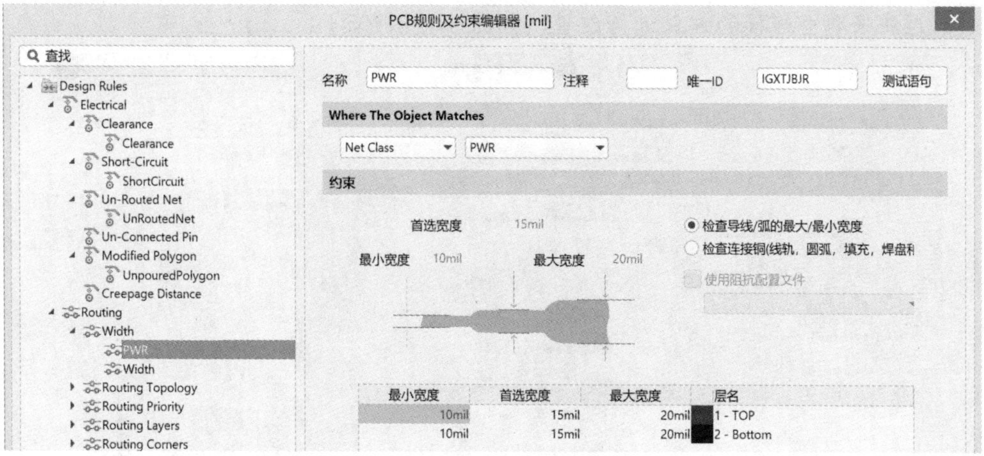

图5-123　【PWR】规则设置

(6) 过孔规则设置。选中【Routing Via Style】规则中的【RoutingVias】规则，设置内径大小为 12mil，外径大小为 24mil，如图 5-124 所示。

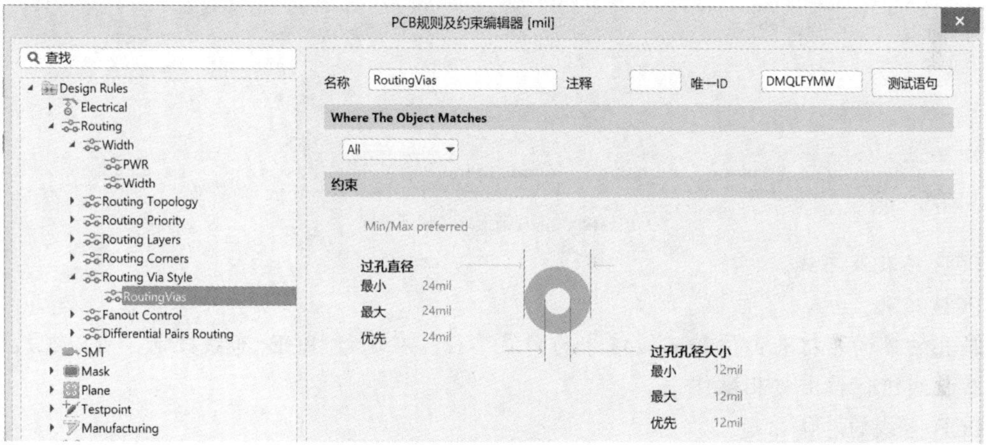

图5-124　过孔规则设置

(7) 阻焊规则设置。选中【Mask】规则中的【Solder Mask Expansion】/【SolderMaskExpansion】规则，设置【顶层外扩】和【底层外扩】均为“2.5mil”，如图 5-125 所示。

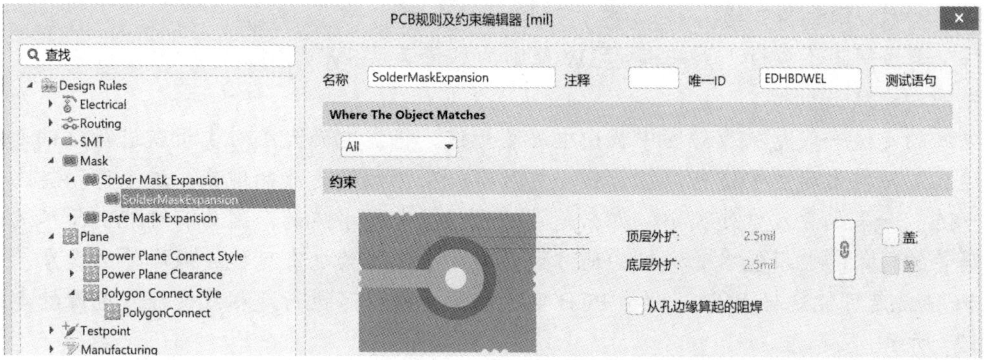

图5-125　阻焊规则设置

(8) 正片铺铜连接规则设置。因为 2 层板只有正片层，所以只需要设置正片铺铜连接规则，过孔采取全连接的方式进行设置，如图 5-126 所示。

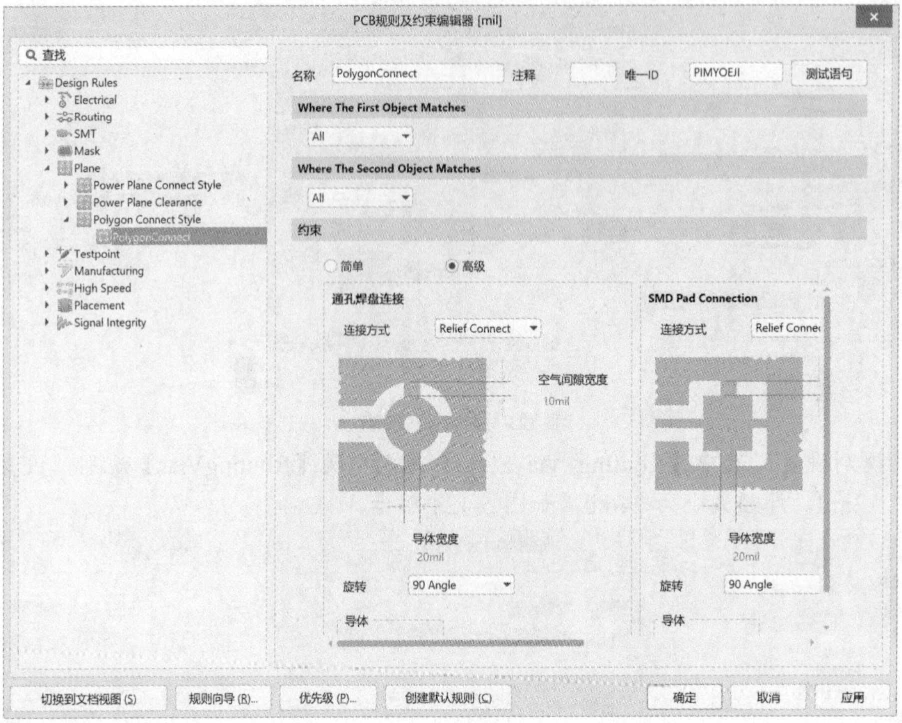

图5-126　正片铺铜连接规则设置

17. PCB 扇孔及布线。

(1) PCB 扇孔。

扇孔的目的是打孔占位和缩短信号的回流路径。在进行 PCB 布线之前，可以把短线连上，对长线进行拉出打孔操作。

(2) PCB 布线的总体原则。

- 遵循模块化布线原则，避免无规则地左右拉线。
- 遵循优先信号走线的原则。
- 对重要、易受干扰或容易干扰别的信号的走线进行包地处理。
- 电源主干道加粗走线，根据电流大小来定义走线宽度；信号走线按照设置的线宽规则进行走线。
- 走线间距不要过小，能满足 3W 原则的尽量满足 3W 原则。

18. 电源的走线。

电源的走线一般是从原理图中找出电源主干道，根据电源大小对主干道进行铺铜走线和添加过孔，不要出现主干道也像信号线一样只有一条很细的走线的现象。这个可以类比于水管通水流：如果水管入口处太小，那么是无法通过很大的水流的，因为有可能由于水流过大造成爆管的现象；也不能水管入口的地方大、中间小，因为也有可能造成爆管的现象。这类比到 PCB 就是可能烧坏 PCB。由于 PCB 电流很小，所以只进行走粗线处理。电源的走线如图 5-127 所示。

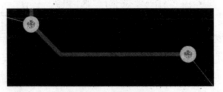

图5-127　电源的走线

19. GND 孔的放置。

根据需要在打孔换层或易受干扰的地方放置 GND 孔，加强底层铺铜的 GND 连接。根据上述布线原则和重点注意模块，完成其他模块的布线及整体的连通性布线，然后对 PCB 进行大面积的铺铜处理。完成布线的 PCB 如图 5-128 所示。

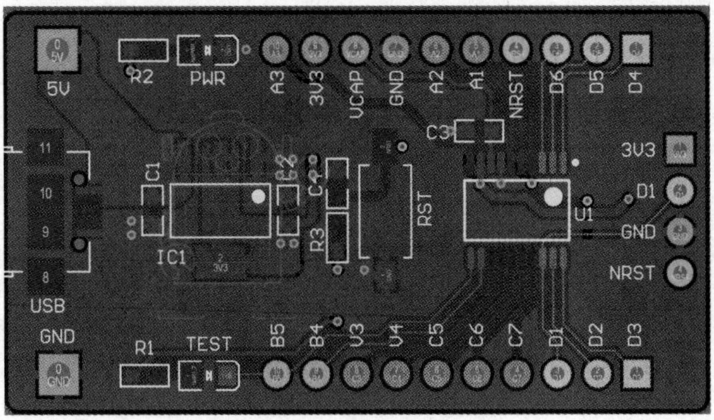

图5-128　完成布线的 PCB

20. 走线与铺铜优化。

处理完连通性之后，一般需要对走线和铺铜进行优化，一般分为以下几个方面。

- 走线间距满足 3W 原则。在走线时，如果走线和走线太近，就容易引起它们之间的串扰。处理完连通性之后，可以设置一个针对线与线间距的规则去协助检查，如图 5-129 所示。

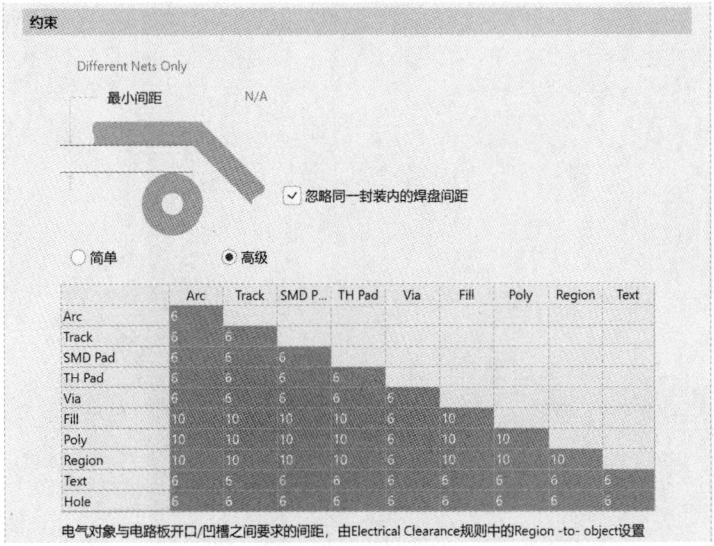

	Arc	Track	SMD P...	TH Pad	Via	Fill	Poly	Region	Text
Arc	6								
Track	6	6							
SMD Pad	6	6	6						
TH Pad	6	6	6	6					
Via	6	6	6	6	6				
Fill	10	10	10	10	6	10			
Poly	10	10	10	10	6	10	10		
Region	10	10	10	10	6	10	10	10	
Text	6	6	6	6	6	6	6	6	6
Hole	6	6	6	6	6	6	6	6	6

图5-129　线与线间距的规则设置

- 减小信号环路面积。走线经常包裹一个很大的环路，环路会造成其对外辐射的面积增大，同样吸收辐射的面积也增大。走线的时候需要进行优化处理，减小环路面积，一般是按快捷键 Shift+S，单层显示之后进行人工检查。
- 修铜。主要是修整一些电路瓶颈的地方，还有就是删除尖岬铜皮，一般通过放置多边形铺铜挖空进行删除。

完整的设计流程还包括 DRC 和生产文件的输出，这将在第 6 章中介绍。

5.12 习题

1. 简述 PCB 设计的流程。
2. 简述一般情况下应如何设置 PCB 编辑器参数。
3. 练习 PCB 元件的放置和布线操作。

第6章 PCB 的 DRC 与文件输出

完成 PCB 的布局、布线之后，考虑到后续开发环节的需求，需要做以下处理工作。

(1) DRC：设计规则检查，通过 Checklist 和 Report 等检查手段，重点规避开路类、短路类的重大设计缺陷，检查的同时遵循 PCB 设计质量控制流程与方法。

(2) 丝印调整：清晰、准确的丝印设计可以提升 PCB 的后续测试、加工、组装的便捷度与准确度。

(3) PCB 设计文件输出：PCB 设计的最终文件需要按照规范输出为不同类型的打包文件，供后续测试、加工、组装环节使用。

本章将详细介绍在布局、布线工作完成之后，如何进行 PCB 的后期处理工作，帮助读者掌握 PCB 后期处理的基本操作，从而避免因一些电气规则问题而出现错误和造成浪费。

【本章要点】

- DRC 设置及规则检查。
- 丝印位号的调整方法。
- PCB 设计文件的输出。

6.1 DRC

完成 PCB 的布局、布线工作之后，需要进行 DRC。DRC 主要是检查 PCB 布局、布线与用户设置的规则是否一致，这也是 PCB 设计的正确性和完整性的重要保证。DRC 的检查项目与规则设置的分类一样。

6.1.1 DRC 设置

(1) 在 PCB 编辑器中，选择菜单命令【工具】/【设计规则检查】或按快捷键 T+D，打开【设计规则检查器[mil]】对话框，如图 6-1 所示。

- 【创建报告文件】复选框：执行完 DRC 之后，会创建一个关于 DRC 的报告，该报告会对报错信息给出详细的描述并给出报错的位置信息，以便设计者对报错信息进行解读。
- 【停止检测 500 冲突找到时】：表示当系统检测到 500 个 DRC 错误时直接停止检查。系统默认设置为“500”，但是设置到 500 时有些 DRC 错误会显示，有些 DRC 错误不会显示，只有修正已存在的错误再次执行 DRC 的时候才会显示，这样对于大板设计非常不方便。

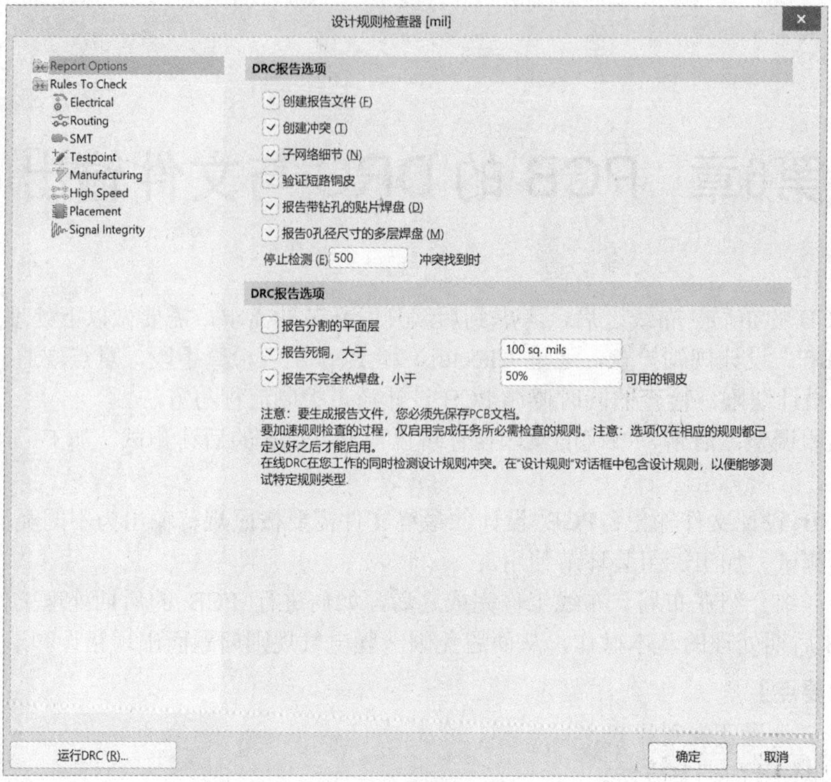

图6-1 【设计规则检查器[mil]】对话框

(2) 设置 DRC 项。选择需要检查的规则，然后在【在线】栏和【批量】栏中勾选使能检查复选框，如图 6-2 所示。

图6-2 设置 DRC 项

- 【在线】: PCB 设计中存在的 DRC 错误可以实时地显示出来。
- 【批量】: 只有手动执行 DRC 时，存在的错误才会显示出来。

一般来说，需要进行 DRC 的时候两者都勾选，以便实时检查和手动检查同时进行。进行 DRC 时，并不需要检查所有的规则，只需检查用户需要比对的规则。

6.1.2 电气规则检查

电气规则检查的内容包括间距、短路及开路等，一般这几项都需要勾选，如图 6-3 所示。

图6-3　电气规则检查

6.1.3　网络天线规则检查

针对图 6-4 所示的网络天线，在【设计规则检查器[mil]】对话框中勾选【Net Antennae】（网络天线冲突）检查项右侧的复选框，如图 6-5 所示。

图6-4　网络天线

图6-5　网络天线规则检查

6.1.4　布线规则检查

布线规则检查的内容包含线宽、过孔、差分对布线等。根据需要选择是否进行 DRC，如图 6-6 所示。

图6-6　布线规则检查

6.1.5 DRC 检测报告

获取 DRC 检测报告的步骤如下。

(1) 选择需要检查的选项后，单击左下角的 运行DRC (R)... 按钮。

(2) 运行 DRC 完成后，软件会弹出【Design Rule Verification Report】对话框与【Messages】面板，关闭【Design Rule Verification Report】对话框。如果检查无错误，则【Messages】面板为空，否则会在其中列出报错类型，如图 6-7 所示。

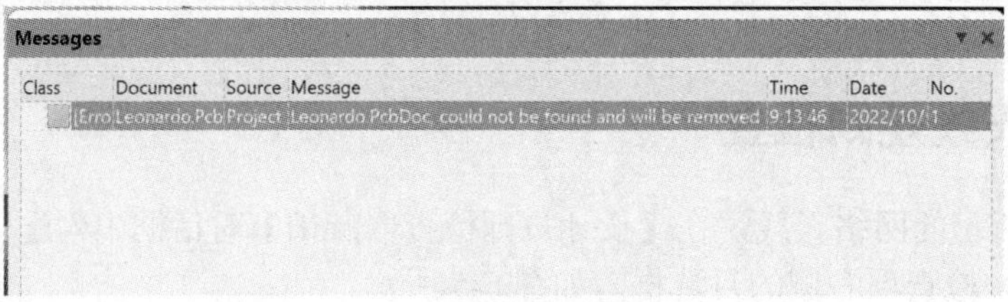

图6-7 【Messages】面板

(3) 若出现错误，则双击其中的错误报告，自动跳到 PCB 中的报错位置，用户需对错误进行修改，直到错误修改完毕或错误可以忽略为止。

6.2 位号的调整

针对后期装配元件，特别是手动装配元件，一般都得输出 PCB 的装配图，用于进行元件放料定位，这时丝印位号就显示出其必要性了。

生产时 PCB 上的丝印位号可以显示或隐藏，但是不影响装配图的输出。按快捷键 L，在打开的面板中关闭所有层，然后单独对丝印层及相对应的阻焊层进行调整。

为了方便装配元件，需要输出相应的装配图。元件的位号图可以方便地用于比对元件装配，尤其在隐藏其他层、只显示 Overlay 和 Solder 层进行位号调整时。

一般来说，位号大多放到相应的元件旁边，其调整应遵循以下原则。

(1) 位号显示清晰。位号可使用常用的尺寸：4/20mil、5/25mil、6/30mil。具体的尺寸还需根据 PCB 的空间和元件的密度进行灵活设置。

(2) 位号不能被遮挡。若用户需要把元件位号印制在 PCB 上，如图 6-8 所示，为了让位号清晰，调整时最好不要将位号放置到过孔或元件范围内，尤其是元件范围内。

图6-8 元件位号印制

(3)　位号的方向和元件方向应该尽量统一。当元件水平放置时，位号的第一个字符应该放在最左边；对于竖直放置的元件，位号的第一个字符应该放在最下面，如图 6-9 所示。

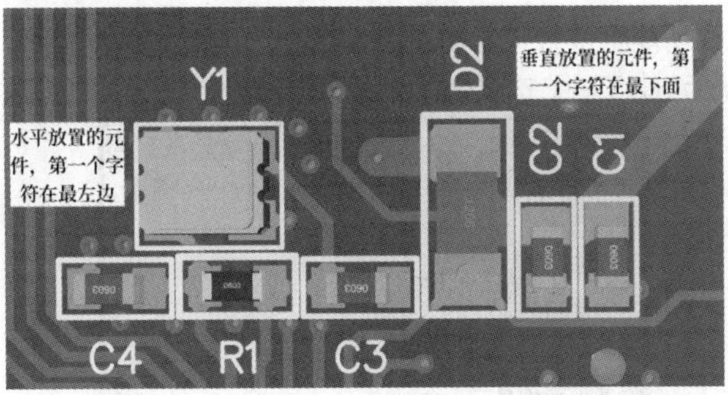

图6-9　位号方向

(4)　元件位号位置的调整。如果元件过于集中，位号无法放到元件旁边，有以下解决方法。

①　将位号放到元件内部。先按快捷键 Ctrl+A 全选，再按快捷键 A+P，打开【元器件文本位置】对话框，在【标识符】中选择中间位置，即可将位号放到元件内部，如图 6-10 所示。然后进行方向调整，调整好的位号如图 6-11 所示。

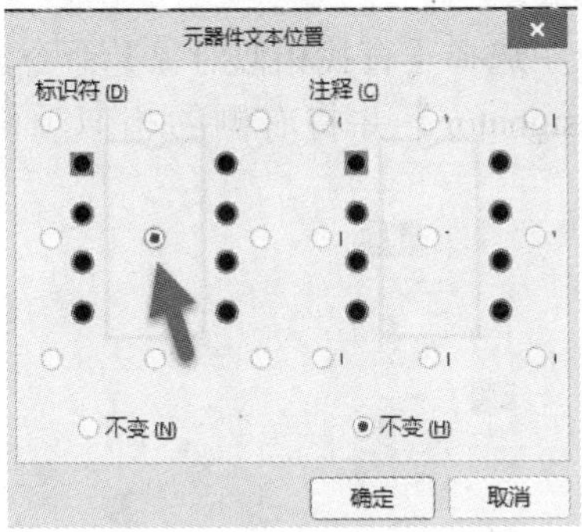

图6-10　【元器件文本位置】对话框

图6-11　位号放在元件内部

②　将位号放到对应的元件附近，并用箭头加以指示，或者放置一个外框（常用方形）进行标识，使元件位置和位号位置一一对应，框内放置字符，如图 6-12 所示。

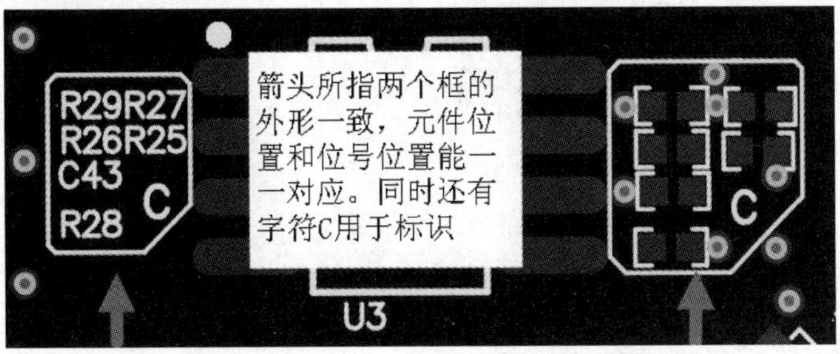

图6-12　位号的外框表示

6.3　装配图输出

在 PCB 的生产、调试期间，为了方便查看文件或查询相关元件信息，用户会将 PCB 设计输出保存。

6.3.1 位号图输出

(1) 利用全局修改功能将位号显示出来。

① 双击任意一个元件（以 C14 为例），将其位号显示出来，如图 6-13 所示。

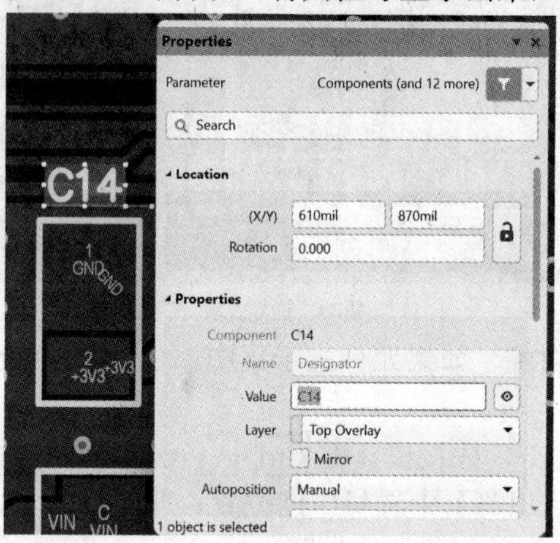

图6-13 显示位号

② 选择 C14，单击鼠标右键，在弹出的快捷菜单中选择【查找相似对象】命令，打开【查找相似对象】对话框，在该对话框中选择【Designator】并将右侧的相似项修改为【Same】，然后单击 确定 按钮，如图 6-14 所示。

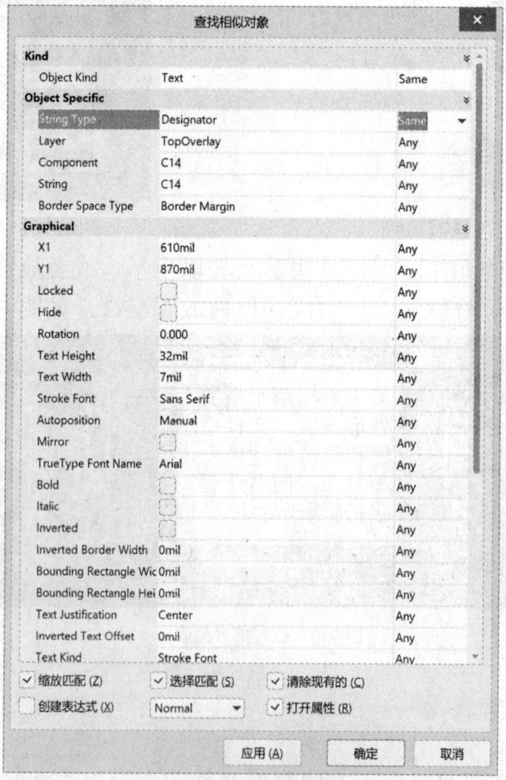

图6-14 【查找相似对象】对话框

③　在【Properties】面板中根据情况进行位号属性编辑，如图 6-15 所示。

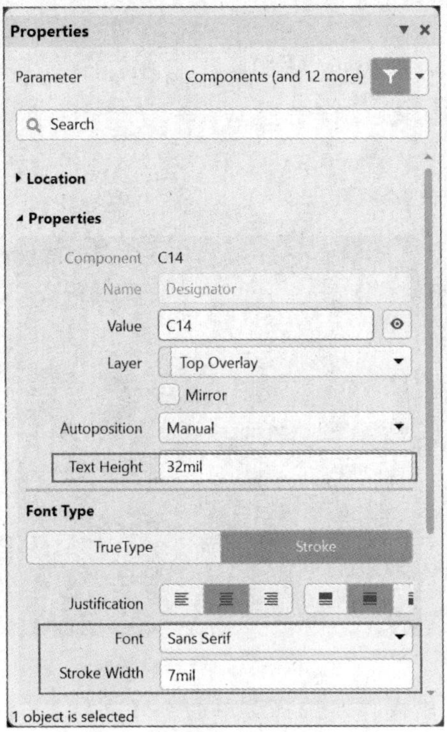

图6-15　位号属性编辑

(2)　隐藏相关层，以便调整位号。按快捷键 L，在弹出的【View Configuration】面板中把其他层全部隐藏，只显示“Top Layer”层和“Top Paste”层，如图 6-16 所示。

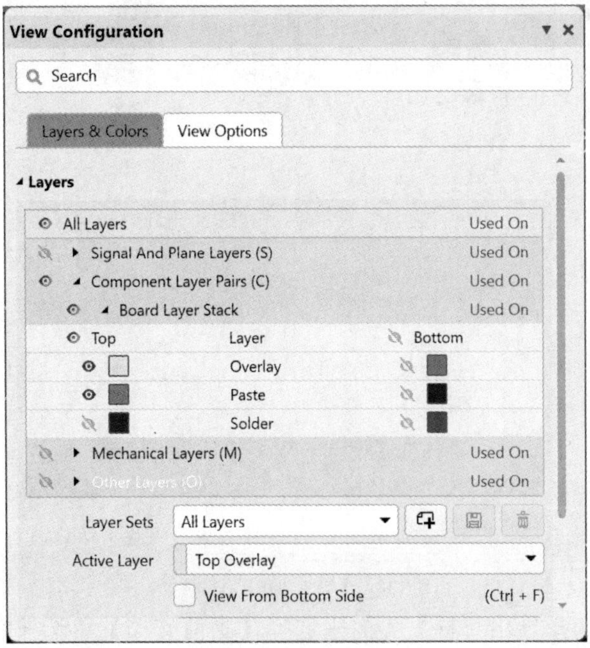

图6-16　隐藏层

(3)　按要求进行位号方向的调整，结果如图 6-17 所示。

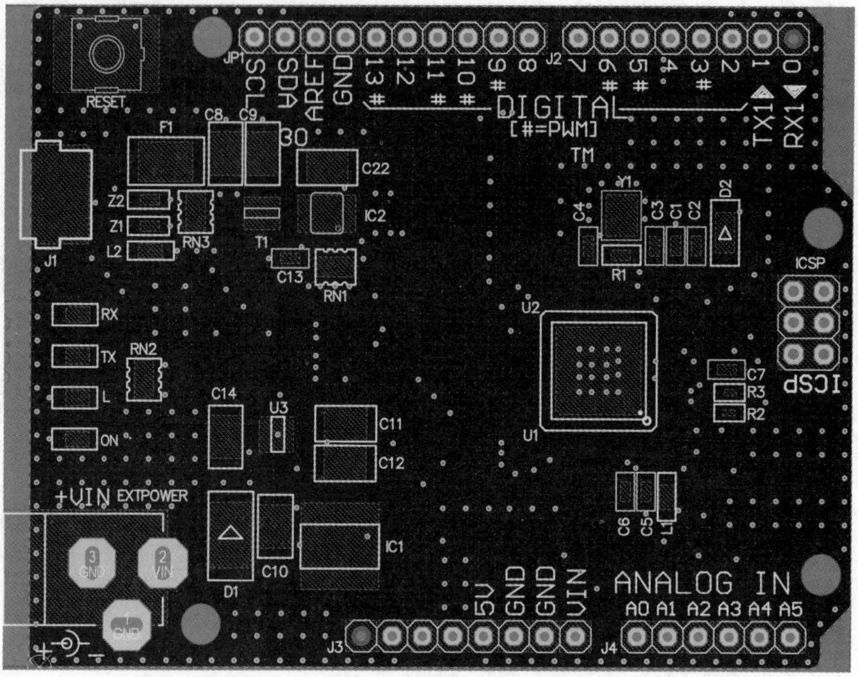

图6-17　位号调整方向后的效果

(4) 进行位号文件输出操作。选择菜单命令【文件】/【智能 PDF】，或者按快捷键F+M。

(5) 在弹出的【智能 PDF】对话框中单击 Next 按钮，如图 6-18 所示。

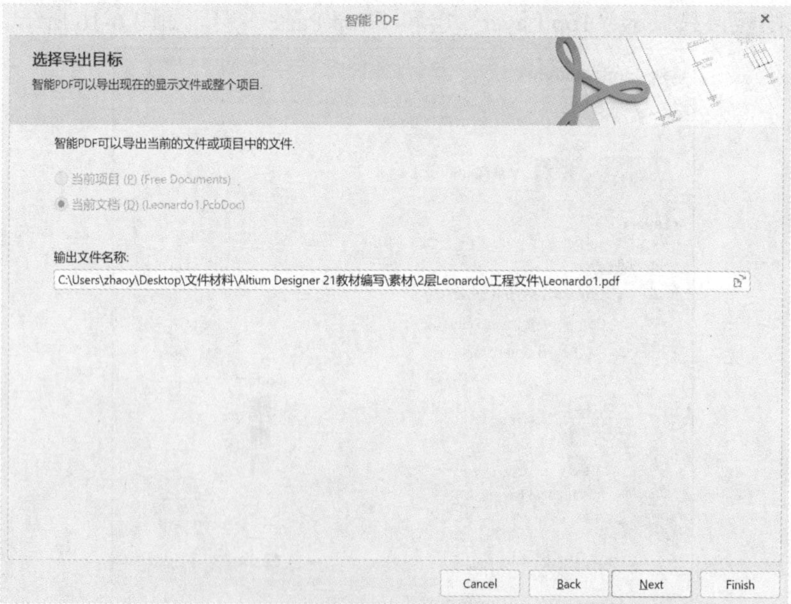

图6-18　【智能 PDF】对话框

(6) 在打开的【选择导出目标】界面中选择【当前文档】单选按钮，在【输出文件名称】文本框中修改文件的名称和保存路径，然后单击 Next 按钮，如图 6-19 所示。

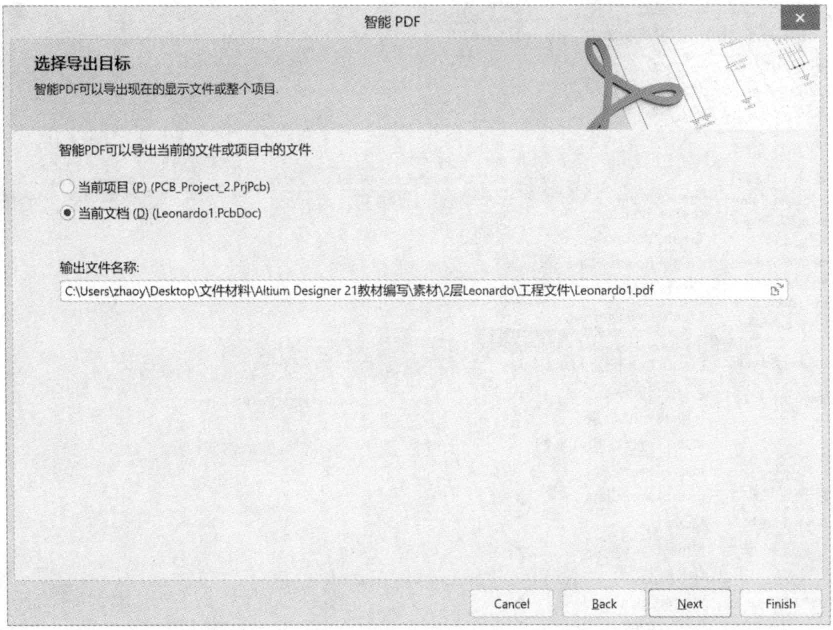

图6-19　【选择导出目标】界面

(7) 在打开的【导出 BOM 表】界面中取消勾选【导出原材料的 BOM 表】复选框，然后单击 Next 按钮，如图 6-20 所示。

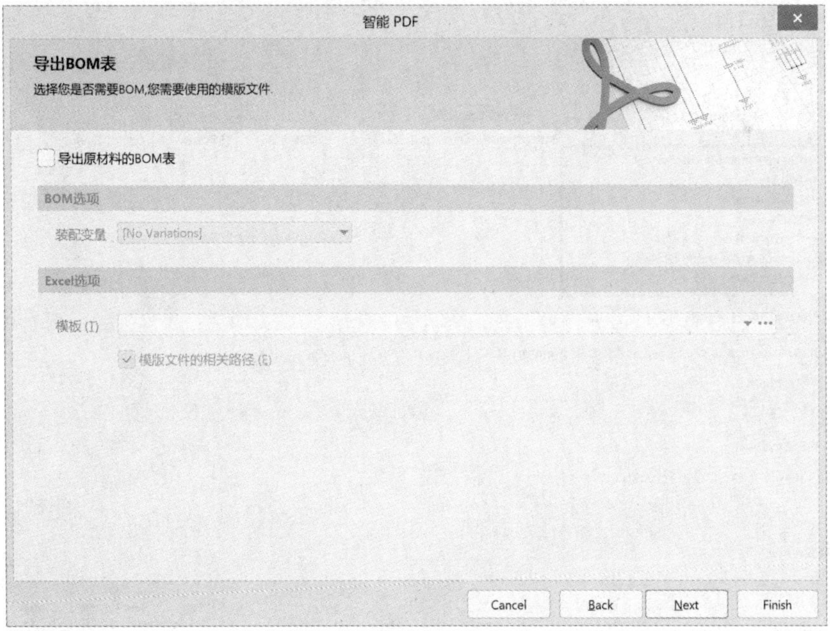

图6-20　【导出 BOM 表】界面

(8) 在打开的【PCB 打印设置】界面中右击【Multilayer Composite Print】，在弹出的快捷菜单中选择【Create Assembly Drawings】命令，如图 6-21 所示，此时的界面如图 6-22 所示，可以看到【Name】栏的选项有所改变。

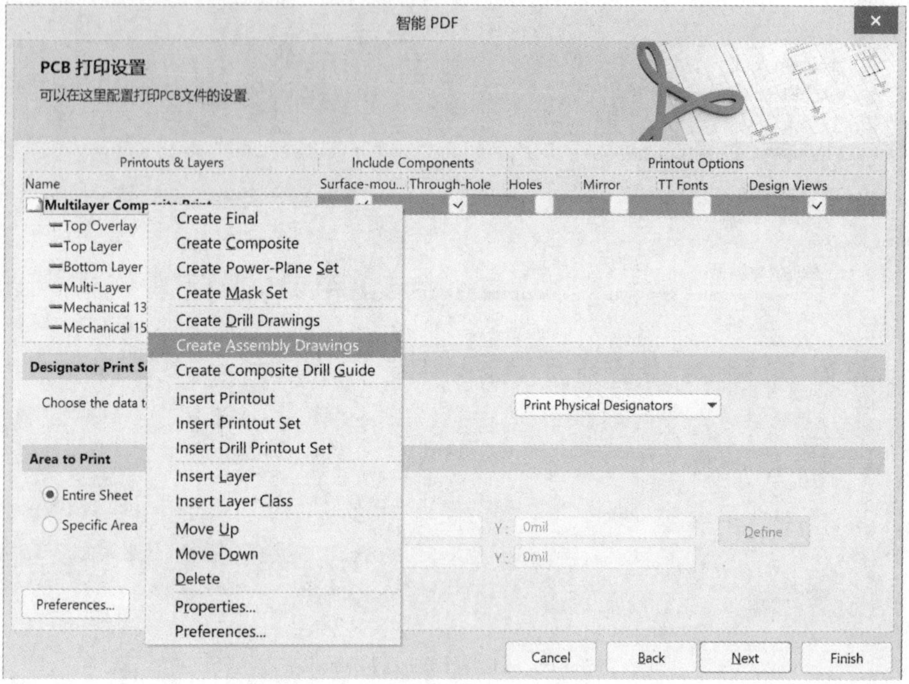

图6-21 【Create Assembly Drawings】命令

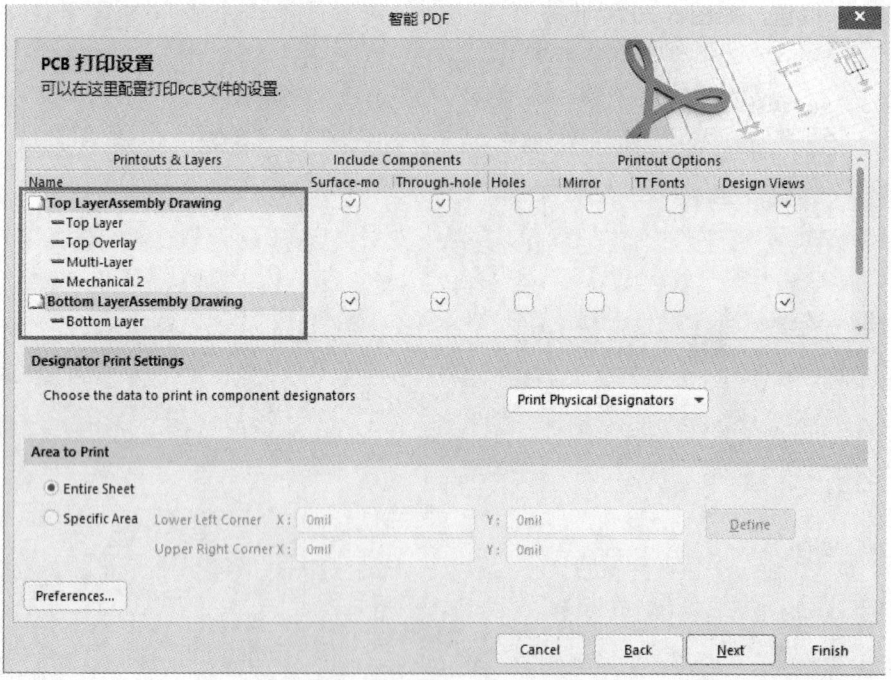

图6-22 修改 PCB 打印设置

(9) 双击【Top LayerAssembly Drawing】左侧的白色图标，在弹出的【打印输出特性】对话框中可以对 Top 层进行打印输出设置。在【层】选项组中对要输出的层进行编辑，此处只需要输出“Top Overlay”和“Mechanical 1”，如图 6-23 所示。

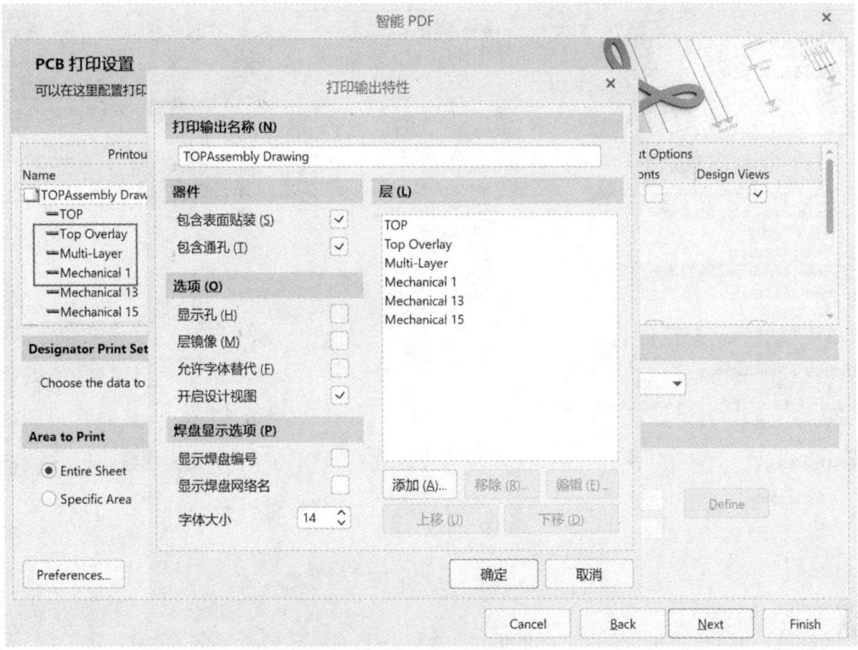

图6-23　打印输出设置

(10) 单击添加(A)...按钮，打开【板层属性】对话框，在【打印板层类型】下拉列表中找到需要的层，然后单击是按钮，如图 6-24 所示。返回【打印输出特性】对话框后，单击Close按钮。

图6-24　【板层属性】对话框

至此，完成对【Top LayerAssembly Drawing】所输出的层的设置，如图 6-25 所示。

(11) 设置【Bottom LayerAssembly Drawing】，方法同步骤（9）（10）。

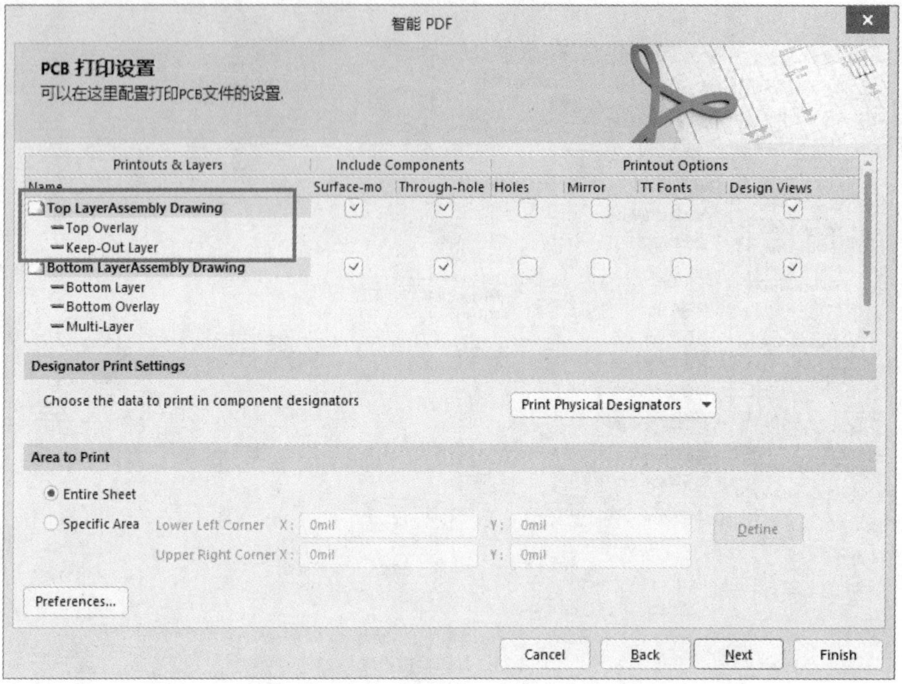

图6-25　设置好的【Top LayerAssembly Drawing】

(12) 最终设置如图 6-26 所示，然后单击 Next 按钮。

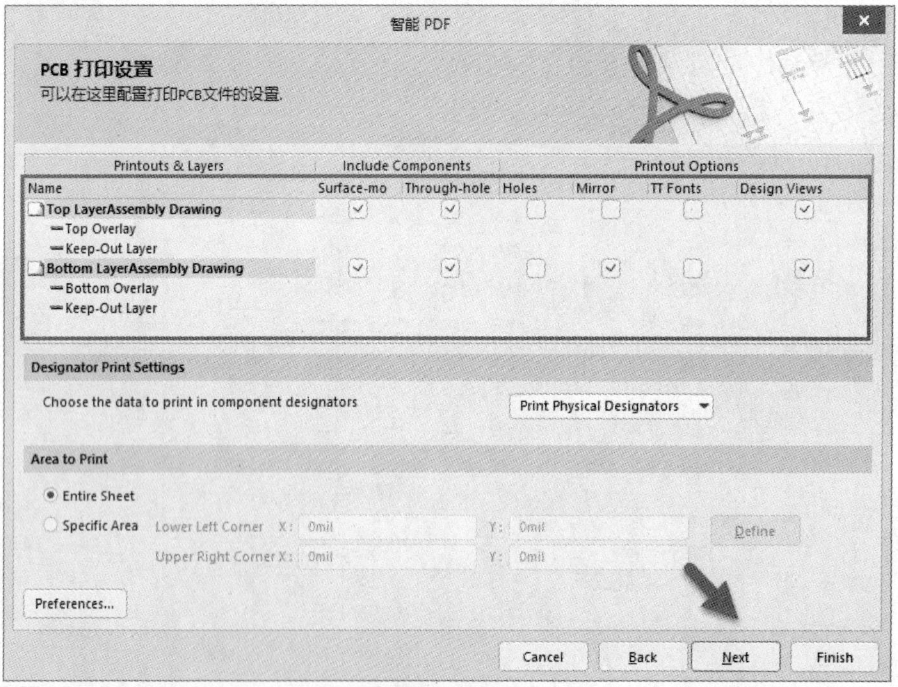

图6-26　最终设置

(13) 在打开的【添加打印设置】界面中设置【PCB 颜色模式】为【单色】，然后单击 Next 按钮，如图 6-27 所示。

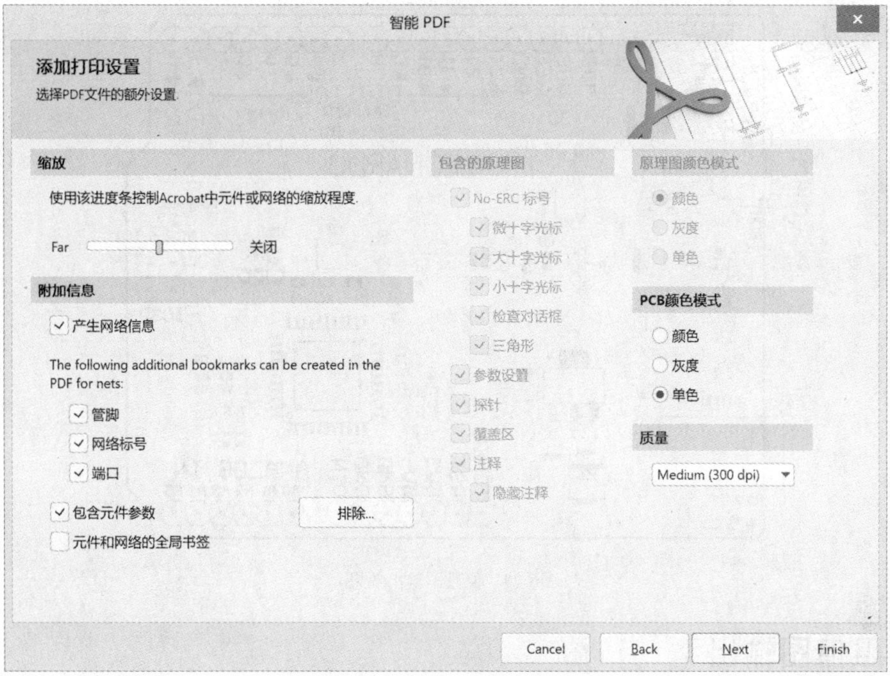

图6-27　【添加打印设置】界面

(14) 在打开的【最后步骤】界面中选择是否保存设置到 Output Job 文件，此处保持默认设置，最后单击 Finish 按钮，如图 6-28 所示，完成 PDF 文件的输出。

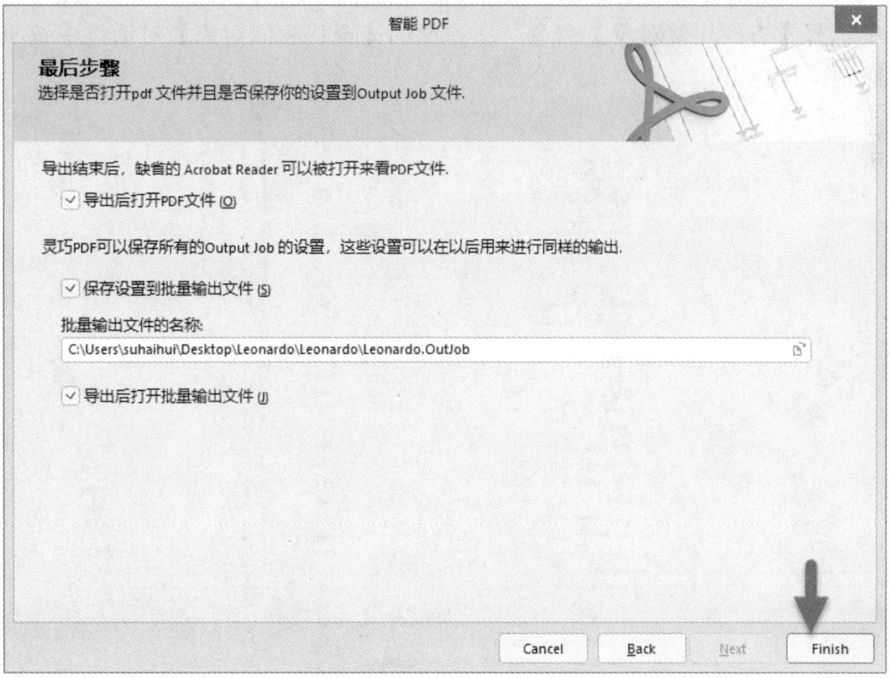

图6-28　完成 PDF 文件的输出

最终输出的元件位号图如图 6-29 所示。

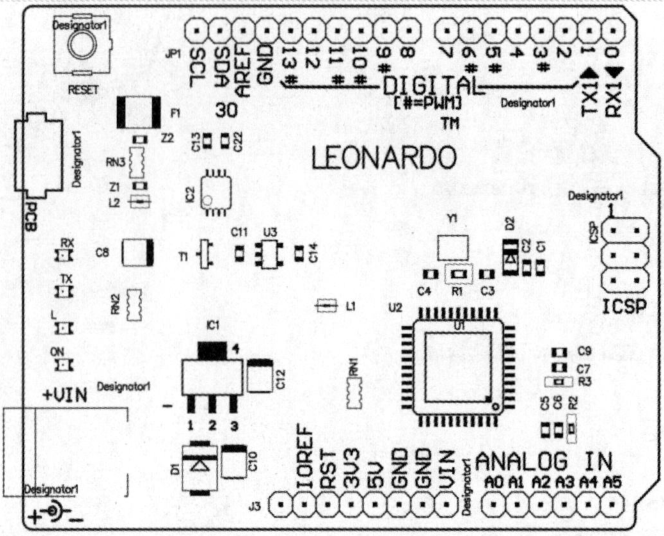

图6-29　位号图输出效果

6.3.2　阻值图输出

阻值图的输出步骤如下。

(1)　显示并调整注释。只显示“Top Overlay”层和“Top Solder”层，显示任意一个元件的阻值，再用全局编辑功能全部显示。选择任意一个阻值，然后单击鼠标右键，在弹出的快捷菜单中选择【查找相似对象】命令，在弹出的【查找相似对象】对话框中按照图 6-30 所示进行操作。

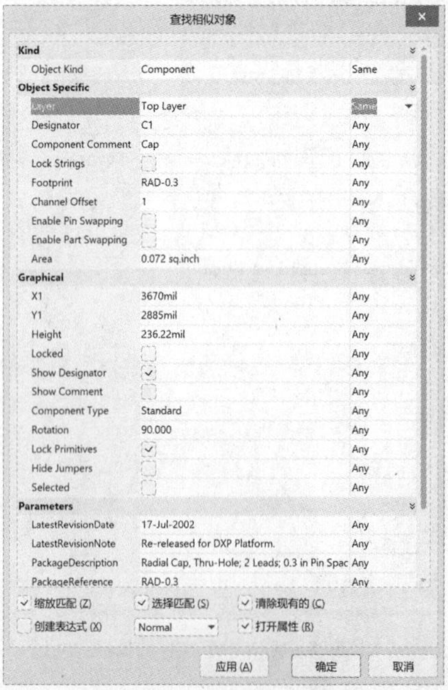

图6-30　【查找相似对象】对话框

(2) 设置阻值的属性。按照图 6-31 所示修改属性，这样就可以将注释全部显示出来了。

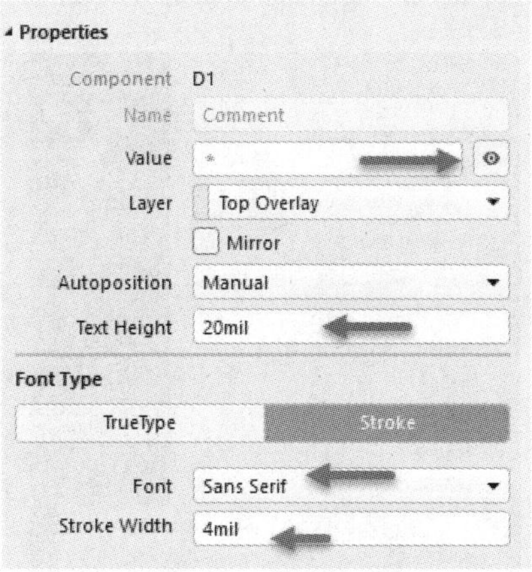

图6-31　元件阻值属性编辑面板

(3) 输出阻值图，即输出元件注释，方法与输出位号图一致。最终输出效果如图 6-32 所示。

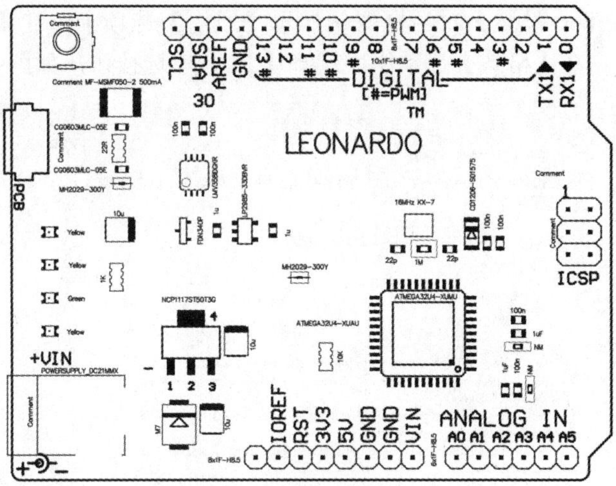

图6-32　阻值图输出效果

6.4 Gerber 文件输出

Gerber（光绘）文件是一种符合 EIA 标准，用于驱动光绘机的文件。通过该文件，可以将 PCB 中的布线数据转换为光绘机生产 1∶1 高度胶片的光绘数据。当使用 Altium Designer 21 制作好 PCB 文件之后，需要打样制作，但如果用户不想给厂家工程文件，那么就可以直接生成 Gerber 文件，然后将其提供给 PCB 生产厂家，打样制作 PCB。

输出 Gerber 文件时，建议在工作区打开扩展名为“.PrjPcb”的工程文件，生成的相关文件会自动输出到“OutPut”文件夹中。输出操作如下。

(1) 输出 Gerber 文件。

① 在 PCB 编辑器中，选择菜单命令【文件】/【制造输出】/【Gerber Files】，如图 6-33 所示。

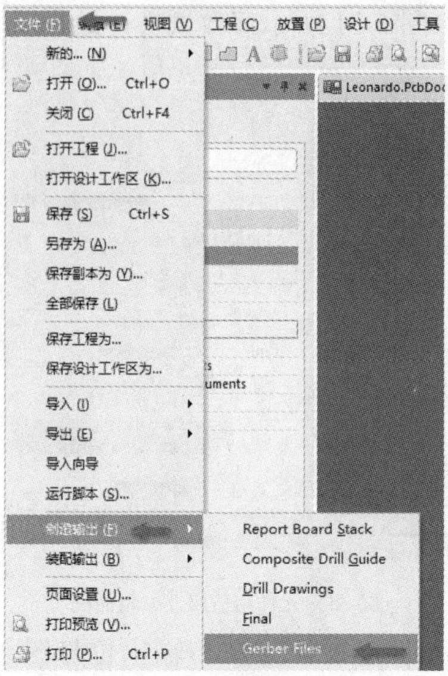

图6-33　选择菜单命令

② 弹出的【Gerber 设置】对话框默认显示【通用】选项卡，在【单位】选项组中选择【英寸】单选按钮，在【格式】选项组中选择【2:4】单选按钮，如图 6-34 所示。

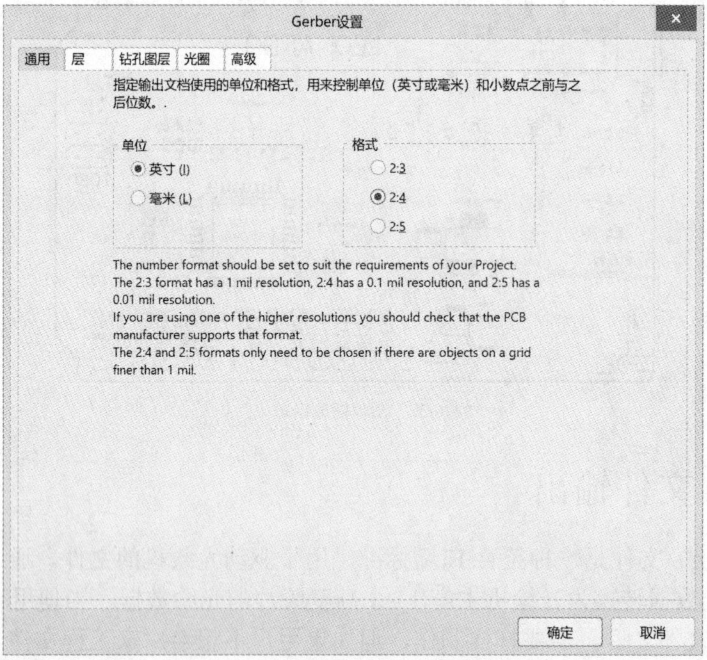

图6-34　【Gerber 设置】对话框

③ 切换到【层】选项卡，在【绘制层】菜单中选择【选择使用的】命令，在【镜像层】菜单中选择【全部去掉】命令，然后勾选【包括未连接的中间层焊盘】复选框，最后检查需要输出的层，设置好的效果如图 6-35 所示。

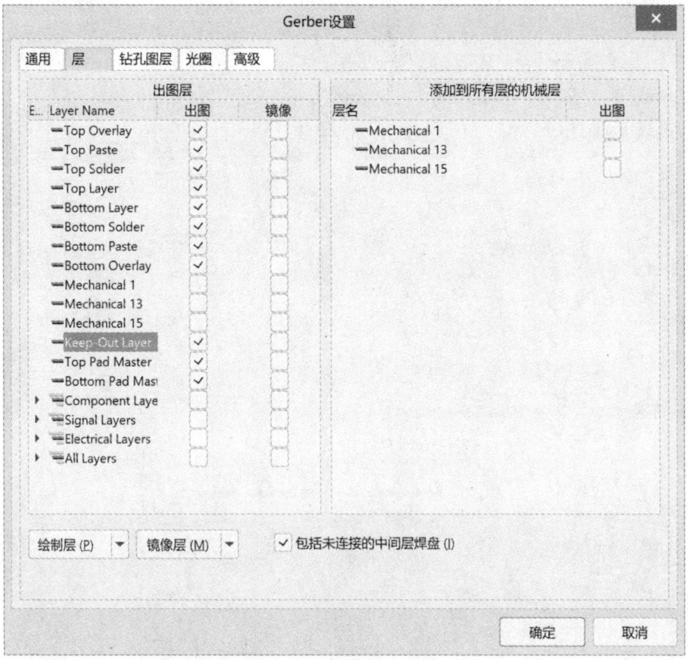

图6-35　【层】选项卡

④　切换到【钻孔图层】选项卡，选择要用到的层，在【钻孔图】选项组和【钻孔向导图】选项组中勾选【输出所有使用的钻孔对】复选框，其他选项保持默认设置，如图 6-36 所示。

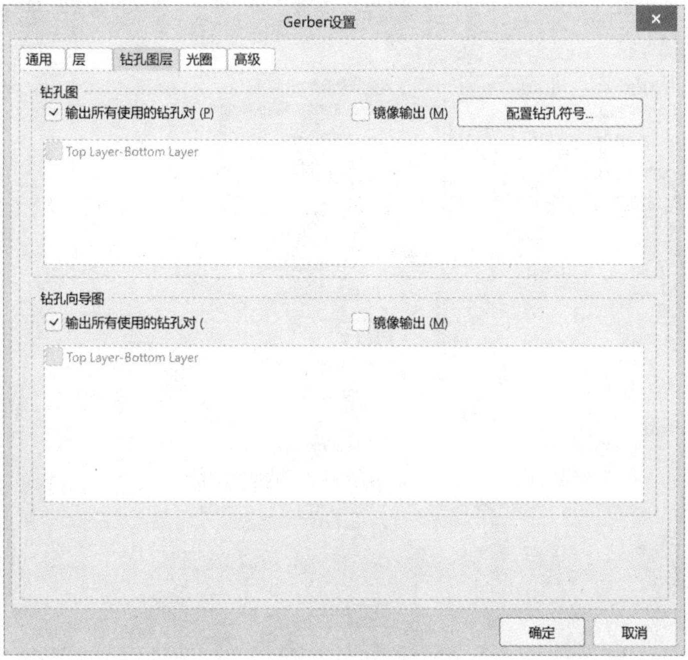

图6-36　【钻孔图层】选项卡

⑤　切换到【光圈】选项卡，勾选【嵌入的孔径(RS274X)】复选框，其他选项保持默

认设置，如图 6-37 所示。

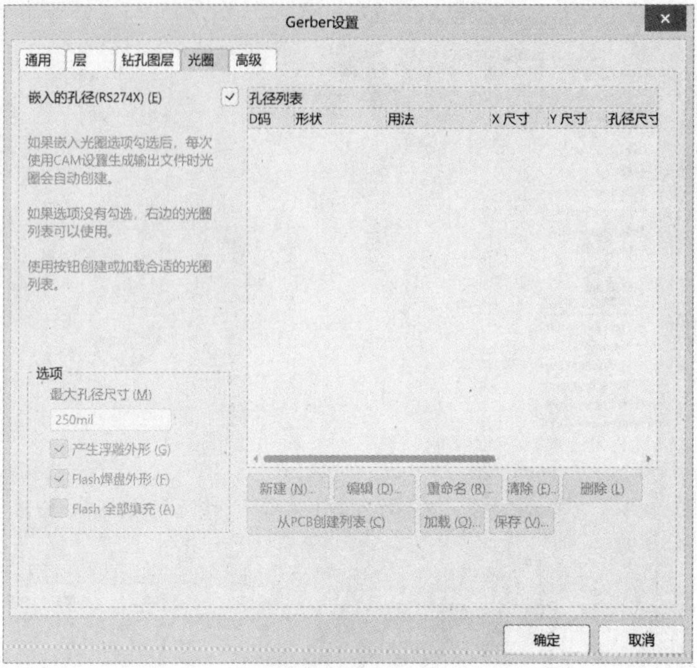

图6-37 【光圈】选项卡

⑥ 切换到【高级】选项卡，【胶片规则】选项组的设置（可以在末尾增加一个“0”，以增加文件大小）如图 6-38 所示，其他选项保持默认设置。

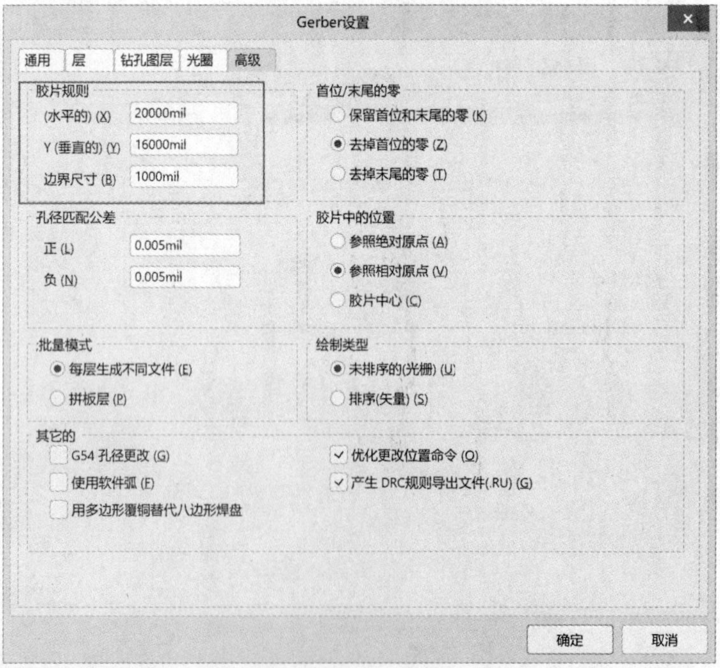

图6-38 高级设置

至此，Gerber 文件输出参数设置结束，单击 确定 按钮，输出效果如图 6-39 所示。

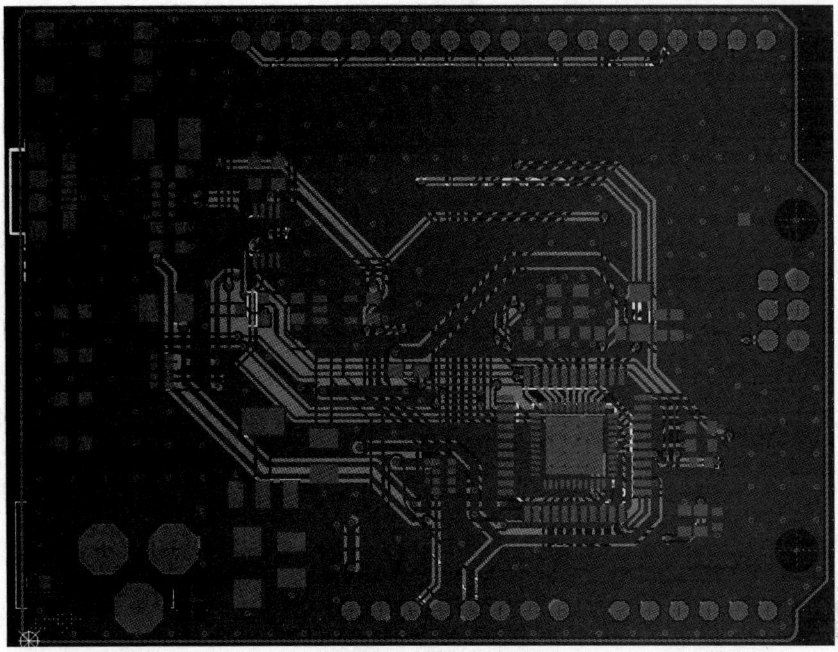

图6-39　Gerber 文件输出效果

(2)　输出 NC Drill Files（钻孔文件）。

①　返回 PCB 编辑器，选择菜单命令【文件】/【制造输出】/【NC Drill Files】，如图 6-40 所示。

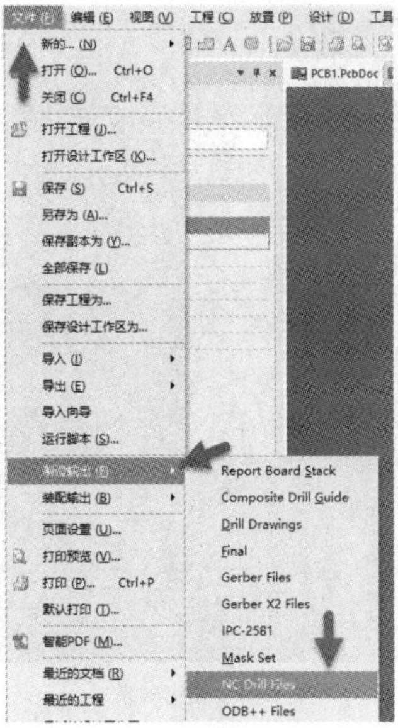

图6-40　选择菜单命令

②　在打开的【NC Drill 设置】对话框中设置【单位】为【英寸】、【格式】为【2：5】，其他选项保持默认设置，如图 6-41 所示。

③　单击 确定 按钮，弹出【导入钻孔数据】对话框，直接单击 确定 按钮，如图 6-42 所示。输出效果如图 6-43 所示。

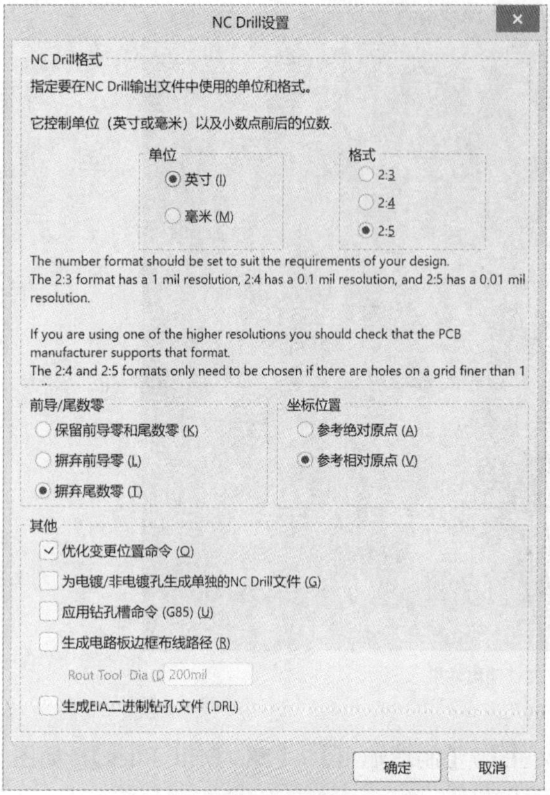

图6-41 【NC Drill 设置】对话框

图6-42 【导入钻孔数据】对话框

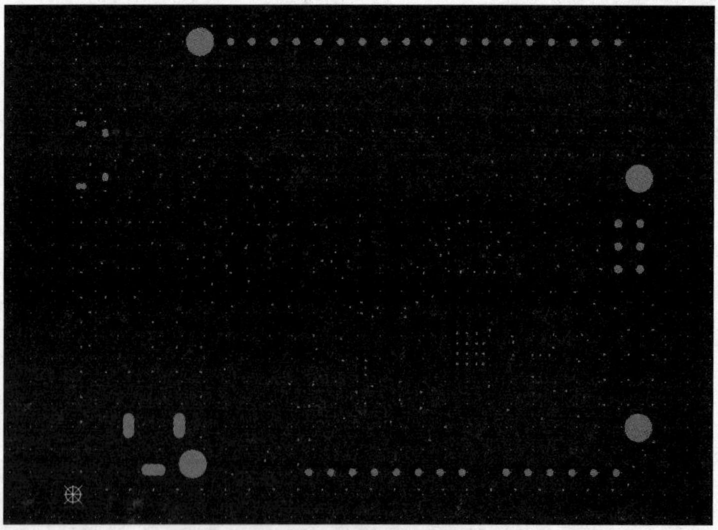

图6-43 输出效果

(3) 输出 Test Point Report（IPC 网表文件）。

① 返回 PCB 编辑器，选择菜单命令【文件】/【制造输出】/【Test Point Report】，如图 6-44 所示。

② 在弹出的【Fabrication Testpoint Setup】对话框中进行相应的输出设置，如图 6-45 所示，然后单击 确定 按钮。

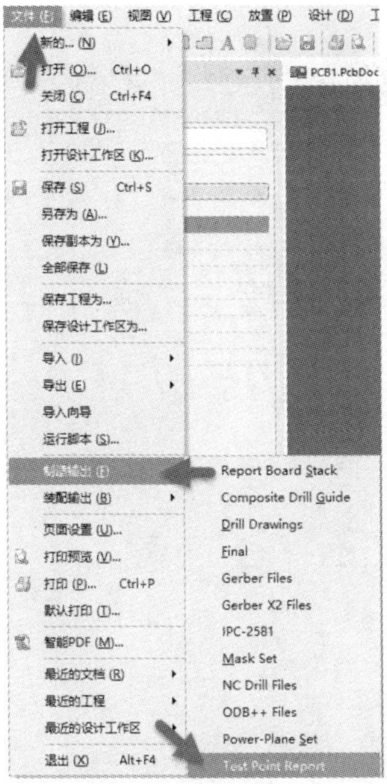

图6-44　选择菜单命令

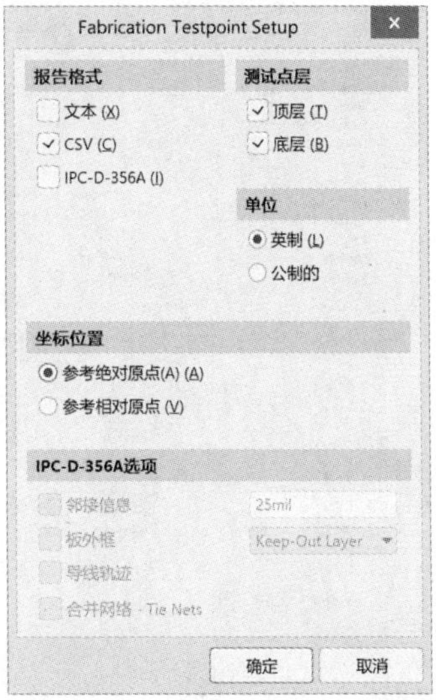

图6-45　【Fabrication Testpoint Setup】对话框

(4)　输出 Generates pick and place files（坐标文件）。

①　返回 PCB 编辑器，选择菜单命令【文件】/【装配输出】/【Generates pick and place files】，如图 6-46 所示。

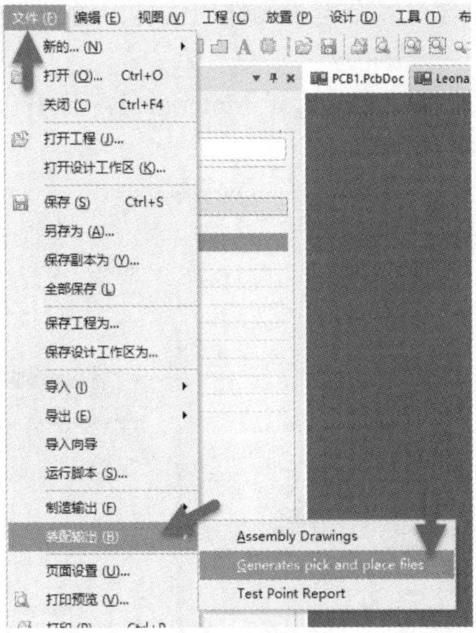

图6-46　选择菜单命令

②　在弹出的【拾放文件设置】对话框中进行设置，如图 6-47 所示，然后单击 确定 按钮，输出坐标文件。

至此，Gerber 文件输出完成。输出过程中产生的 3 个“.cam”文件可以直接关闭，不用保存。在工程目录下的“Project Outputs for”文件夹中的文件即 Gerber 文件，将其重命名，打包发给 PCB 生产厂商制作。

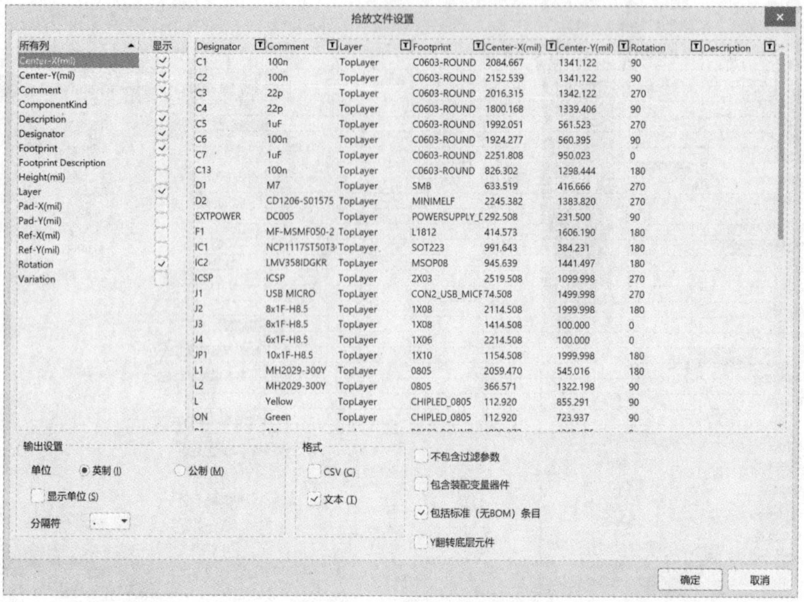

图6-47 【拾放文件设置】对话框

6.5 BOM 输出

BOM 即物料清单，其中含有多个电子元件的信息。输出 BOM 主要是为了方便采购元件。其输出步骤如下。

(1) 选择菜单命令【报告】/【Bill of Materials】，打开【Bill of Materials for PCB Document】对话框，如图 6-48 所示。

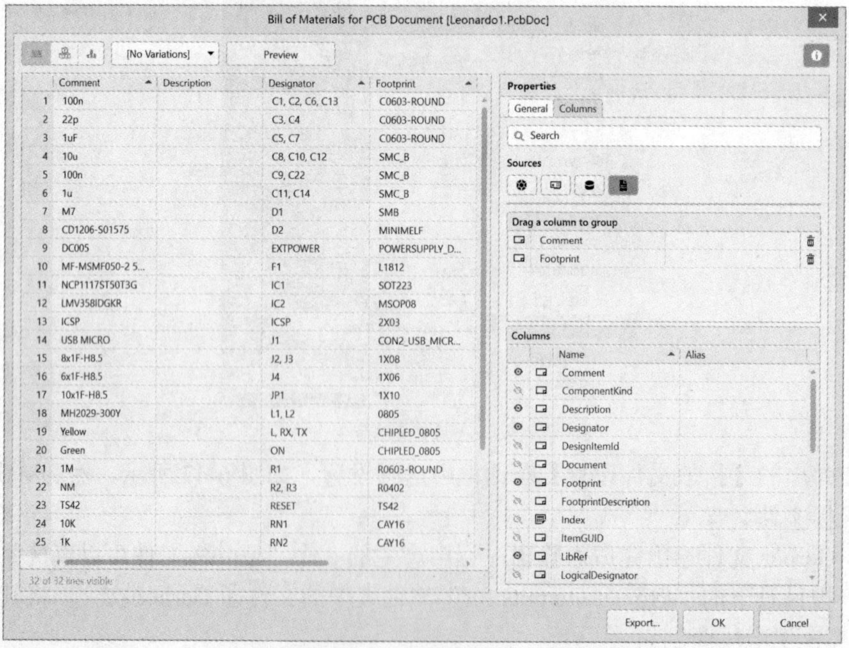

图6-48 【Bill of Materials for PCB Document】对话框

(2) 切换到【Columns】选项卡，对相同的条件进行筛选。在【Drag a column to group】选项组中，【Comment】和【Footprint】作为组合条件，符合组合条件的位号会归为一组。同时满足这两个条件的位号 JP1、JP2 就被列为一组，如图 6-49 所示。

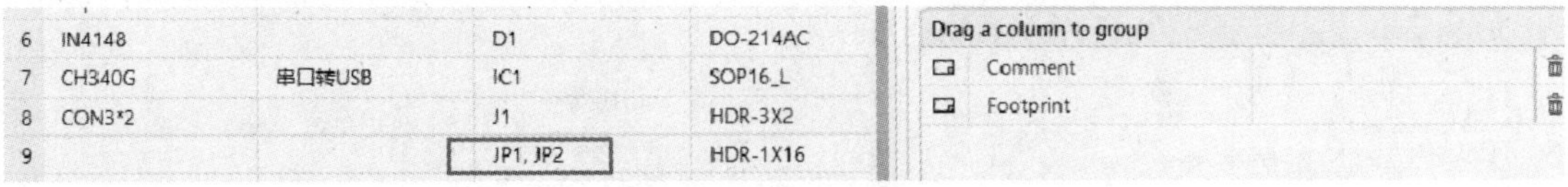

图6-49　BOM 的组合设置

(3) 若不想形成组合条件，将【Comment】和【Footprint】删除即可，此时可以看到元件的 BOM 变成单独的形式，如图 6-50 所示。

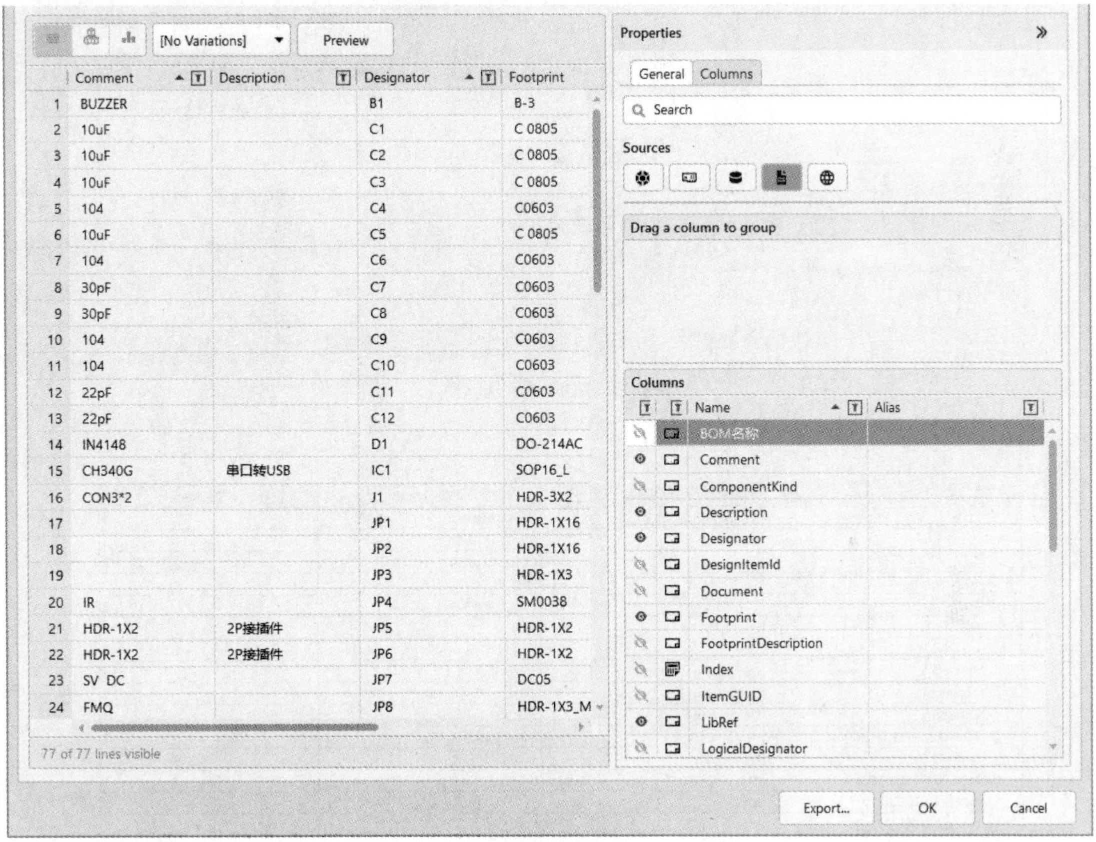

图6-50　解除 BOM 组合

(4) 其他需要输出的信息可以在【Columns】选项卡中查找，如元件的名称、描述、引脚标号、封装信息及坐标等。单击对应项左侧的 ⊙ 图标，即可在 BOM 中将其显示出来，然后选择导出的文件格式（一般为“.xls”文件），单击 Export... 按钮，如图 6-51 所示，在弹出的【另存为】对话框中进行保存，即可输出 BOM，效果如图 6-52 所示。

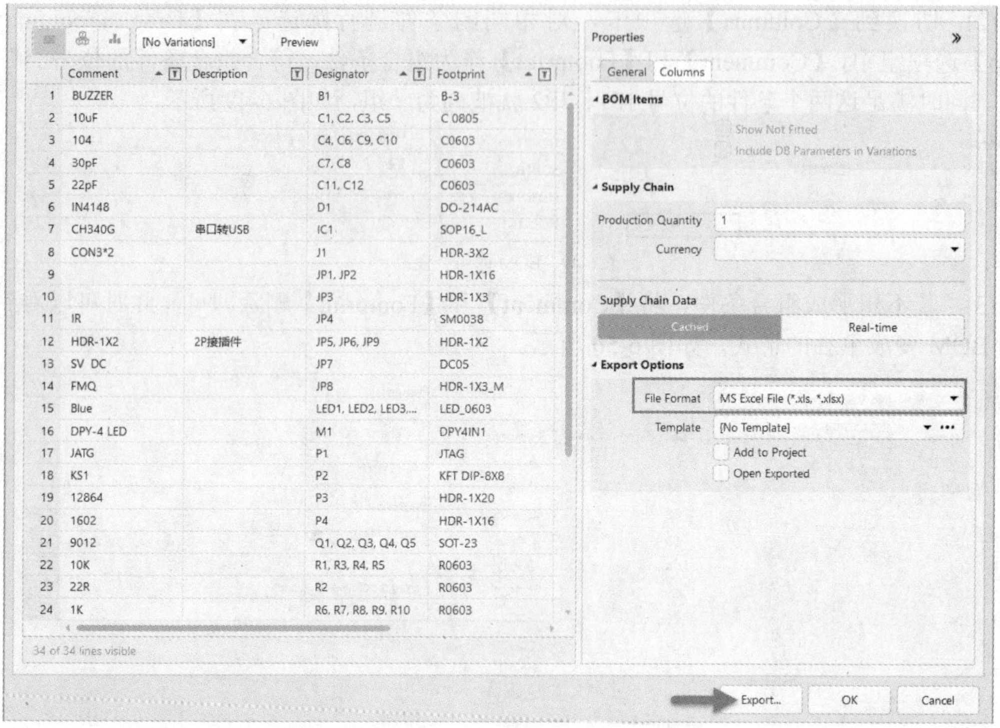

图6-51 BOM 的常规设置

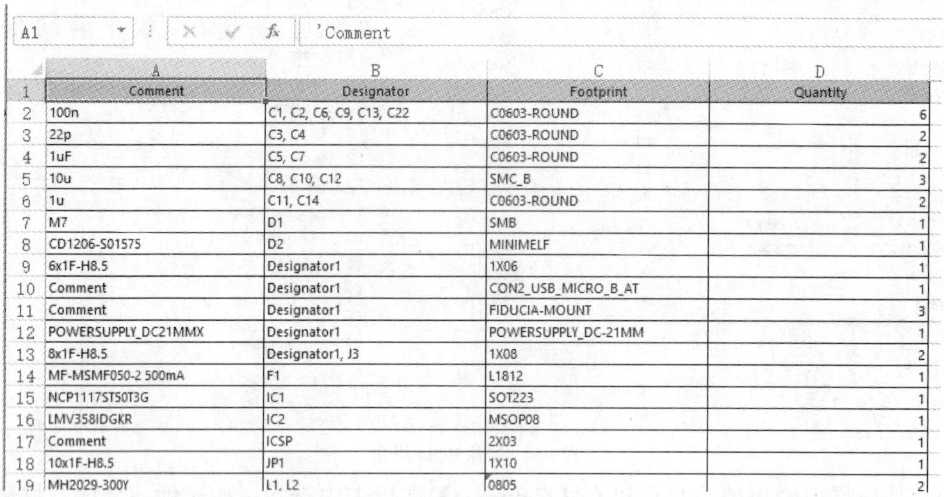

A1 'Comment

	A	B	C	D
1	Comment	Designator	Footprint	Quantity
2	100n	C1, C2, C6, C9, C13, C22	C0603-ROUND	6
3	22p	C3, C4	C0603-ROUND	2
4	1uF	C5, C7	C0603-ROUND	2
5	10u	C8, C10, C12	SMC_B	3
6	1u	C11, C14	C0603-ROUND	2
7	M7	D1	SMB	1
8	CD1206-S01575	D2	MINIMELF	1
9	6x1F-H8.5	Designator1	1X06	1
10	Comment	Designator1	CON2_USB_MICRO_B_AT	1
11	Comment	Designator1	FIDUCIA-MOUNT	3
12	POWERSUPPLY_DC21MMX	Designator1	POWERSUPPLY_DC-21MM	1
13	8x1F-H8.5	Designator1, J3	1X08	2
14	MF-MSMF050-2 500mA	F1	L1812	1
15	NCP1117ST50T3G	IC1	SOT223	1
16	LMV358IDGKR	IC2	MSOP08	1
17	Comment	ICSP	2X03	1
18	10x1F-H8.5	JP1	1X10	1
19	MH2029-300Y	L1, L2	0805	2

图6-52 BOM 输出效果

6.6 将原理图输出为 PDF 格式

进行原理图设计时，需要以 PDF 格式把原理图输出，以防止图纸被修改。在 Altium Designer 21 中可以利用【智能 PDF】命令将原理图转化为 PDF 格式。输出方法如下。

(1) 在原理图编辑器中，选择菜单命令【文件】/【智能 PDF】。

(2) 在打开的【智能 PDF】对话框中单击 Next 按钮，如图 6-53 所示。

图6-53　【智能 PDF】对话框

(3) 在打开的【选择导出目标】界面中选择【当前文档(D)】单选按钮（若有多页原理图，则需选择【当前项目(D)】单选按钮，从中选择需要输出的原理图），然后单击 Next 按钮，如图 6-54 所示。

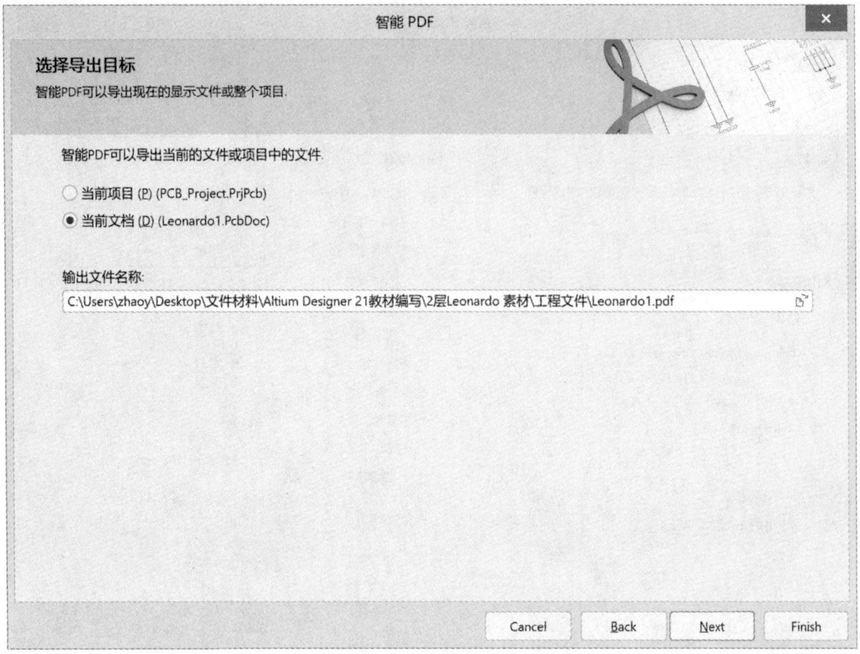

图6-54　【选择导出目标】界面

(4) 在打开的【导出 BOM 表】界面中取消勾选【导出原材料的 BOM 表】复选框，然后单击 Next 按钮，如图 6-55 所示。

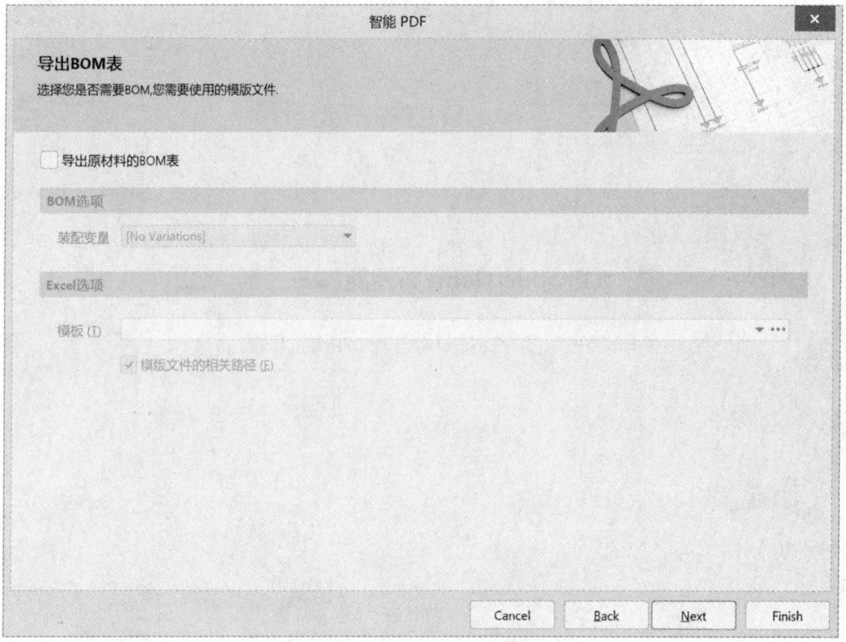

图6-55 【导出 BOM 表】界面

(5) 在打开的【PCB 打印设置】界面中单击 Next 按钮，打开【添加打印设置】界面，设置【原理图颜色模式】为【颜色】，其他参数保持默认设置，然后单击 Next 按钮，如图 6-56 所示。

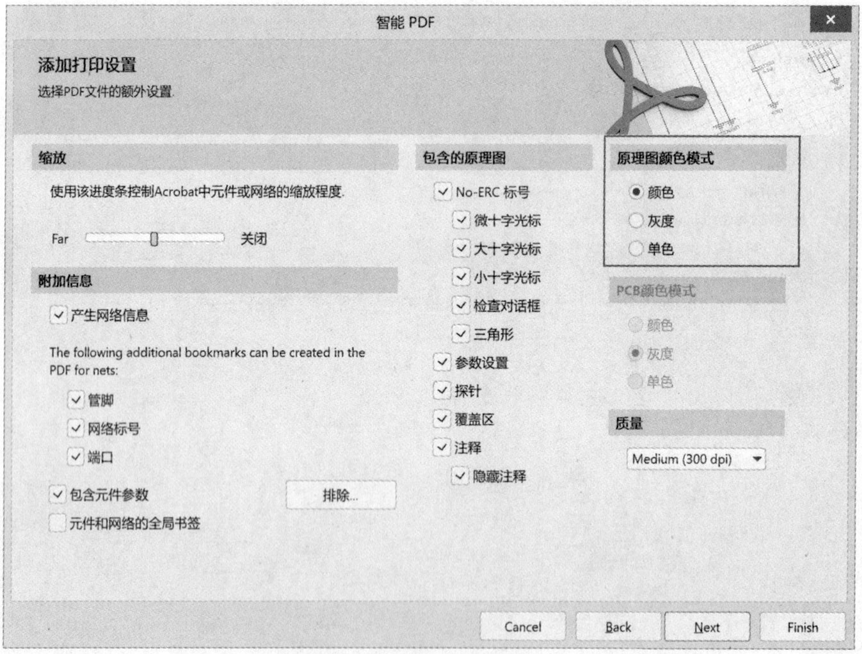

图6-56 【添加打印设置】界面

(6) 在打开的【最后步骤】界面中单击 Finish 按钮，输出 PDF 文件，效果如图 6-57 所示。

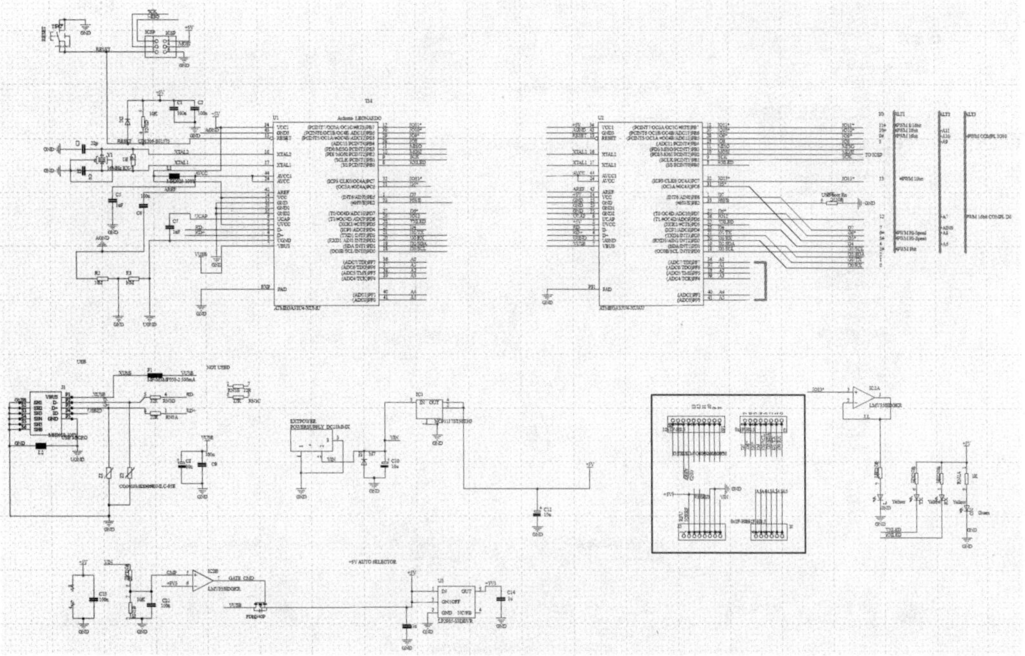

图6-57　PDF 文件

6.7　文件规范存档

为避免输出时出现文件存放混乱、文件不全等现象，应对文件进行规范存档，以保证输出文件达到准确、完整、统一的要求。

(1)　新建一个名为“项目+打样资料”的文件夹，将 Gerber 文件、BOM 及制板说明放到里面。

(2)　新建一个名为“项目+生产文件”的文件夹，将位号图、阻值图放到里面。

6.8　综合演练

用 Altium Designer 21 绘制完 PCB 后，会进行 DRC 检查，然后会提示一些问题，现在就可能出现的一些问题做一下总结，按快捷键 D+R，打开【PCB 规则及约束编辑器[mil]】对话框。

(1)　间隙规则：用于约束 PCB 中元件间距的设置。例如，当电阻、电容等各类元件的焊盘间距小于规则中的设定值时，系统就会报警。规则设置如图 6-58 所示。可以分别设置走线（Track）、贴片焊盘（SMD Pad）、通孔焊盘（TH Pad）、过孔（Via）、覆铜（Copper）、丝印字符（Text）及孔（Hole）等的间距约束值。

(2)　短路约束，即禁止不同网络的元件相接触。

(3)　未布线网络。

(4)　多边形覆铜调整未更新。这项检查是针对在电源平面分割、模拟地和数字地分割过程中，当分割范围或边框形状发生变化后，对应的覆铜区域没有相应更新的情况。

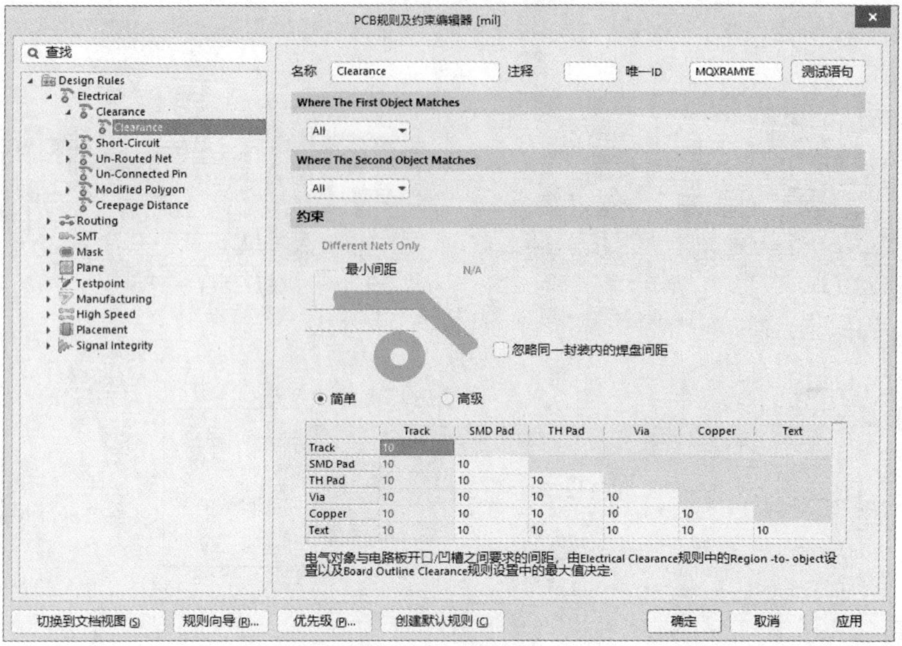

图6-58 间隙规则设置

(5) 布线线宽规则：规则设置如图 6-59 所示。

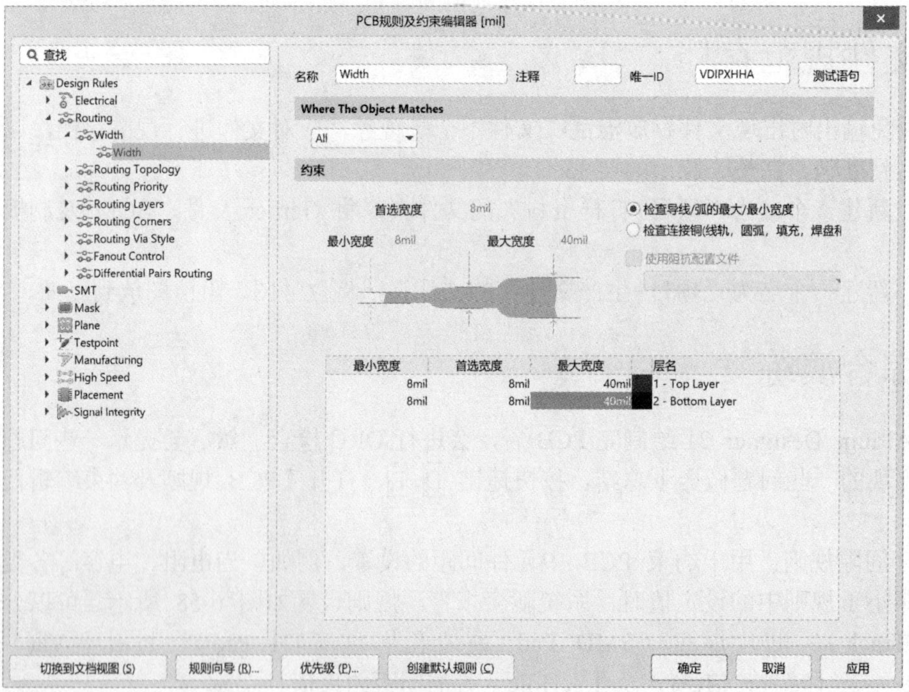

图6-59 布线线宽规则设置

(6) 孔大小规则：与 PCB 制板厂的钻孔工艺有关。如果设置的孔太小或太大，制板厂可能没有相应的钻头进行加工，也可能无法保证精准度。规则设置如图 6-60 所示。

图6-60　孔大小规则设置

(7) 孔与孔的间距约束规则。有时元件的封装有固定孔，而与另一层元件的固定孔距离太近，从而报错。

(8) 最小阻焊间隙规则。一般焊盘都会包裹着阻焊层，阻焊层的核心目的是在生产工艺中精确界定阻焊油、绿油的开窗范围。图 6-61 中的两个焊盘周围的紫色外框就是阻焊层。规则设置如图 6-62 所示。

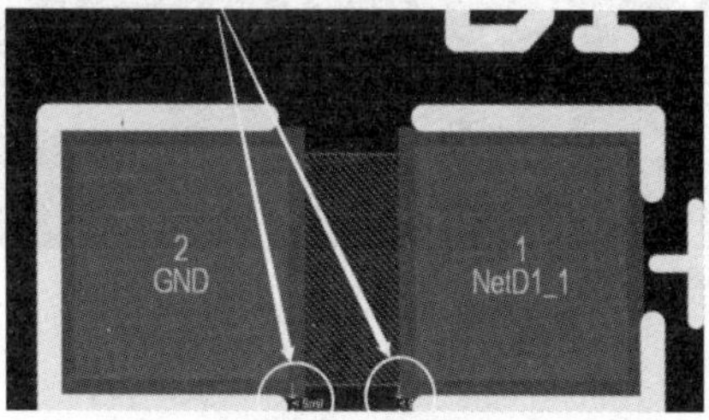

图6-61　两个焊盘

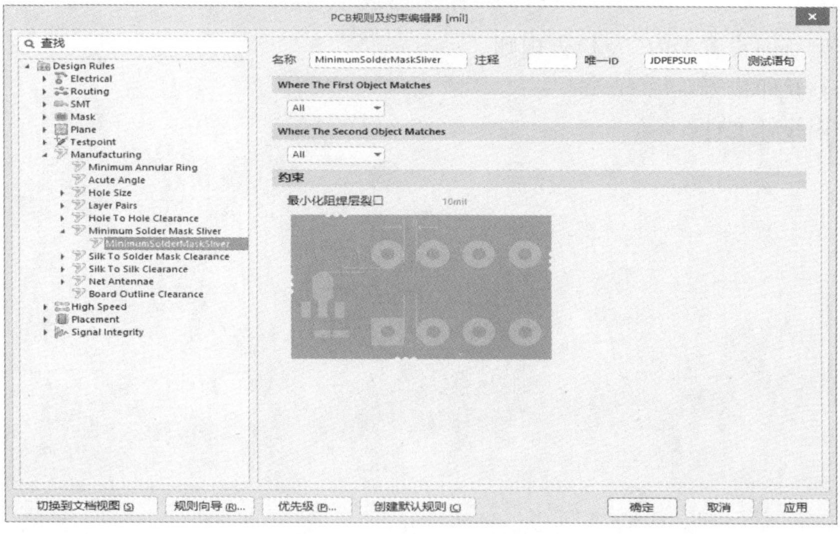

图6-62　最小阻焊间隙规则设置

(9) 丝印到阻焊层的距离。丝印时一条在"Topoverlay"层的导线（制板后，该丝印在PCB表面，一般为白色）与阻焊层距离太近，默认为<10mil，如图6-63所示。

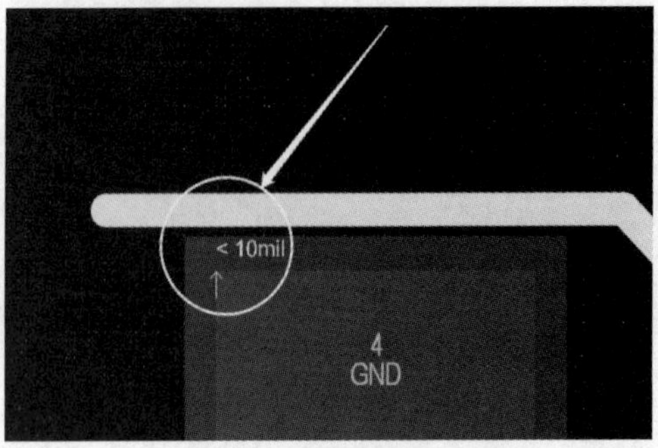

图6-63 丝印到阻焊层的距离

(10) 天线效应。在某些网络中，如果走线走到一半，并且走线长度超过设定值，而没有另一头接应，就会形成天线效应。图6-64所示的R6电阻的2号引脚多出一根线而未走完或本该不再走线，就会产生天线效应。天线效应规则可以设定走线长度阈值，超过此阈值就认为存在天线效应而进行警告。

图6-64 天线效应

6.9 习题

1. 根据实例练习设置DRC及检查规则。
2. 练习调整丝印位号。
3. 练习输出设计文件。

第7章 2 层 Leonardo 主板的 PCB 设计

本章将通过一个 2 层 Leonardo 主板的 PCB 设计实例，介绍一个完整的 PCB 设计流程，帮助读者了解前文所介绍的内容在 PCB 设计中的具体操作与实现；通过将实践与理论相结合，帮助读者熟练掌握 PCB 设计的流程。

【本章要点】

- 2 层板设计要求。
- PCB 设计的流程。
- PCB 设计后期的调整、优化操作。

7.1 实例简介

Arduino Leonardo 是 Arduino 团队推出的低成本 Arduino 控制器，它共有 20 个数字输入/输出口、7 个 PWM 口及 12 个模拟输入口。

Arduino 是一个基于单片机的开放源码的平台，由 Arduino 电路板和一个为 Arduino 电路板编写程序的开发环境组成。Arduino 可以用来开发交互产品，例如读取大量的开关和传感器信号，并且可以控制各式各样的电灯、电机和其他物理设备的产品。Arduino 项目可以是单独的，也可以在运行时和计算机中运行的程序进行通信。

本实例采用 2 层板完成 PCB 设计，其性能技术要求如下。

(1) 布局、布线考虑信号稳定及 EMC（Electromagnetic Compatibility，电磁兼容性）。

(2) 厘清整板信号线及电源线的走向，使 PCB 走线合理、美观。

(3) 特殊重要信号线按要求处理，如 USB 数据线差分走线并包地处理。

7.2 工程文件的创建与添加

选择菜单命令【文件】/【新的】/【项目】，创建一个新的工程文件“Leonardo.PrjPCB”，保存到相应的目录。在“Leonardo.PrjPCB”工程文件上单击鼠标右键，在弹出的快捷菜单中选择【添加新的...到工程】命令，选择需要添加的原理图文件、PCB 文件及集成库文件，如图 7-1 所示。

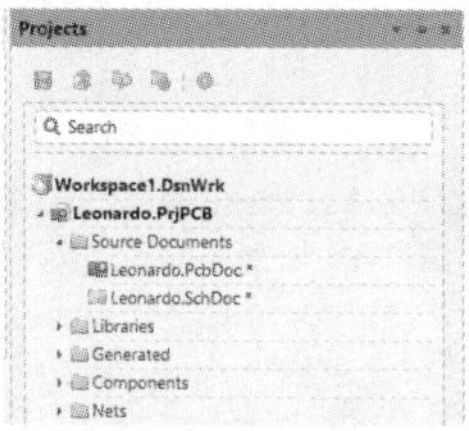

图7-1　添加文件

7.3 原理图编译

打开原理图文件，对其进行编译，检查有无电气连接方面的错误。只有确认无误，才能进行 PCB 设计后续的工作。很多场合要求将原理图打印出来，以便更多人阅读，因此对原理图进行编译是必需的。

原理图的编译分为对当前文档的编译和对整个 PCB 工程的编译，这里选择对整个 PCB 工程进行编译。选择菜单命令【工程】/【Validate PCB Project Leonardo.PrjPCB】，如图 7-2 所示。

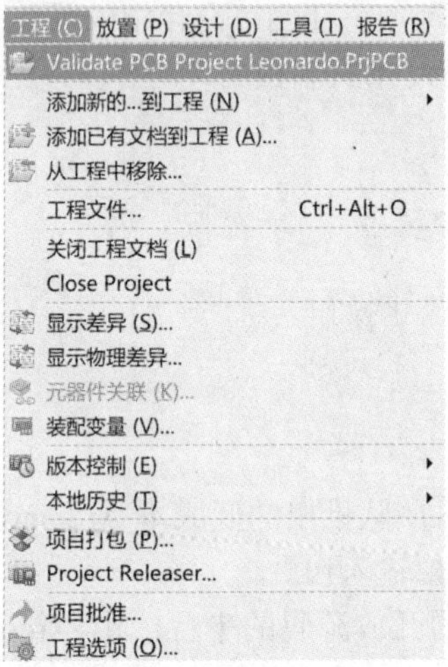

图7-2　选择菜单命令

原理图编译完成后，可以单击 PCB 编辑器右下角的 Panels 按钮，在弹出的菜单中选择【Messages】命令，在打开的【Messages】面板中查看编译结果，如图 7-3 所示。若无任何错误提示，则原理图无电气性质的错误，可以继续进行下一步的操作；否则需要返回原理图，根据错误提示修改至无误为止。

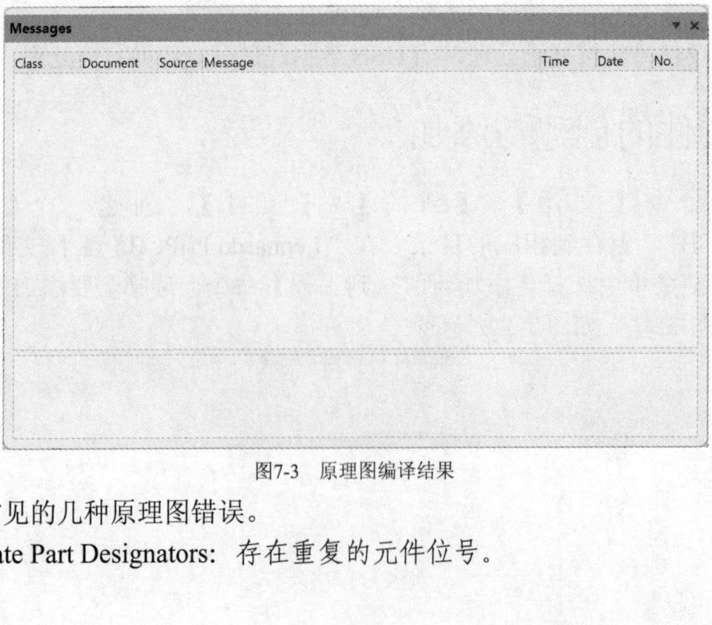

图7-3　原理图编译结果

下面列出常见的几种原理图错误。

- Duplicate Part Designators：存在重复的元件位号。

- Floating net labels：存在悬浮的网络标签。
- Nets with multiple names：存在重复的网络名。
- Nets with only one pin：存在单端网络。
- Off-grid object：对象没有处在栅格点的位置上。

7.4 封装匹配检查

本实例使用集成库文件来绘制原理图，虽然集成库中每一个元件都关联好了对应的封装，但是为了避免出错，还是要对原理图的元件进行封装匹配检查。选择菜单命令【工具】/【封装管理器】，打开封装管理器，查看所有元件的封装信息。

(1) 确认所有元件都有对应的封装，如果某些元件无对应的封装，则在将原理图更新到 PCB 的步骤中，就会出现元件网络无法导入的问题。

(2) 在封装管理器中可以增加、删除和编辑元件的封装，使原理图元件与封装库中的封装匹配上，如图 7-4 所示。

(3) 选择好对应的封装后，单击 确定 按钮，然后单击 接受变化（创建ECO） 按钮，在弹出的【工程变更指令】对话框中单击 执行变更 按钮，完成封装匹配。

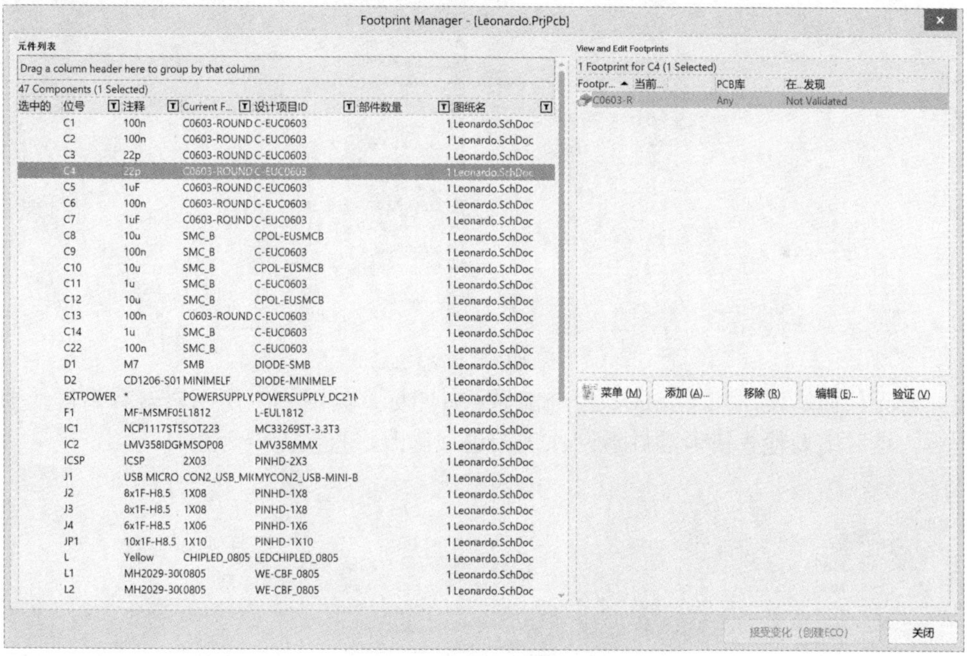

图7-4　封装的添加、删除与编辑

7.5 更新 PCB 文件

更新 PCB 文件的步骤如下。

(1) 执行更新命令。原理图编译无误及完成封装匹配后，接下来就要更新 PCB 文件了，这一步是原理图与 PCB 连接的关键。选择菜单命令【设计】/【Update PCB Document Leonardo1.PcbDoc】（见图 7-5）或按快捷键 D+U。

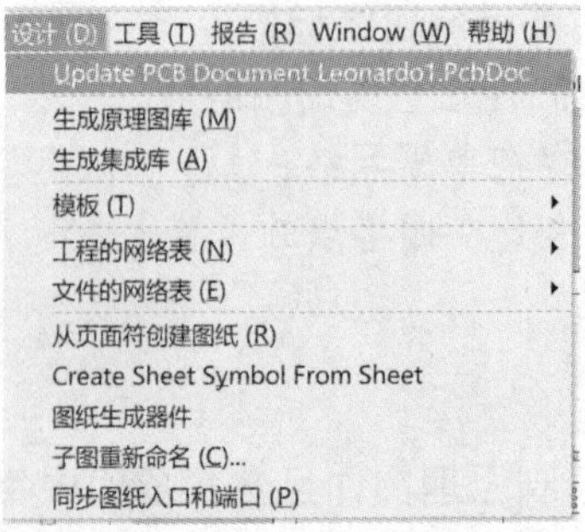

图7-5 选择菜单命令

(2) 确认执行更改。

① 执行更新命令后，打开图 7-6 所示的【工程变更指令】对话框，单击 执行变更 按钮。

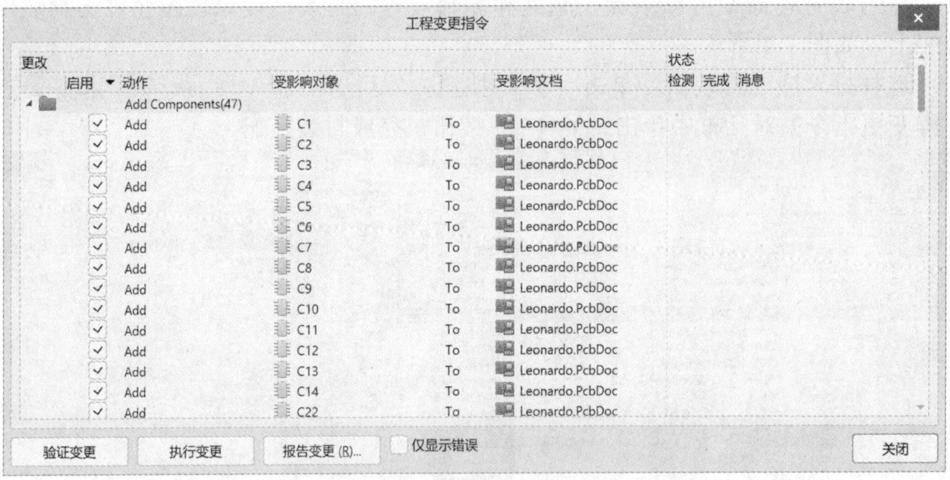

图7-6 【工程变更指令】对话框

② 若无任何错误，则【完成】栏全部显示图标，如图 7-7 所示。若有错误，则会显示图标，这时需要检查错误项并返回原理图进行修改，直至无误为止。

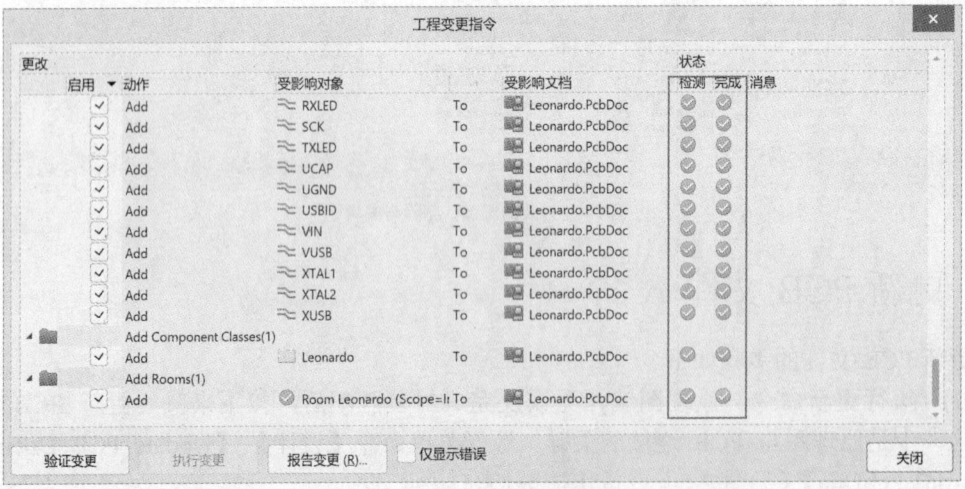

图7-7 正确更新 PCB 文件

③　关闭【工程变更指令】对话框，此时 PCB 编辑区如图 7-8 所示，这说明已经完成了将原理图更新到 PCB 的操作。

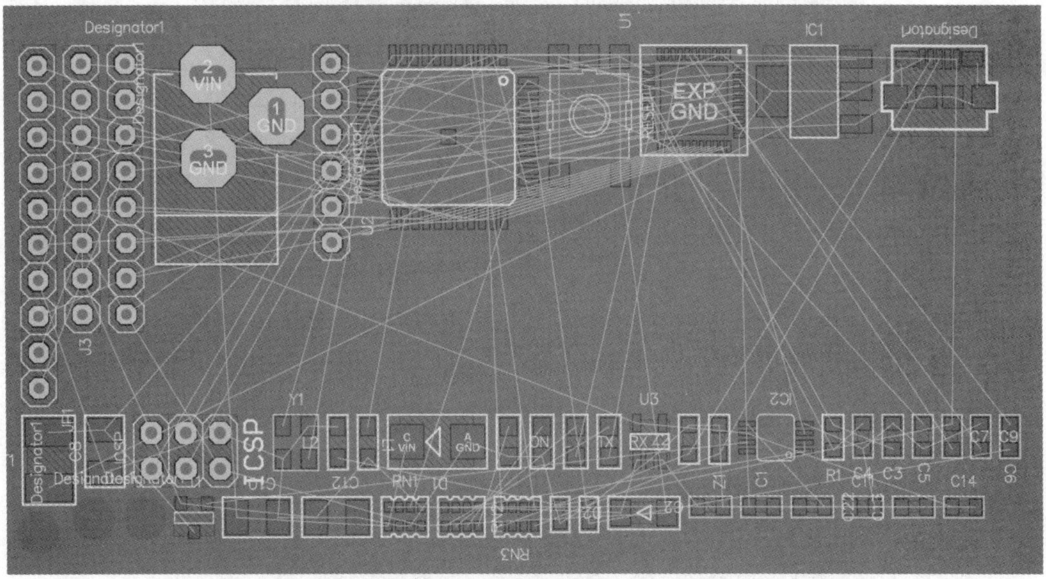

图7-8　PCB 文件更新完成

7.6 PCB 常规参数设置及板框的绘制

对 PCB 常规参数进行设置可以方便后期的操作。

7.6.1 PCB 常规参数设置

PCB 常规参数设置如下。

(1) 取消不常用的 DRC 项。DRC 项过多会导致 PCB 布局、布线的时候经常报错，造成软件卡顿。对 DRC 项进行设置，将其他检查项关闭，只保留第一个电气规则检查项，如图 7-9 所示。

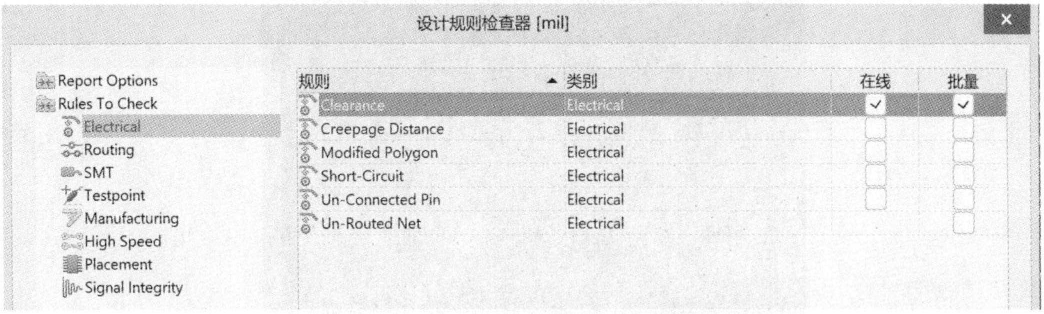

图7-9　DRC 项

(2) 调整丝印。利用全局操作将元件的位号调小并放到元件中间，或者先将位号隐藏，以便后面进行布局、布线，如图 7-10 所示。

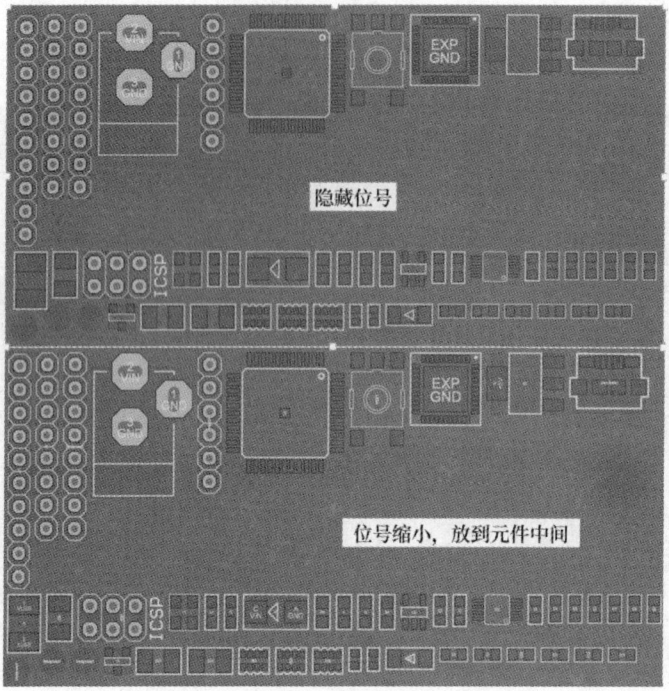

图7-10　调整丝印

7.6.2 板框的绘制

板框的绘制步骤如下。

(1) 按照设计要求绘制板框。切换到“Mechanical 1”层，选择菜单命令【放置】/【线条】，或者按快捷键 P+L，绘制一个符合板子外形的板框。

(2) 选中绘制好的板框，然后选择菜单命令【设计】/【板子形状】/【按照选择对象定义】，或者按快捷键 D+S+D 定义板框。

(3) 放置尺寸标注。可以在“Mechanical 2”层放置尺寸标注。选择菜单命令【放置】/【尺寸】/【线性尺寸】，得到的板框效果如图 7-11 所示。

图7-11　板框效果

7.7 交互式布局和模块化布局

交互式布局和模块化布局是密不可分的，利用这两种布局方式可以快速实现元件的布局，大大提高工作效率。

7.7.1 交互式布局

交互式布局用于实现原理图和 PCB 之间的交互，需要在原理图编辑器和 PCB 编辑器中都选择菜单命令【工具】/【交叉选择模式】，如图 7-12 所示。

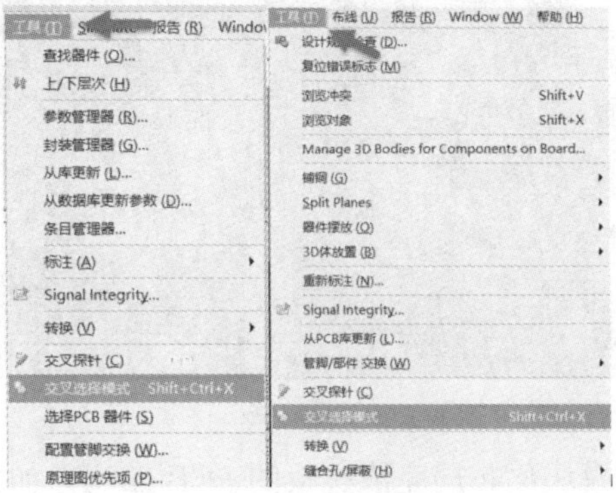

图7-12　选择【交叉选择模式】命令

7.7.2 模块化布局

由原理图生成 PCB 时，PCB 中的元件都是随机摆放的，而模块化布局可以让用户快速地按照原理图中元件的布局，对 PCB 中的元件进行布局。

(1) 按照项目要求，先摆放有固定结构、位置的接口或元件，然后根据元件信号飞线的方向摆放元件。按照“先大后小”“先难后易”原则，把元件放置在板框内，完成 PCB 预布局，如图 7-13 所示。

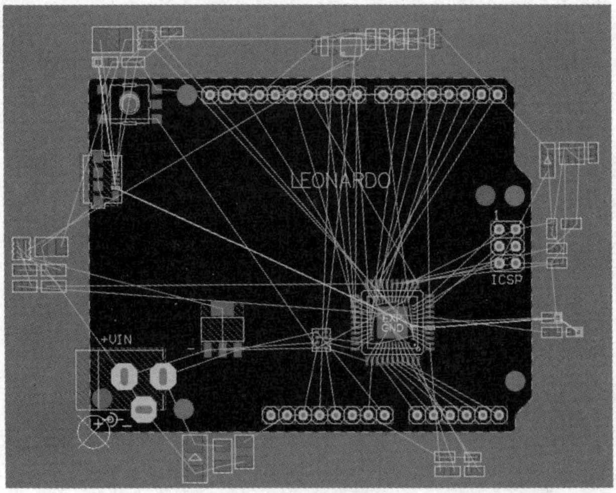

图7-13　PCB 预布局

(2) 通过“在区域内排列器件”功能，把元件按照原理图电路模块分块放置，并将其放置到对应接口或对应电路模块附近，如图 7-14 所示。

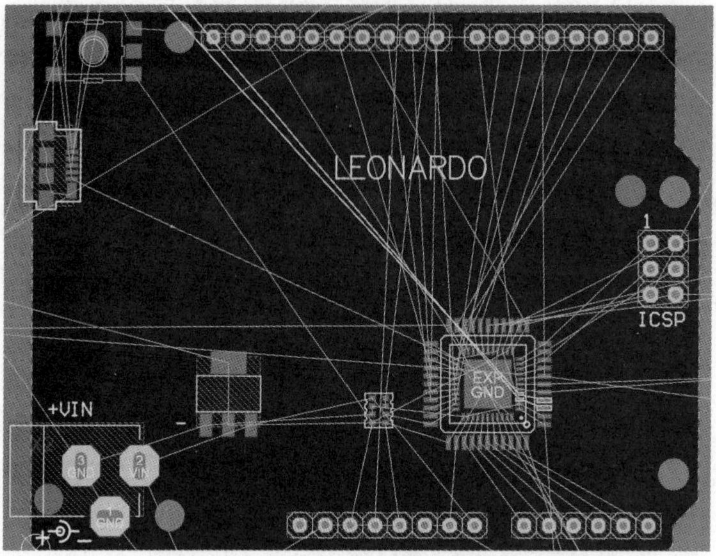

图7-14 电路模块的划分

(3) 结合交互式布局和模块化布局完成整板的 PCB 布局，如图 7-15 所示。布局的时候必须遵循以下基本原则。

- 接口元件靠近板边摆放，小元件与接口元件的距离不要太近。
- 考虑布局，走线尽可能短，少交叉。
- 电源模块布局时注意输入/输出的方向，电源滤波电容靠近输入/输出位置。
- 滤波电容靠近芯片引脚放置。
- 整板布局要合理、整齐、美观。
- 模拟电路和数字电路分开。

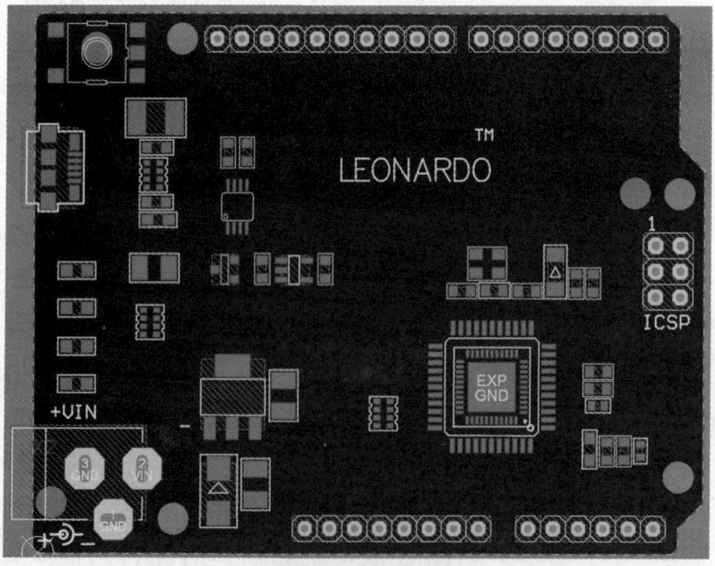

图7-15 完成 PCB 布局

7.8　PCB 布线

PCB 布线是 PCB 设计中最重要、最耗时的一个环节，这将直接影响到 PCB 的性能好坏。首先是布通，这是 PCB 设计的最基本的入门要求；其次是电气性能的满足，这是衡量一块 PCB 板是否合格的标准，在线路布通之后，认真调整布线，使其能达到最佳的电气性能；再次是整齐美观，杂乱无章的布线，即使电气性能过关也会给后期优化及测试与维修带来极大不便，布线要求整齐划一，不能纵横交错毫无章法。

7.8.1　Class 的创建

为了更好地布线，可以对信号网络和电源网络进行归类。选择菜单命令【设计】/【分类】，或者按快捷键 D+C，打开【对象类浏览器】对话框。

这里以创建一个电源类为例，在【Net Classes】(网络类) 处单击鼠标右键，在弹出的快捷菜单中选择【添加类】命令，将新类命名为“PWR”，然后将需要归为一类的电源网络从【非成员】列表框中划分到【成员】列表框中，如图 7-16 所示。

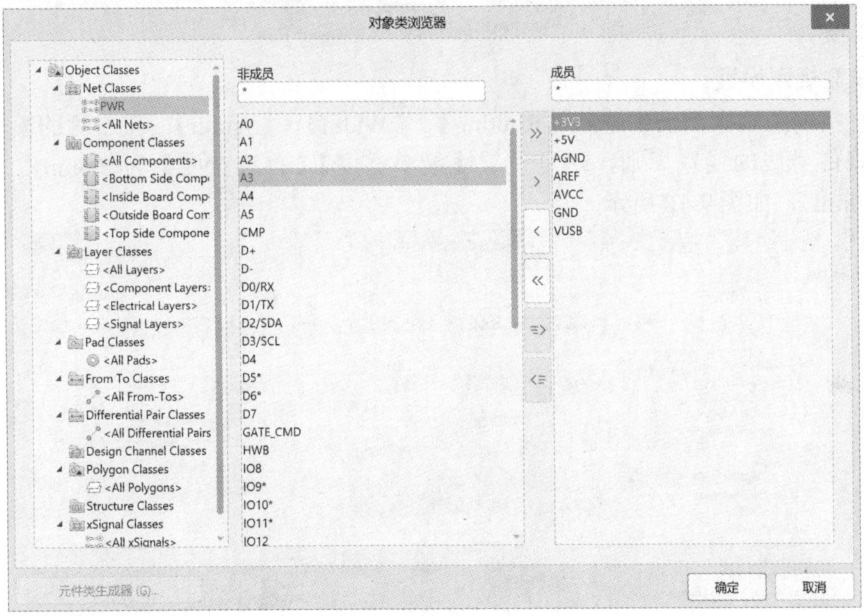

图7-16　创建类

7.8.2　添加布线规则

添加布线规则的主要步骤如下。

1.　**间距规则设置**

(1)　按快捷键 D+R，打开【PCB 规则及约束编辑器[mil]】对话框。

(2)　在左侧的规则列表中选择【Electrical】/【Clearance】/【Clearance】，在右侧的编辑区中设置整板间距规则和铺铜间距规则，如图 7-17 所示。

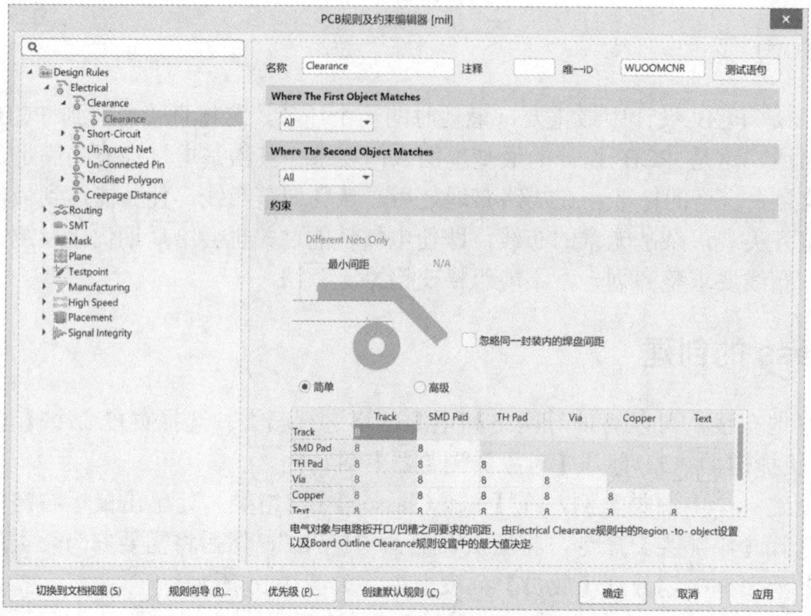

图7-17 设置整板间距规则和铺铜间距规则

2. 线宽规则设置

(1) 在左侧的规则列表中选择【Routing】/【Width】/【Width】，在右侧的编辑区中设置一个常规信号线的线宽规则，这里设置【最小宽度】【首选宽度】为“6mil”、【最大宽度】为“40mil”，如图 7-18 所示。

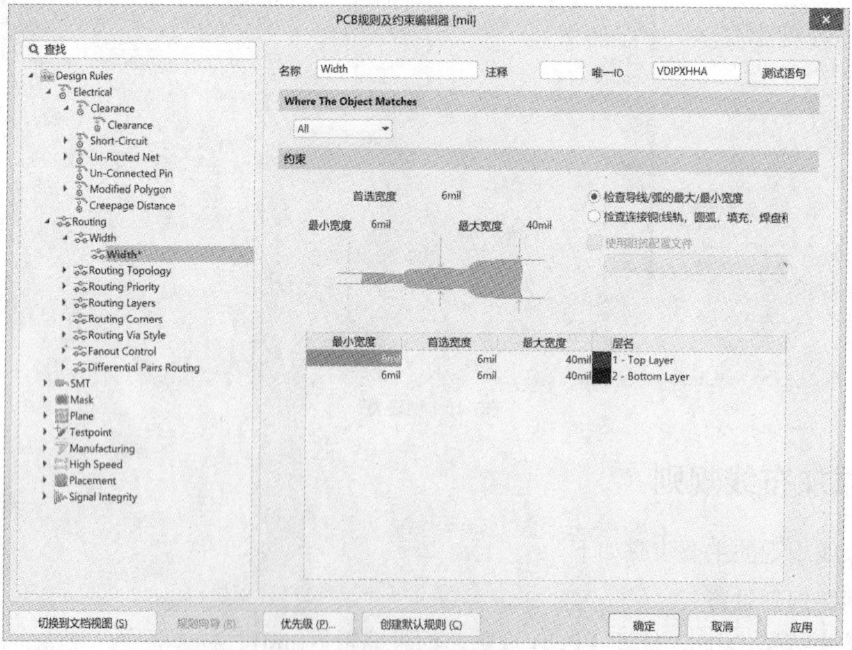

图7-18 设置常规信号线的线宽规则

(2) 因为需要对电源网络进行加粗设置，所以创建一个针对电源 PWR 类的线宽规则，如图 7-19 所示。

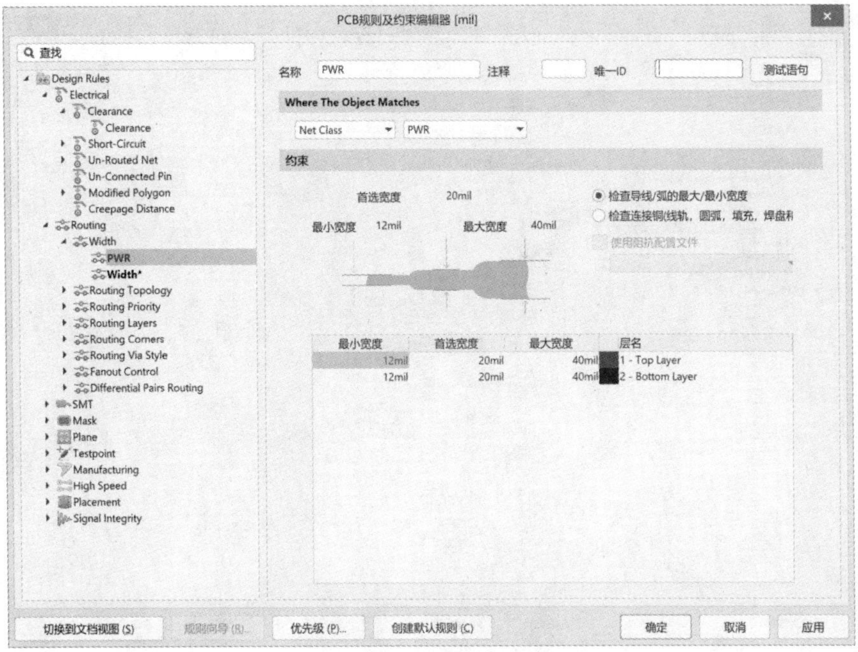

图7-19　设置 PWR 类的线宽规则

3.　过孔规则设置

本例可以采用 10/20mil 的过孔尺寸，过孔规则设置如图 7-20 所示。

图7-20　设置过孔规则

4.　铺铜连接方式规则设置

铺铜连接方式一般设置为【Direct Connect】，如图 7-21 所示。

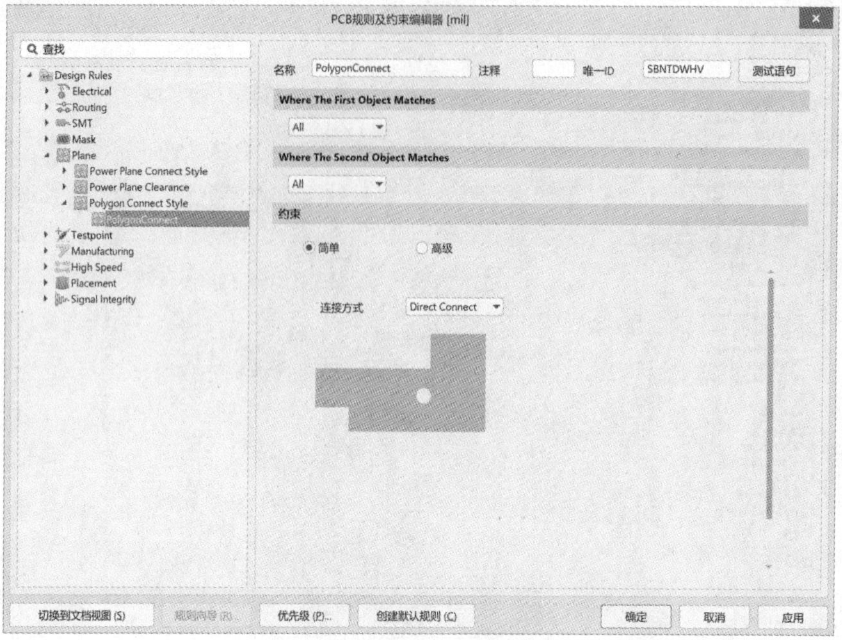

图7-21　铺铜连接方式规则设置

7.8.3　整板模块短线的连接

在进行 PCB 整板布线时，首先需要把各模块之间的短线连通，把路径比较远并且不好布的信号线从焊盘上引出并打孔，然后将电源孔和地孔扇出，如图 7-22 所示。

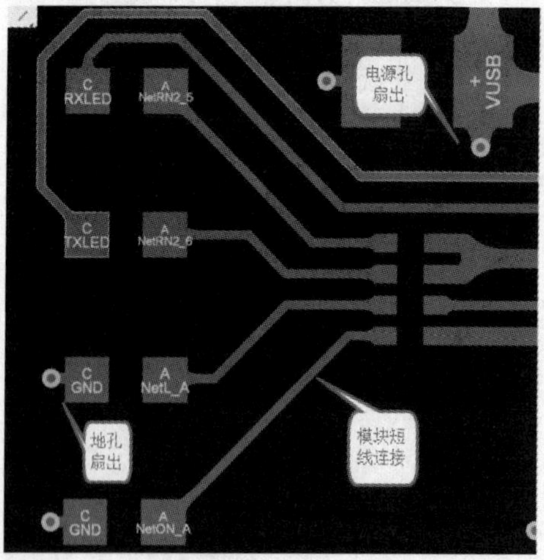

图7-22　处理模块间的短线

7.8.4　整板走线的连接

整板布线是 PCB 设计中最重要、最耗时的环节，本例全部采用手动布线方式。整板走线连接完成后的效果如图 7-23 所示。

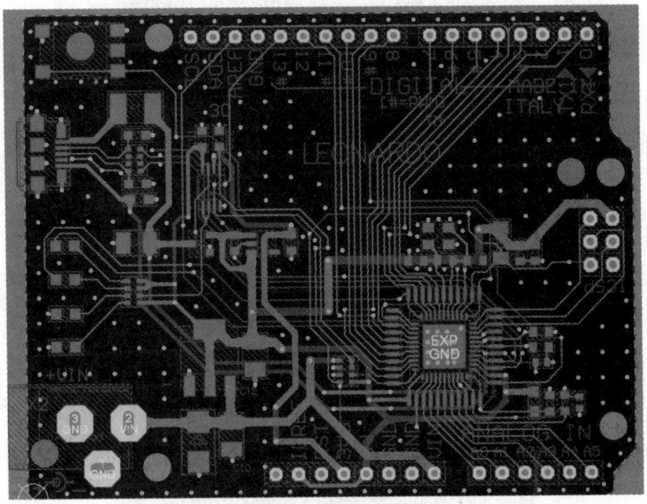

图7-23　整板走线连接完成后的效果

PCB 布线应该大体遵循以下原则。

(1) 走线要简洁，并尽可能短，尽量少拐弯。

(2) 避免出现锐角走线和直角走线，一般采用 45° 拐角，以减少高频信号的辐射。

(3) 任何信号线都不要形成环路，如果不可避免，环路面积应尽量小；信号线的过孔要尽量少。

(4) 关键的线尽量短而粗，并在两边加上保护地；对电源和 GND 进行加粗处理，以满足载流。

(5) 晶振表层走线不能打孔，晶振周围进行包地处理。时钟振荡电路下面、特殊高速逻辑电路部分要加大地的面积，而不应该走其他信号线，以使周围电场趋近于零。

(6) 电源线和其他的信号线之间预留一定的距离，防止出现纹波干扰现象。

(7) 关键信号应预留测试点，以便生产和维修检测。

PCB 布线完成后，应对走线进行优化。同时，经初步网络检查和 DRC 无误后，用大面积铺铜对未布线区域进行地线填充，或是做成多层板，电源、地线各占用一层。

7.9 PCB 设计后期处理

在整板走线连通和电源处理完以后，用户需要对整板进行走线的优化及丝印的调整等。下面介绍常见的处理项。

7.9.1 串扰控制

串扰（Crosstalk）是指 PCB 上不同网络之间因较长的平行线引起的相互干扰（主要是由平行线间的分布电容和分布电感引起的）。用户可以在平行线之间插入接地的隔离线，以减小布线层与地平面的距离。

为了减少线间串扰，应保证线间距足够大。当线间距不小于 3 倍线宽时，即可保证 70%的线间电场不互相干扰。这称为 3W 原则。对走线进行优化，如图 7-24 所示。

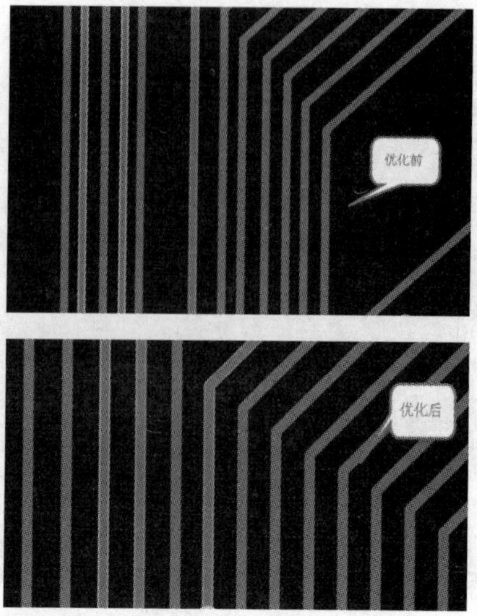

图7-24　走线优化

7.9.2　环路面积最小原则

信号线环路面积要尽可能小，环路面积越小，对外的辐射越少，受到外界的干扰也越少。尽量在出现环路的地方让其面积最小，如图 7-25 所示。

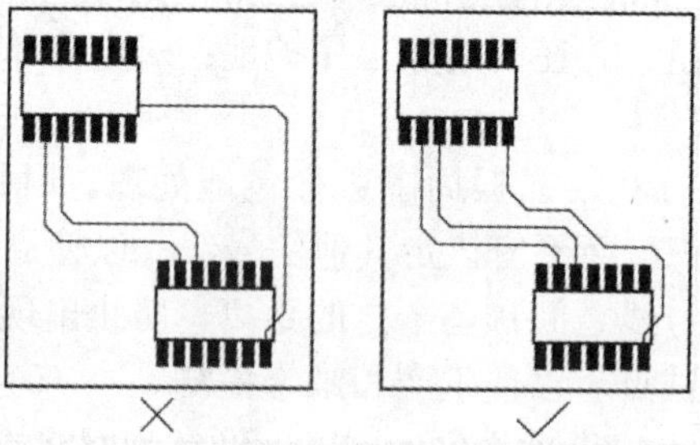

图7-25　减小环路面积

7.9.3　走线的开环检查

一般不允许出现一端浮空的布线（Dangling Line），这主要是为了避免产生“天线效应”，减少不必要的干扰，否则可能带来不可预知的结果，如图 7-26 所示。

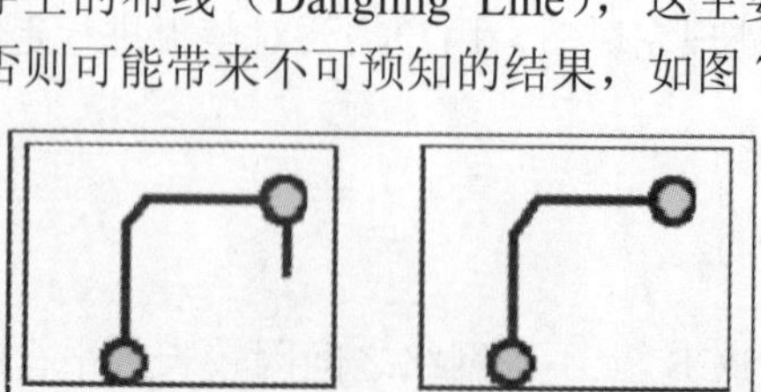

图7-26　走线的开环检查

7.9.4　拐角检查

PCB 设计中应避免产生锐角和直角，以带来不必要的辐射，同时影响工艺性能。一般采用 45° 拐角，如图 7-27 所示。

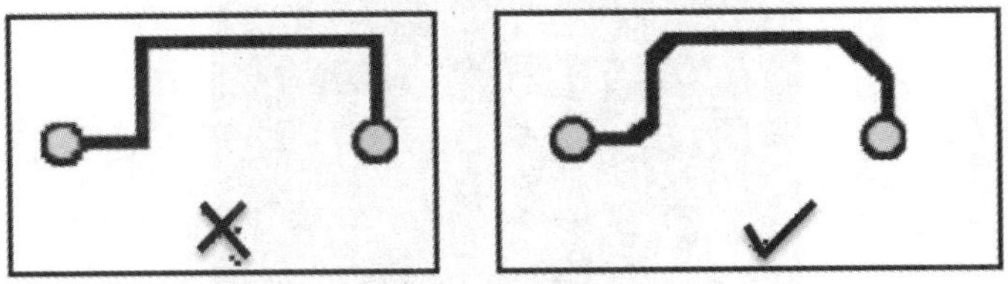

图7-27　拐角检查

7.9.5　孤铜与尖岬铜皮的修正

为了满足生产的要求，PCB 设计中不应出现“孤铜”现象。可以通过勾选【Remove Dead Copper】复选框避免出现“孤铜”现象，如图 7-28 所示。PCB 设计中也应当避免出现尖岬铜皮，这可以通过选择菜单命令【放置】/【多边形铺铜挖空】的方式实现，如图 7-29 所示。

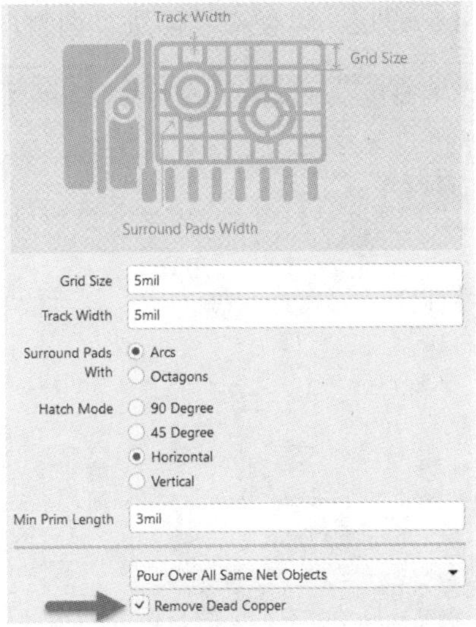

图7-28　勾选复选框

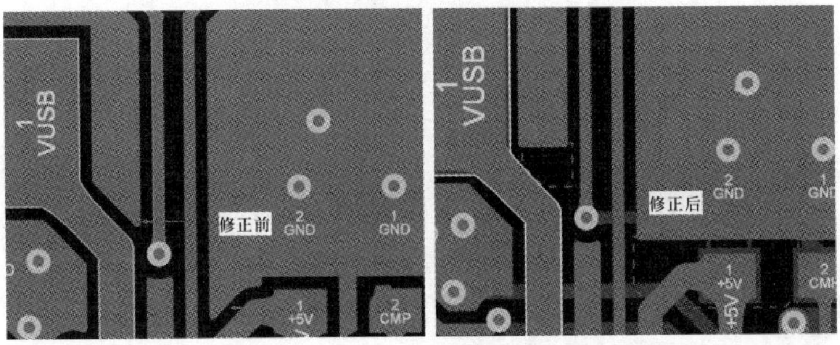

图7-29　修正尖岬铜皮

7.9.6 地过孔的放置

为了减少回流的路径及增强层与层之间的连通性，需要在 PCB 空白处和信号线打孔换层的地方放置地过孔，如图 7-30 所示。

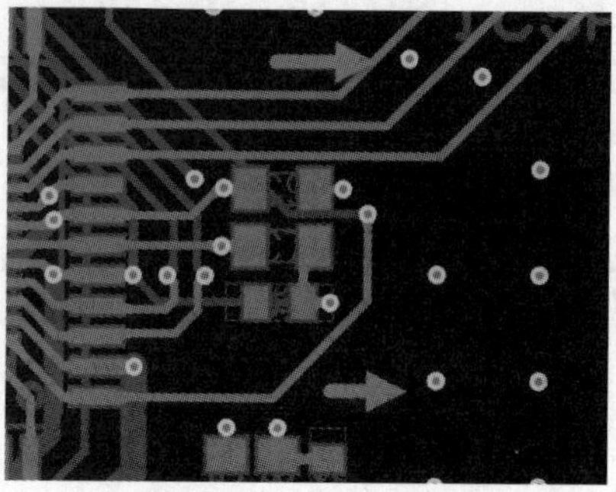

图7-30 地过孔的放置

7.9.7 丝印调整

在后期装配元件时，特别是手动装配元件的时候，一般都要输出 PCB 的装配图，这时丝印位号就显得尤为重要了。按快捷键 L，在弹出的【View Configuration】面板中只显示所需的丝印层、Paste 层及 Multi-Layer 层，以便对丝印进行调整，如图 7-31 所示。

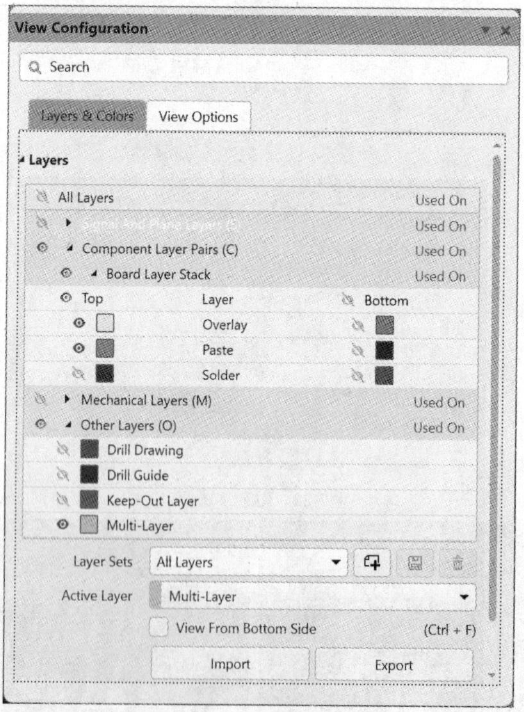

图7-31 层显示设置

为了使位号清晰，推荐使用的位号尺寸有 4mil/25mil、5mil/30mil。为了使整板丝印方向一致，字符串方向一般设置为向右或向上，如图 7-32 所示。

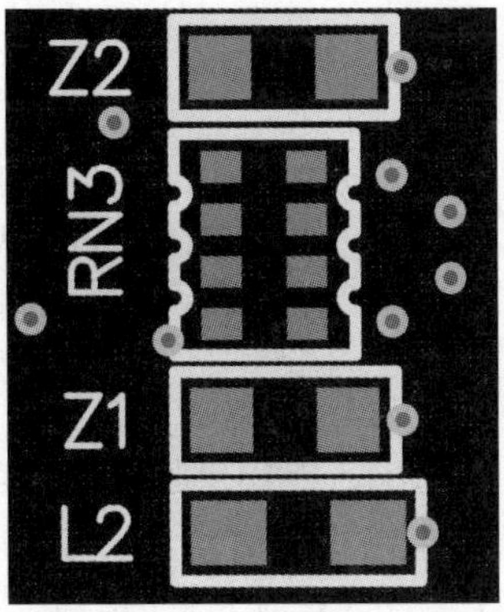

图7-32　丝印调整

7.10　DRC

通过前面关于 DRC 的介绍可知，DRC 就是检查当前的设计是否满足规则要求，这也是 PCB 设计的正确性和完整性的重要保证。选择菜单命令【工具】/【设计规则检查】，或者按快捷键 T+D，打开【设计规则检查器[mil]】对话框，通过该对话框选择需要的检查项。在 DRC 的报告中查看并更正错误，直到 DRC 报告无误为止。

7.11　生产资料的输出

PCB 后期走线调整和 DRC 都完成后，需要对 PCB 生产资料（包括原理图的 PDF 文件、Gerber 文件、钻孔文件、IPC 网表文件及坐标文件等）进行输出。所有的文件都输出完成后，即可发往 PCB 生产厂商进行加工、生产。

7.12　习题

1. 练习在 PCB 中手动布线。
2. 结合本章 2 层 Leonardo 主板的 PCB 设计过程，上机练习单层板、双层板和多层板的设计。

第8章　4层智能车主板的PCB设计

Altium Designer 21 除了顶层和底层，还提供了 30 个信号层、16 个电源/地线层，可以满足多层电路板设计的需要。但随着电路板层的增加，制作工艺会变得更复杂，废品率也会逐步提高。因此，在一些高级设备中，可能会用到 4 层板、6 层板等复杂的多层板。

4 层板是在 2 层板的基础上，增加了电源层和地线层。其中，电源层和地线层用一个覆铜层连通，而不是用铜膜线。由于增加了两层，因此布线更加容易。

本章对 4 层智能车主板的 PCB 设计进行讲解，突出 2 层板和 4 层板的区别。不管是 2 层板还是多层板，其原理图设计都是一样的，这里不再进行详细的讲解。

本章主要讲解 PCB 设计。

【本章要点】

- 智能车主板的设计要求。
- PCB 设计常用的设计技巧。
- PCB 设计的整体流程。
- 交互式布局和模块化布局。

8.1　实例简介

智能车主板由传感器、电机驱动、蓝牙、隔离、光耦及编码器等各种模块组成，它常用于自动泊车、自动驾驶等方面，应用极其广泛。本实例中的智能车主板要求用 4 层板完成 PCB 设计，其他设计要求如下。

(1) 尺寸为 65mm×100mm，板厚为 1.6mm。

(2) 5mm 定位孔。

(3) 满足绝大多数制板工厂工艺要求。

(4) 走线考虑串扰问题，满足 3W 原则。

(5) 接口走线可以自定义。

(6) 布局、布线考虑信号稳定及 EMC。

8.2　原理图的编译与检查

在一个 PCB 的设计过程中，原理图是底层建筑，而 PCB 是上层建筑。在生成网络表导入 PCB 前，必须保证原理图的正确性。在绘制完原理图后，用户需要对原理图进行详细的查错，以避免出现一些低级错误。

8.2.1 工程文件的创建与添加

(1) 选择菜单命令【文件】/【新的】/【项目】，打开【Create Project】对话框，在左侧选择【Local Projects】，在【Project Name】文本框中输入“智能车主板”，保存到硬盘目录下，【Folder】文本框中的为文件路径。

(2) 在“智能车主板.PrjPcb”工程文件上单击鼠标右键，在弹出的快捷菜单中选择【添加已有文档到工程】命令，在弹出的对话框中选择需要添加的原理图文件和客户提供的PCB 元件库文件。

(3) 选择菜单命令【文件】/【新的】/【PCB】，创建一个新的 PCB 文件，并将其命名为“智能车主板.PcbDoc”，然后保存到当前工程中。

8.2.2 原理图编译设置

在“智能车主板.PrjPcb”工程文件上单击鼠标右键，在弹出的快捷菜单中选择【工程选项】命令，打开【Options for PCB Project 智能车主板.PrjPcb】对话框，在该对话框中设置常规编译选项，在【报告格式】栏中选择报告格式，这里选择【致命错误】格式，以便查看错误报告，如图 8-1 所示。设置时一定要检查以下常见的检查项。

(1) Duplicate Part Designators：存在重复的元件位号。

(2) Floating net labels：存在悬浮的网络标签。

(3) Nets with multiple names：存在重复的网络名。

(4) Nets with only one pin：存在单端网络。

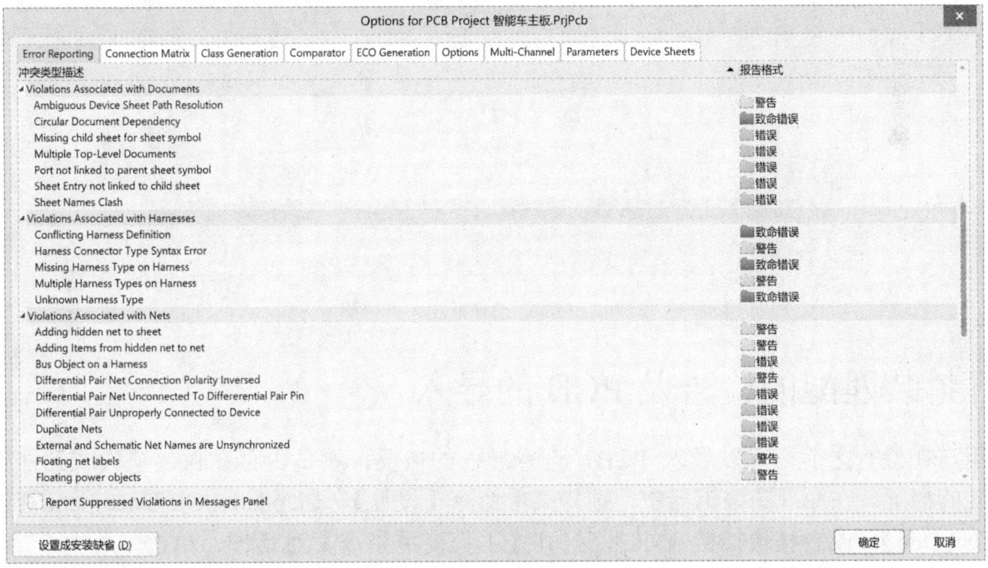

图8-1　编译设置

8.2.3 编译与检查

设置编译选项之后即可对原理图进行编译。选择菜单命令【工程】/【Validate PCB

Project 智能车主板.PrjPcb】，如图 8-2 所示，完成原理图编译。

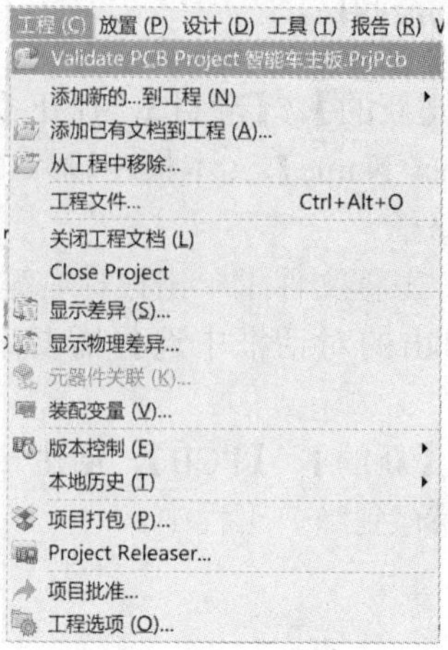

图8-2 选择菜单命令

在原理图编辑器的右下角单击 Panels 按钮，在弹出的菜单中选择【Messages】命令，打开【Messages】面板，显示编译报告，如图 8-3 所示。双击报告结果，可以自动跳转到原理图对应的存在问题的地方。

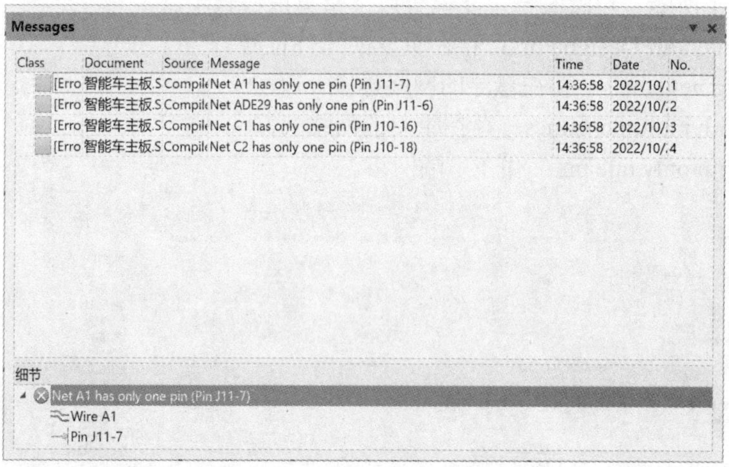

图8-3 编译报告

8.3 封装匹配的检查及 PCB 的导入

用户在检查之前，可以导入 PCB，查看导入的情况，看是否存在封装缺失或元件引脚不匹配的情况。在原理图编辑器中，选择菜单命令【设计】/【Update PCB Document 智能车主板.PcbDoc】，或者按快捷键 D+U，打开【工程变更指令】对话框，单击 执行变更 按钮可以进行导入操作。若无任何错误，则【完成】栏全部显示图标。若有错误则会显示图标，如图 8-4 所示，这时需要检查错误并返回原理图进行修改，直至没有错误提示为止。

(1) Footprint Not Found 0805R：0805R 的封装库没有找到。

(2) Unknown Pin：无法识别的引脚，无法对元件网络进行导入。

图8-4　PCB 导入错误

8.3.1　封装匹配的检查

为了避免出错，需要对原理图的元件进行封装匹配检查。

(1)　在原理图编辑器中，选择菜单命令【工具】/【封装管理器】，进入封装管理器，可以看到所有元件的封装信息。

(2)　确认所有元件都有封装，如果有的元件没有封装，就会出现元件网络无法导入的问题，如出现“Unknown Pin”错误。

(3)　确认封装名称和封装库中的匹配，如果原理图中的封装名称为“C0805”，封装库中的封装名称为“0805C”，则无法进行匹配，会出现“Footprint Not Found C0805”的错误提示。

(4)　如果存在上述现象，可以在封装管理器中检查无封装的元件和封装名称不匹配的元件，按图 8-5 所示的步骤添加、删除与编辑封装，使其与封装库里的封装匹配上。

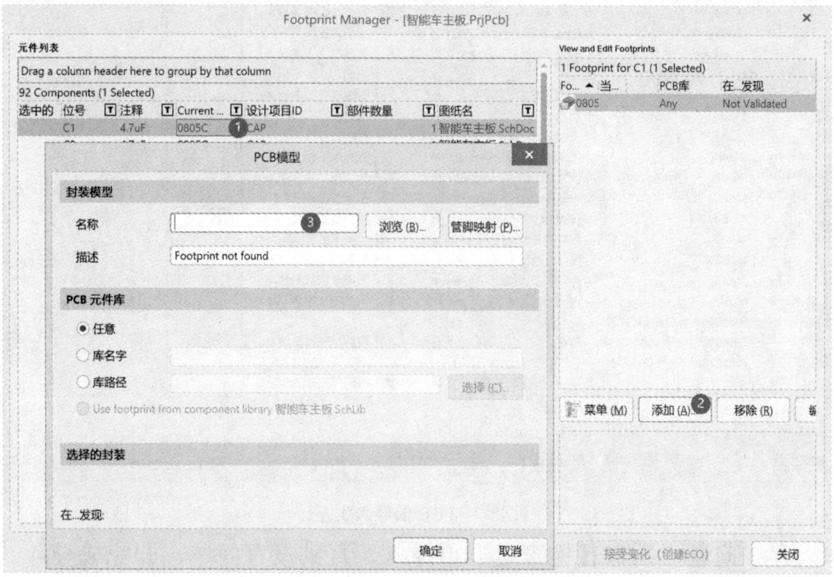

图8-5　添加、删除与编辑封装

(5) 修改或选择完库路径后，单击 确定 按钮，再单击 接受变化（创建ECO） 按钮，退出封装管理器，接着在【工程变更指令】对话框中单击 执行变更 按钮执行更新，如图 8-6 所示。

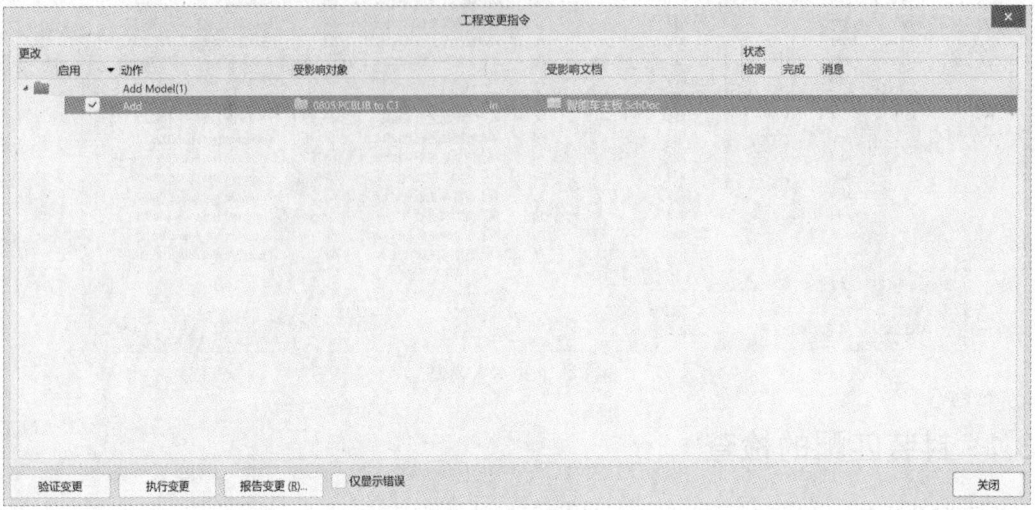

图8-6 执行更新

8.3.2 PCB 的导入

(1) 在原理图编辑器中，选择菜单命令【设计】/【Update PCB Document 智能车主板.PcbDoc】，再一次进行导入 PCB 操作。在【工程变更指令】对话框右侧的【状态】栏可以查看导入状态，表示导入没问题，表示导入存在问题，如图 8-7 所示。

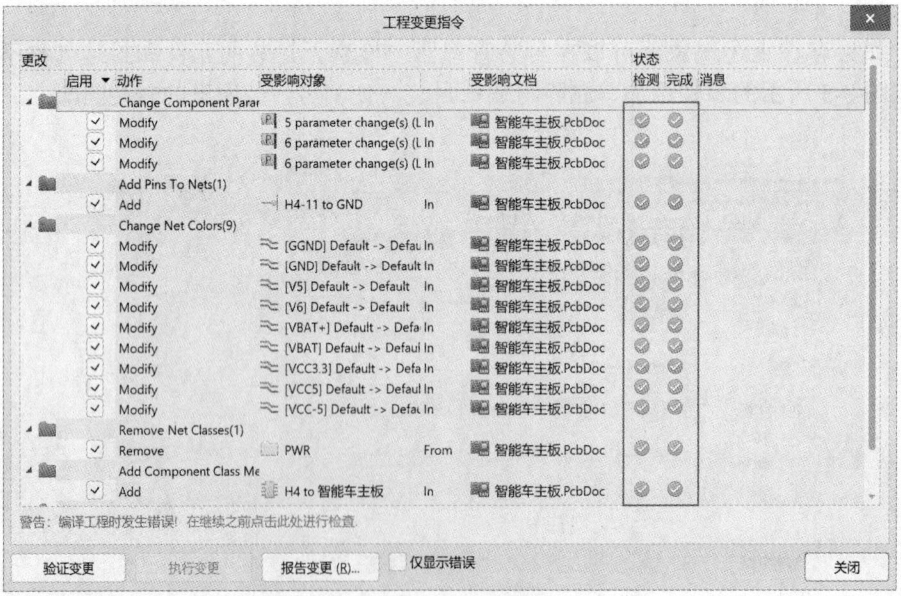

图8-7 PCB 的导入状态

(2) 如果存在问题，需进行检查之后再导入，直到没有问题，即完成导入。PCB 的导入效果如图 8-8 所示。

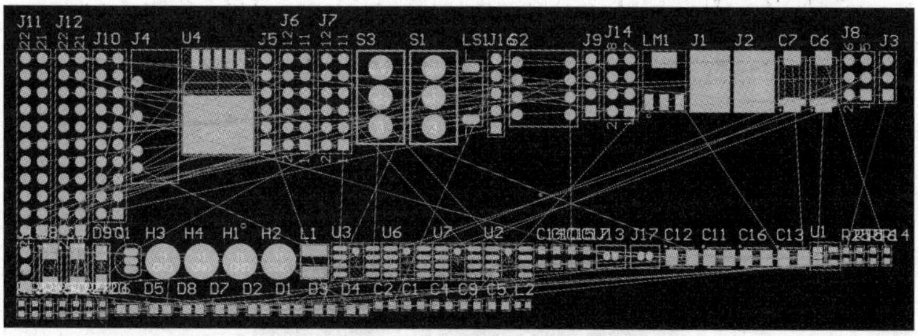

图8-8　PCB 的导入效果

8.4 PCB 推荐参数设置、层叠设置及板框的绘制

经过原理图编译和检查、导入 PCB 后，用户需根据要求设置智能车主板 PCB 的参数、层叠和板框。

8.4.1 PCB 推荐参数设置

(1) 导入之后存在错误，取消不常用的 DRC 项，DRC 项过多会导致布局、布线时卡顿，此处只保留电气性能的检查项，如图 8-9 所示。

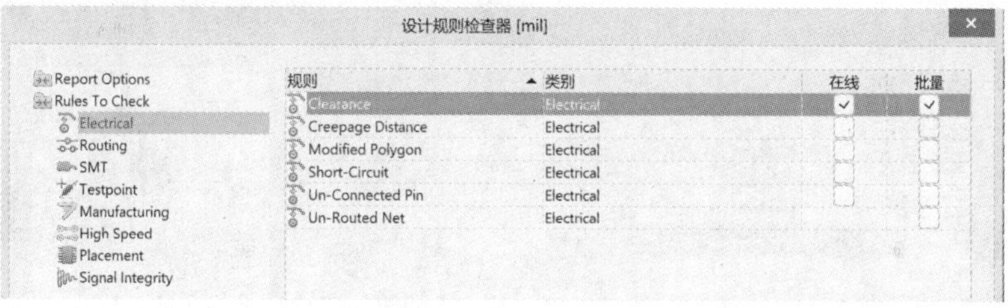

图8-9　电气性能检查项

(2) 利用全局操作把元件的丝印位号调小（推荐高度为 10mil、宽度为 2mil），并调整到元件中心，不至于阻碍视线，方便布局、布线时识别。

(3) 按快捷键 Ctrl +G，打开【Cartesian Grid Editor[mil]】对话框，按照图 8-10 所示的参数对栅格进行设置。

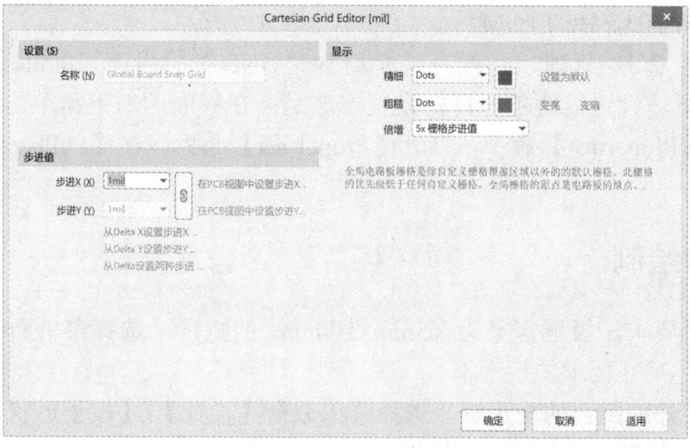

图8-10　设置栅格

8.4.2 PCB 层叠设置

(1) 根据设计要求、飞线密度，如图 8-11 所示，评估需要两个走线层；同时考虑到信号质量，添加单独的“GND”（地线）层和“PWR”（电源）层来进行设计，所以按照常规层叠“TOP GND02 PWR03 BOTTOM”的方式进行层叠。

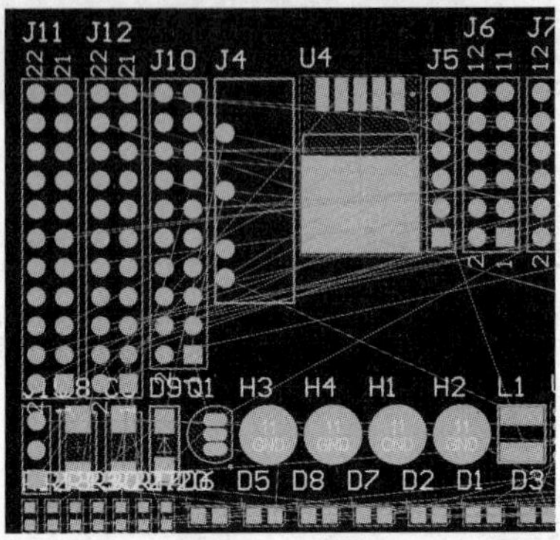

图8-11 飞线密度

(2) 按快捷键 D+K，进入层叠管理器，单击鼠标右键，在弹出的快捷菜单中选择【Insert layer above】和【Move layer up】命令，完成层叠操作，如图 8-12 所示。

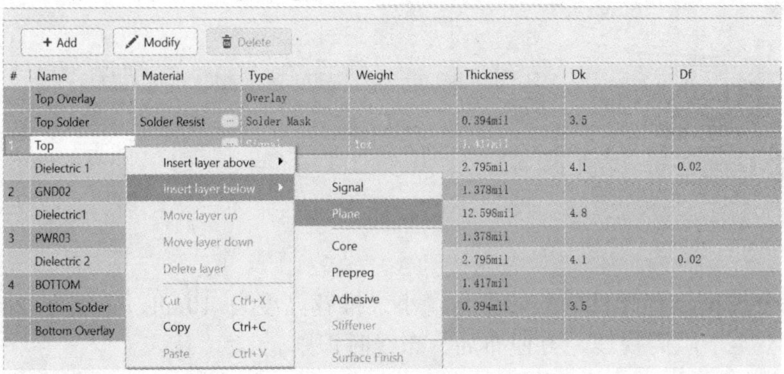

图8-12 层叠操作

(3) 为了方便对层进行操作，双击选择层名称，然后更改为比较容易识别的名称，如 TOP、GND02、PWR03、BOTTOM。

(4) 为了满足 20H 原则，一般在层叠时让“GND”层内缩 20mil、“PWR”层内缩 60mil。通常情况下，设置这两项即可。设置方法是：在界面的右下角单击 Panels 按钮，在弹出的菜单中选择【Properties】命令，打开【Properties】面板，在【Pullback distance】文本框中进行设置。

8.4.3 板框的绘制

(1) 按照设计要求，板框定义为 65mm×100mm 的矩形。选择菜单命令【放置】/【线条】，绘制一个满足尺寸要求的矩形框。

(2) 选择绘制好的闭合的矩形框，选择菜单命令【设计】/【板子形状】/【按照选择对象定义】，或者按快捷键 D+S+D 定义板框。

(3) 选择菜单命令【放置】/【尺寸】/【线性尺寸】，在“Mechanical 1”层放置尺寸标注，单位选择“mm”。

(4) 放置层标识符“TOP GND02 PWR03 BOTTOM”。

(5) 在离板边角落 5mm 的位置放置 3mm 的金属化螺钉孔，如图 8-13 所示。

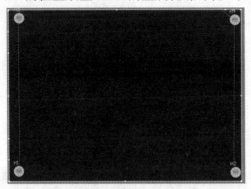

图8-13　板框的绘制

8.5 交互式布局及模块化布局

按照要求进行交互式布局和模块化布局。

8.5.1 交互式布局

为了实现原理图和 PCB 之间的交互，需要在原理图编辑器和 PCB 编辑器中都选择菜单命令【工具】/【交叉选择模式】，激活交叉选择模式。

8.5.2 模块化布局

(1) 放置好接插的座子及插针元件（结构固定的元件），根据元件的信号飞线和“先大后小”原则，把大元件放置在板框范围内，完成 PCB 的预布局，如图 8-14 所示。

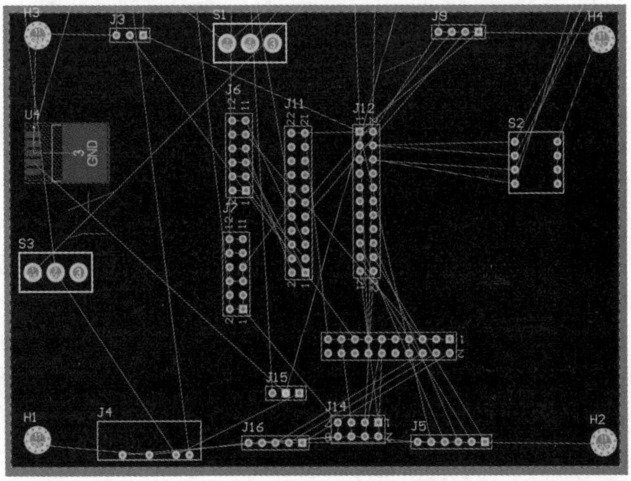

图8-14　PCB 的预布局

(2) 通过交互式布局和“在矩形区域排列”功能，将元件按照原理图分块放置，并将其放置到对应功能模块的附近。

8.5.3 布局原则

通过局部的交互式布局和模块化布局完成整体 PCB 布局操作，如图 8-15 所示。布局遵循以下基本原则。

(1) 滤波电容靠近 IC 引脚放置，BGA 滤波电容放置在 BGA 背面引脚处。

(2) 元件布局疏密得当。

(3) 电源模块和其他模块之间有一定的距离，以防止干扰。

(4) 布局考虑走线就近原则，不能因为布局使走线太长。

(5) 布局要整齐、美观。

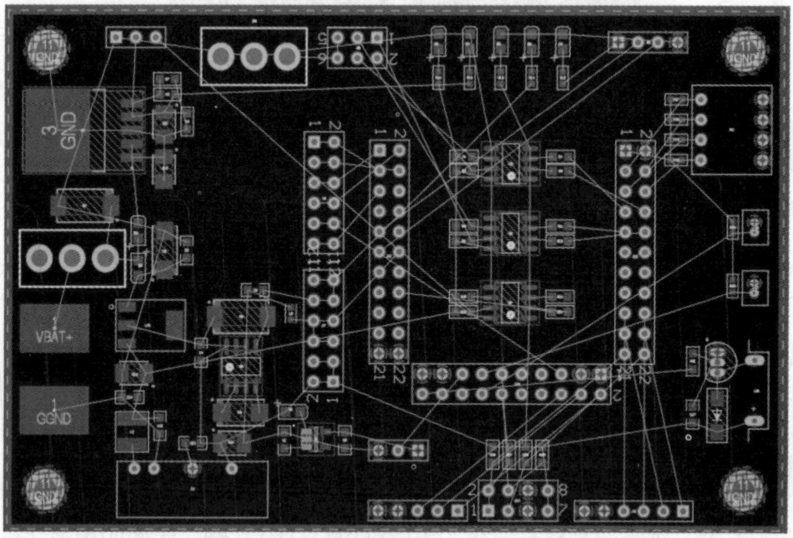

图8-15 整体 PCB 布局

8.6 类的创建及 PCB 规则设置

根据要求创建类和进行 PCB 规则设置。

8.6.1 类的创建及颜色设置

为了更快地对信号进行区分和归类，按快捷键 D+C，打开【对象类浏览器】对话框，创建多个网络类，并为每个网络类添加对象，如图 8-16 所示。

当然，为了便于区分，可以对前述网络类设置颜色。在 PCB 编辑器的右下角单击 Panels 按钮，在弹出的菜单中选择【PCB】命令，在弹出的面板上方的下拉列表中选择【Nets】选项，再选择类，单击鼠标右键，在弹出的快捷菜单中选择【Change Net Color】命令，设置网络颜色，如图 8-17 所示。设置完成后，打开颜色显示开关，否则设置无效。

图8-16　创建网络类

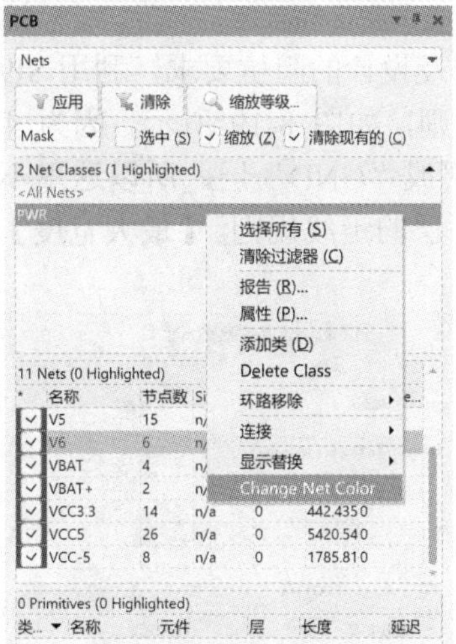

图8-17　设置网络颜色

8.6.2 PCB 规则设置

PCB 规则设置的主要步骤如下。

1. 间距规则设置

(1) 按快捷键 D+R，打开【PCB 规则及约束编辑器[mil]】对话框。

(2) 在左侧选择【Electrical】/【Clearance】/【Clearance】，默认整板的间距为“6mil”，“Copper”（铜皮）和其他元素之间的距离要求为“10mil”，如图 8-18 所示。

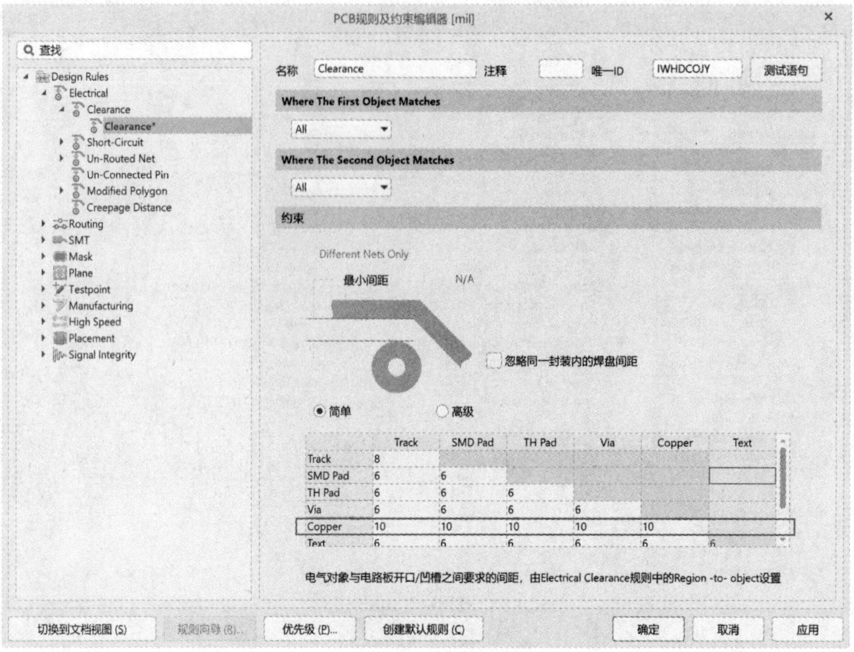

图8-18 间距规则设置

2. 线宽规则设置

(1) 根据核心板的工艺要求及设计的阻抗要求，利用 SI900 软件计算出一个符合阻抗的线宽值，根据线宽值设置线宽规则，如图 8-19 所示。因为 4 层板内电层添加的是负片层，负片层只是用来分割“PWR”层或“GND”层，所以这里不再显示内电层的走线规则，只显示“TOP”层和“BOTTOM”层的走线规则。【最大宽度】【最小宽度】【首选宽度】都设置为“6mil”。

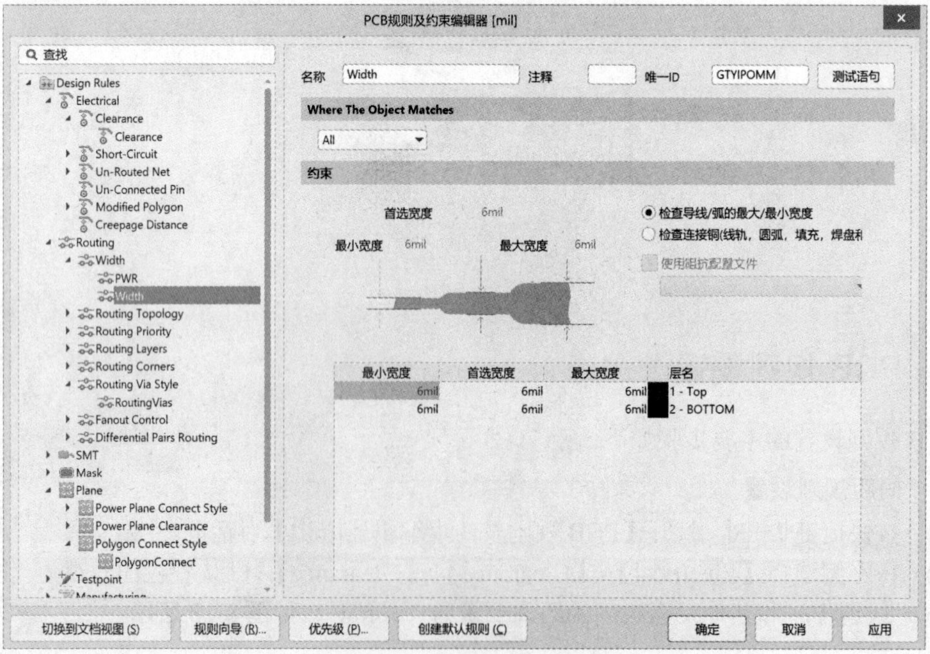

图8-19 线宽规则设置

(2) 创建一个针对 PWR 类的线宽规则，对其网络线宽进行加粗设置，要求【最小宽度】为“15mil”、【最大宽度】为“60mil”、【首选宽度】为“15mil”，如图 8-20 所示。

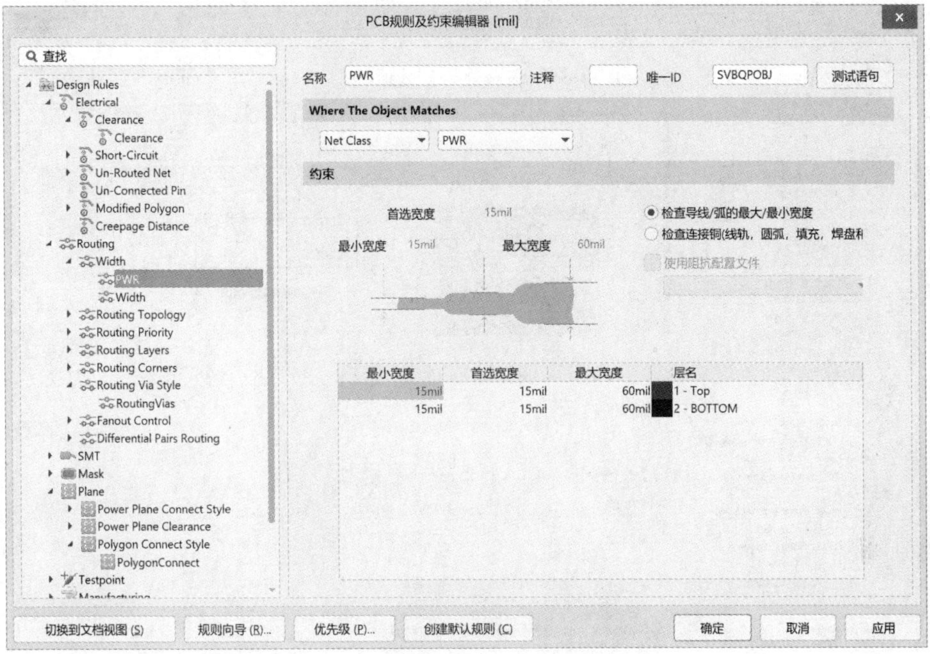

图8-20　PWR 类的线宽规则设置

3. 过孔规则设置

整板采用 12/22mil 大小的过孔，如图 8-21 所示。

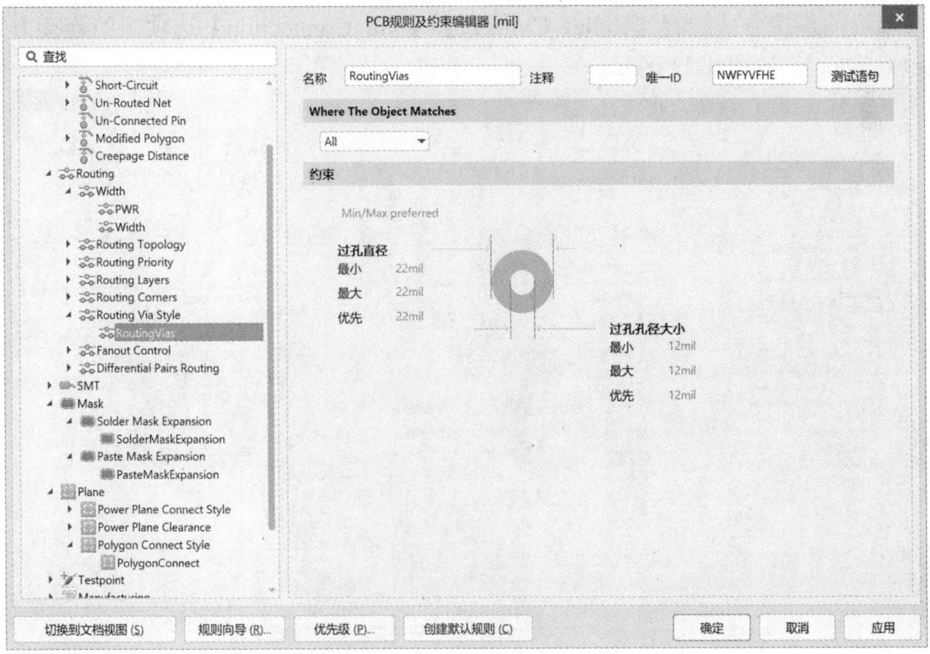

图8-21　过孔规则设置

4. 阻焊规则设置

常用阻焊规则单边开窗为“2.5mil”，如图 8-22 所示。

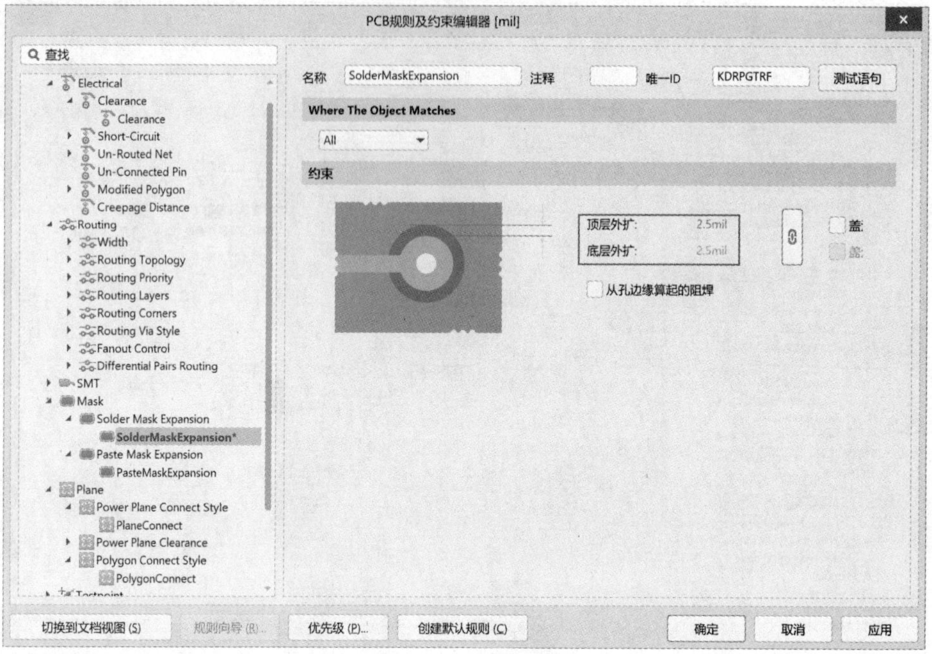

图8-22　阻焊规则设置

5. 负片连接规则设置

对于通孔焊盘，负片连接常采用花焊盘连接方式；对于过孔，采用全连接方式。【焊盘连接】选项组的连接方式选择【Relief Connect】,【Via Connection】选项组的连接方式选择【Direct Connect】，如图 8-23 所示。

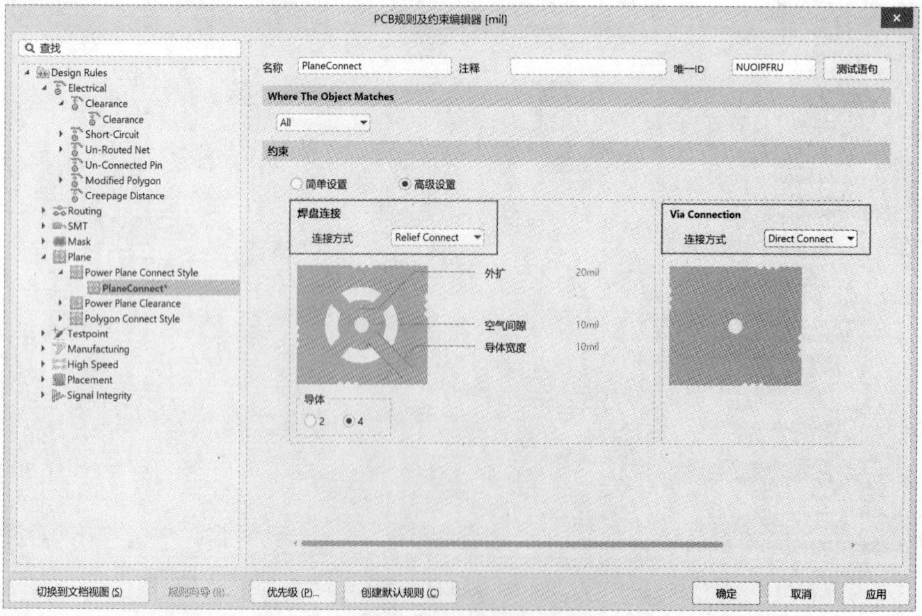

图8-23　负片连接规则设置

6. 负片反焊盘规则设置

反焊盘设置范围一般为 8～12mil，通常设置为“10mil”，不能过大或过小，如图 8-24 所示。

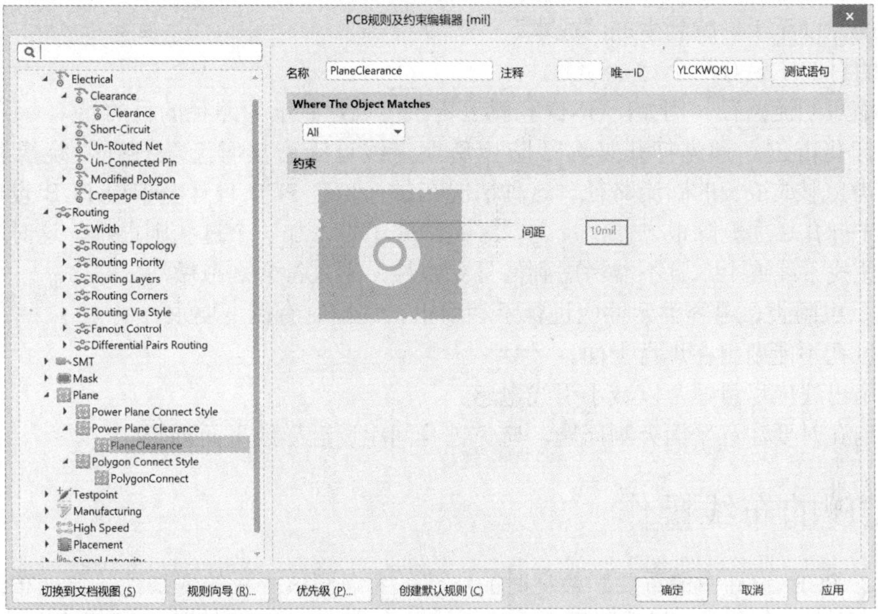

图8-24　负片反焊盘规则设置

7. 正片铺铜连接规则设置

正片铺铜连接规则设置和负片连接规则设置类似。对于通孔焊盘和表贴焊盘，常采用花焊盘连接方式；对于过孔，采用全连接方式，如图 8-25 所示。

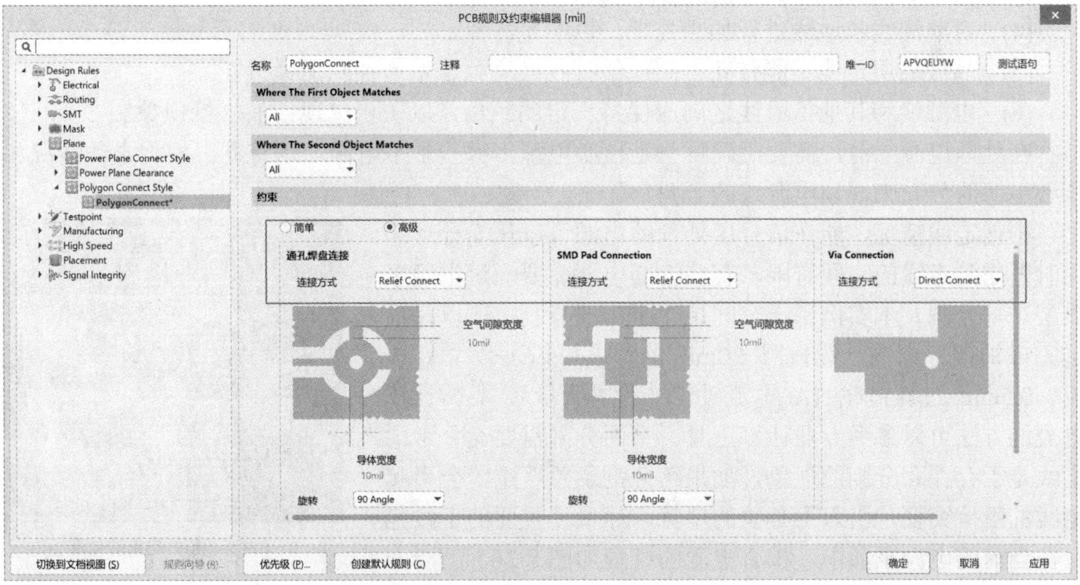

图8-25　正片铺铜连接规则设置

8.7 PCB 扇孔

在 PCB 设计中，过孔的扇出很重要。扇孔的方式会影响到信号完整性、平面完整性、布线的难度，以至于影响到生产的成本。

扇孔的目的主要有两个。

(1) 缩短回流路径。例如，GND 孔就近扇出可以达到缩短路径的目的。

(2) 打孔占位。预先打孔是为了防止后期走线过于密集时无法打孔，绕很远连一条线，这样就会形成很长的回流路径。这种情况在进行高速 PCB 设计及多层 PCB 设计时经常遇到。预先打孔后面删除很方便，反之，等走线完了再去加一个过孔则很难，这时通常的想法就是随便找条线连上，且不能考虑到信号完整性，不太符合规范做法。

IC 类、电阻类、电容类元件应进行手动扇出。扇出时有以下要求。

(1) 过孔不能扇出在焊盘上面。

(2) 扇出线应尽量短，以减小引线电感。

(3) 扇孔时要注意平面分割问题，避免过孔间距过近导致平面割裂。

8.8 PCB 的布线操作

布线是 PCB 设计中最重要和最耗时的环节，考虑到核心板的复杂性，自动布线无法满足 EMC 等要求，本实例全部采用手动布线方式。布线应该大致遵循以下基本原则。

(1) 按照阻抗要求进行走线，例如，单端 50Ω，差分 100Ω，USB 差分 90Ω（本实例采用差分布线）。

(2) 满足走线拓扑结构。

(3) 满足 3W 原则，以有效防止串扰。

(4) 对电源线和地线进行加粗处理，以满足载流。

(5) 晶振表层走线不能打孔，高速线打孔换层处尽量增加回流地过孔。

(6) 电源线和其他信号线之间应保持一定的距离，以防止出现纹波干扰现象。

在处理电源之前，需要明确哪些是核心电源，哪些是小电源。这有助于根据走线情况和核心电源的分布来规划电源线的走向。

根据走线情况，能在信号层处理的电源可以优先处理，同时考虑到走线的空间有限，有些核心电源需要通过电源平面层进行分割。本实例由于空间足够不需要分割，所以在顶层完成铺铜。铺铜一般按照 20mil 的宽度可以过载 1A 电流、0.5mm 过孔过载 1A 电流设计（考虑余量）。具体计算电流的方法可以参考专业计算工具。平面分割需要充分考虑走线是否存在跨分割的现象，如果跨分割现象严重，会引起走线的阻抗突变，引入不必要的串扰。尽量使重要的走线包含在当前的电源平面中。核心电源的处理如图 8-26 所示。

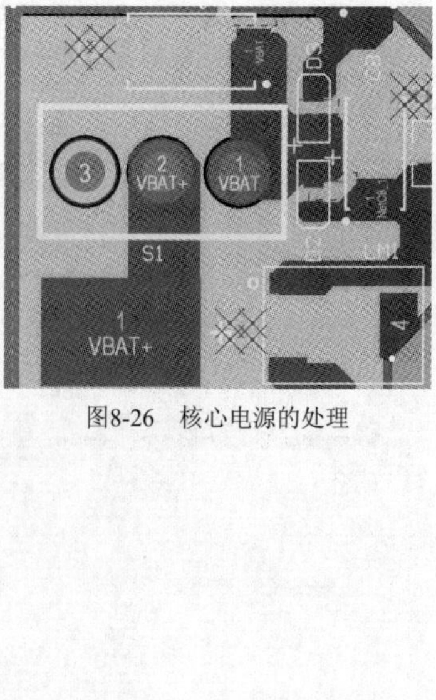

图8-26 核心电源的处理

8.9 PCB 设计后期处理

处理完连通性和电源之后，需要对整板进行走线优化，以充分满足各类要求。

8.9.1 3W 原则

为了减少线间串扰，应保证线间距足够大。当线间距不小于 3 倍线宽时，则可保证70%的线间电场不互相干扰。这称为 3W 原则。对走线进行优化，如图 8-27 所示。

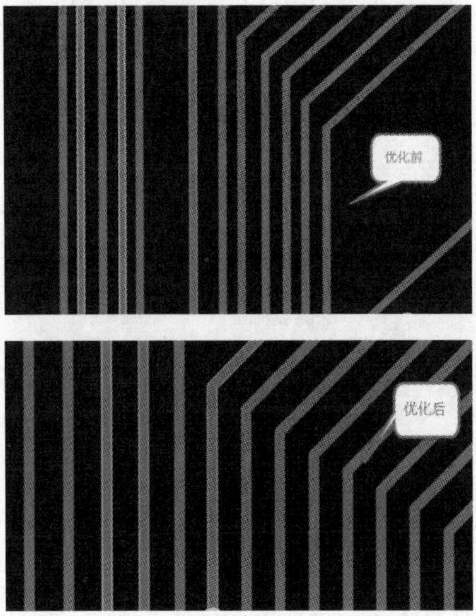

图8-27　3W 原则优化

8.9.2 调整环路面积

电流的大小与磁通量成正比，较小的环路中通过的磁通量也较小，因此感应出的电流也较小，这就说明环路面积需要最小。尽量在出现环路的地方让其面积最小，如图 8-28 所示。

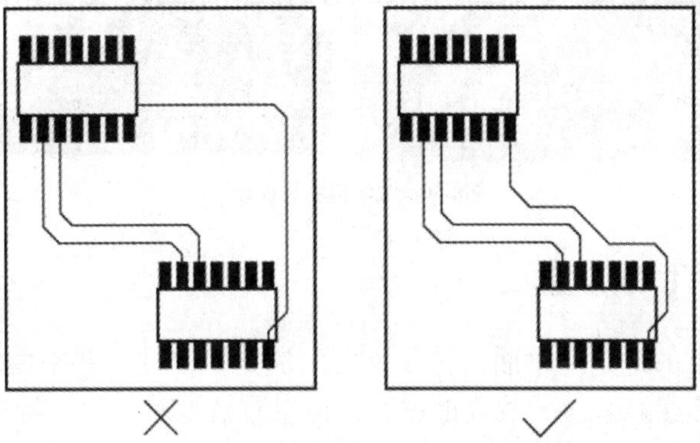

图8-28　调整环路面积

8.9.3 孤铜及尖岬铜皮的修正

为了满足生产的要求，PCB 设计中不应出现孤铜。可以通过勾选【Remove Dead Copper】复选框的方式避免出现孤铜，如图 8-29 所示。如果出现了，请按照前文提及的去孤铜的方法进行移除。

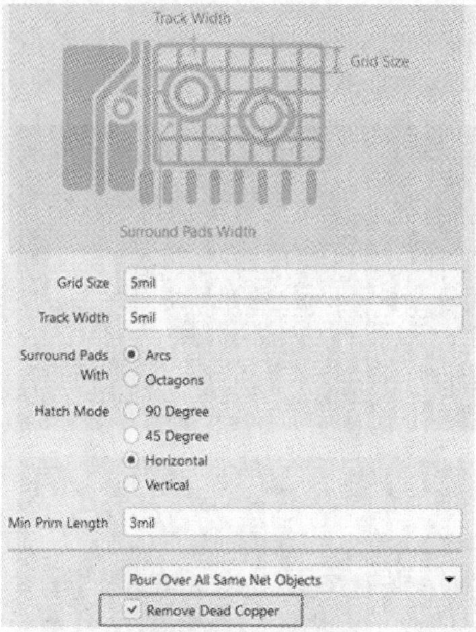

图8-29　移除孤铜的设置

为了满足信号要求（不出现天线效应）及生产要求等，PCB 设计中应尽量避免出现狭长的尖岬铜皮。可以通过放置多边形铺铜挖空删除尖岬铜皮，如图 8-30 所示。

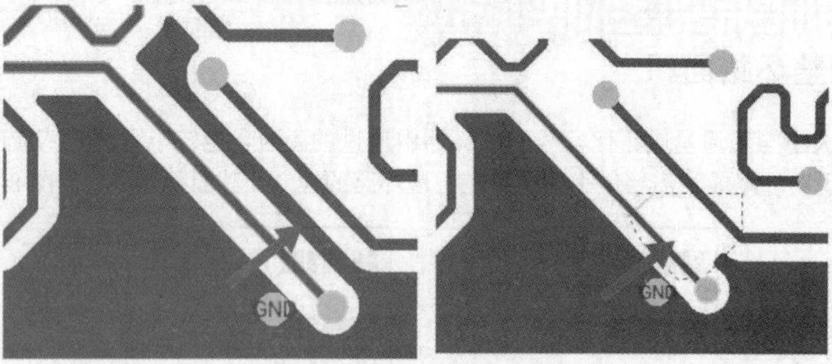

图8-30　尖岬铜皮的删除

8.9.4 回流地过孔的放置

信号最终回流的目的地是地平面，为了缩短回流路径，在一些空白的地方或打孔换层的走线附近（特别是在高速线旁边）放置地过孔，可以有效地对一些干扰进行吸收，如图 8-31 所示。

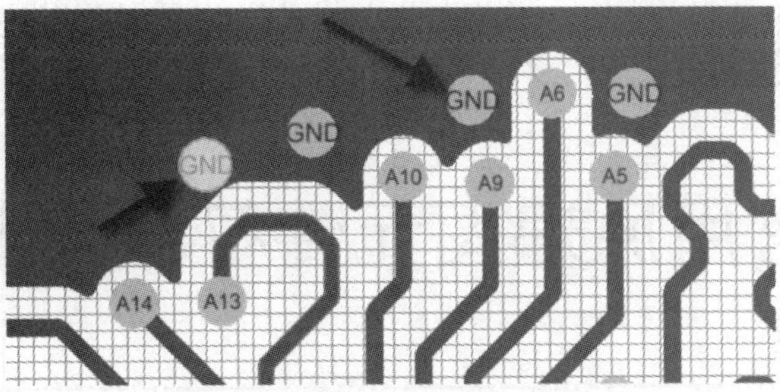

图8-31　回流地过孔的放置

后续丝印位号的调整、DRC 及生产文件的输出可参考前文，这里不再详细讲解。

8.10　习题

1. 简述多层 PCB 的设计流程。
2. 以 STM32 芯片为例，练习设计多层 PCB。

附录 A　常用原理图元件符号与 PCB 封装

本附录详细介绍 45 种常用原理图元件符号与 PCB 封装形式，有助于读者更好地查找相关资料。

序号	元件名称	封装名称	原理图符号	PCB 封装形式
1	Battery	BAT-2	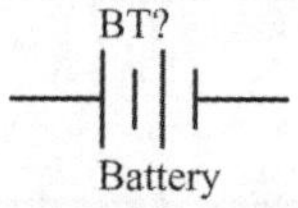	
2	Bell	PIN2	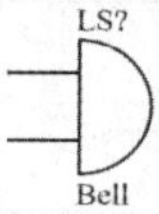	
3	Bridge1	D-38	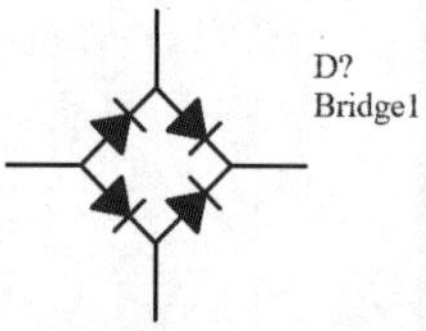	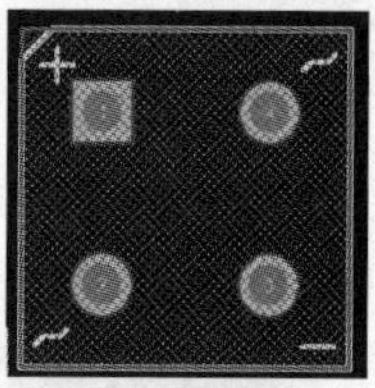
4	Bridge2	D-46_6A	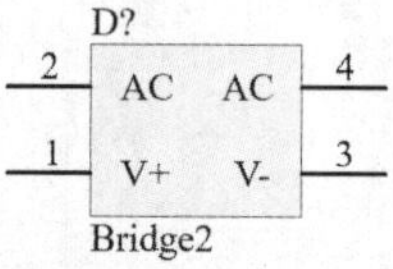	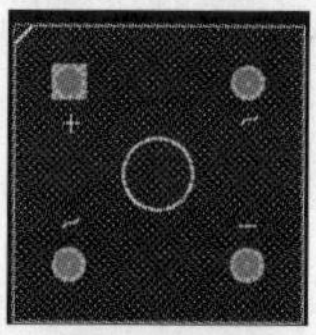
5	Buzzer	ABSM-1574	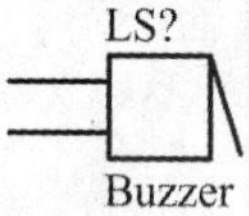	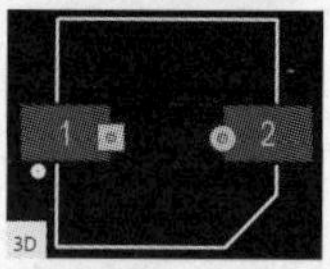
6	Cap	RAD-0.3	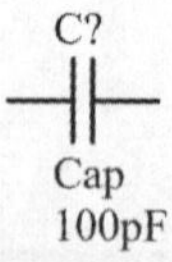	
7	Cap Semi	C1206	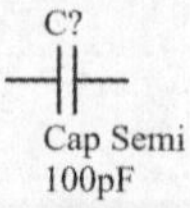	
8	Cap Var	C1210_N		

续表

序号	元件名称	封装名称	原理图符号	PCB 封装形式
9	Connector	CHAMP1.27-2H14A	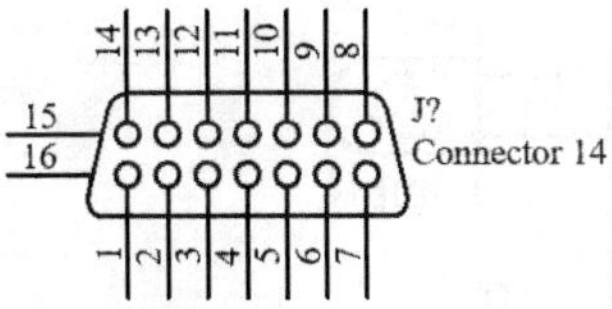	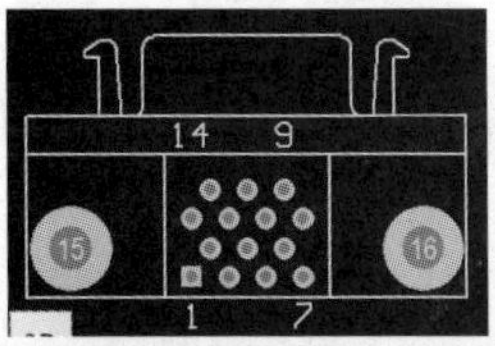
10	D Zener	DIODE-0.7	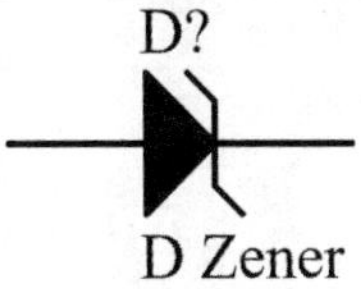	
11	Diode	SMC	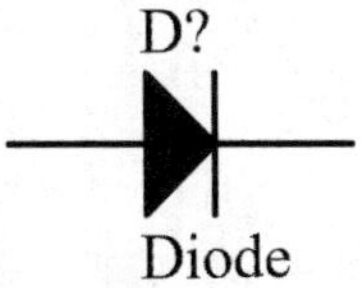	
12	Dpy Red-CA	A	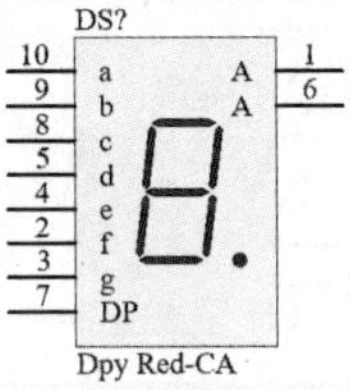	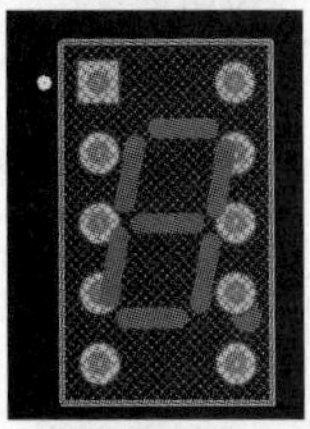
13	Fuse Thermal	PIN-W2/E2.8		
14	Inductor	0402-A	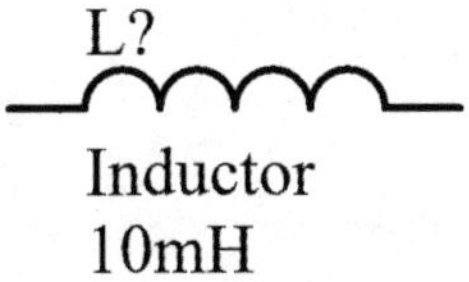	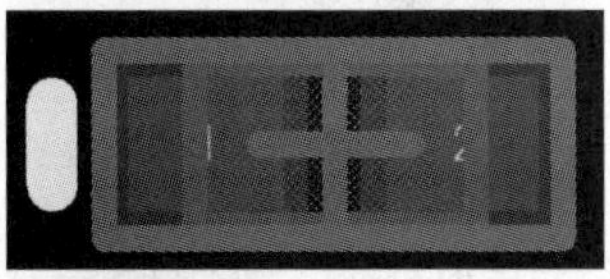
15	JFET-P	TO-18A	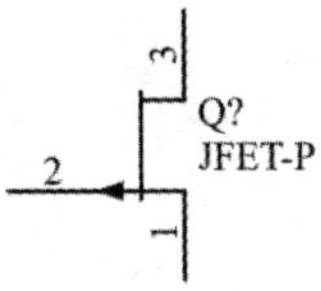	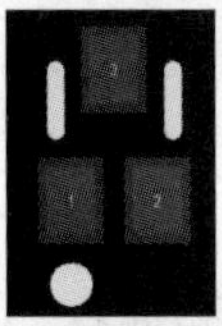
16	Jumper	RAD-0.2		
17	Header 4	HDR1X4	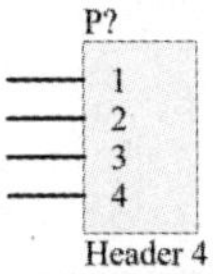	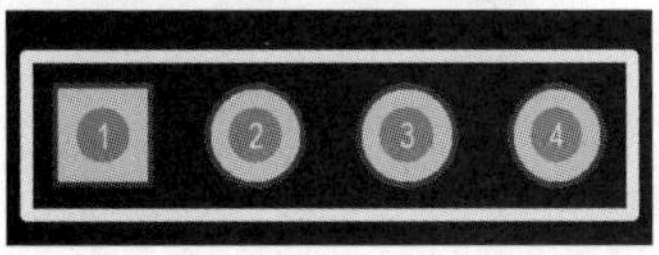

续表

序号	元件名称	封装名称	原理图符号	PCB 封装形式
18	Lamp	PIN2	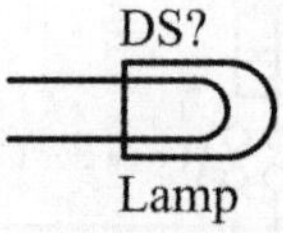	
19	LED1	LED-1	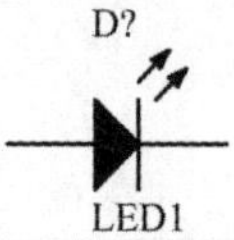	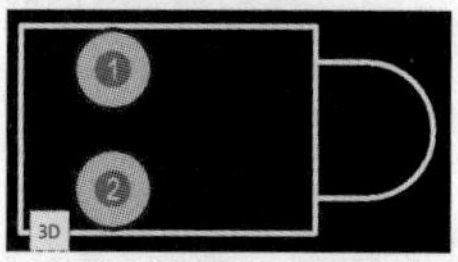
20	MHDR1X2	MHDR1X2	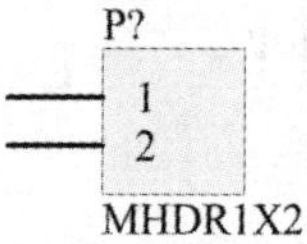	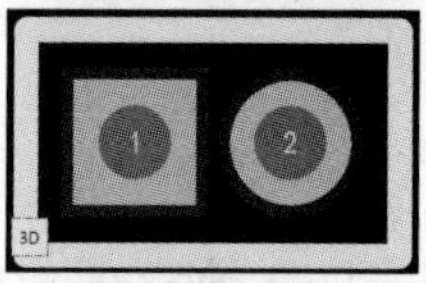
21	MHDR2X3	MHDR2X3	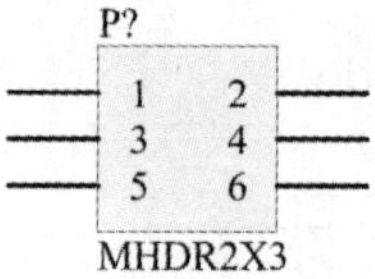	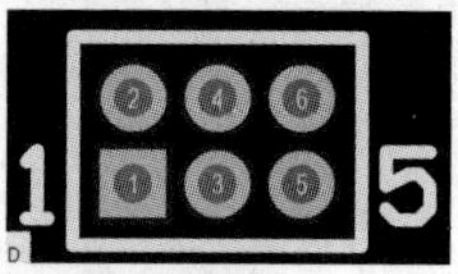
22	MOSFET-P3	T05B	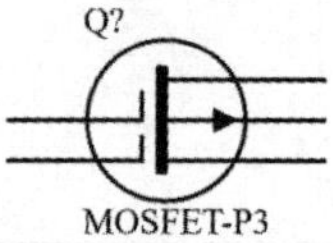	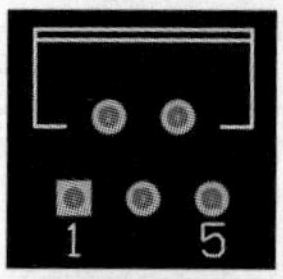
23	Motor Step	DIP-6	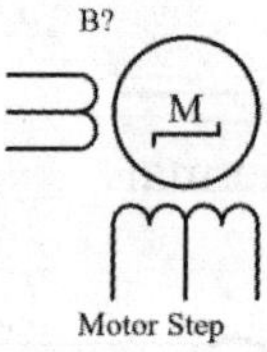	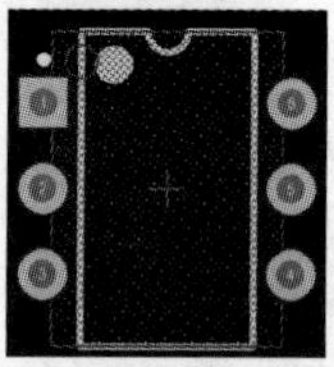
24	Motor Servo	RAD-0.4	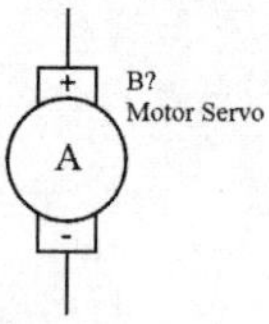	
25	NPN	TO-226-AA		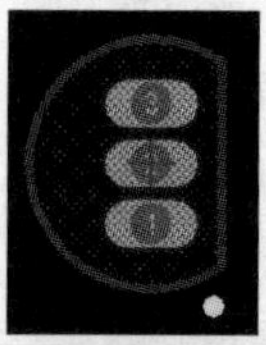
26	PNP	SOT_23B_N	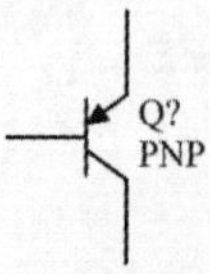	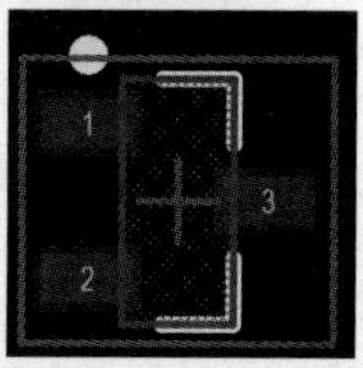

续表

序号	元件名称	封装名称	原理图符号	PCB 封装形式
27	Op Amp	H-08A	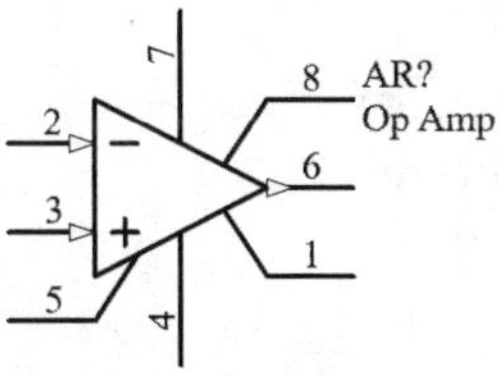	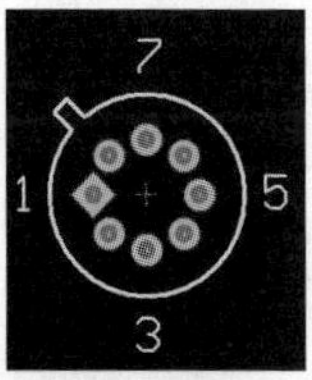
28	Optoisolator2	SOP5（6）	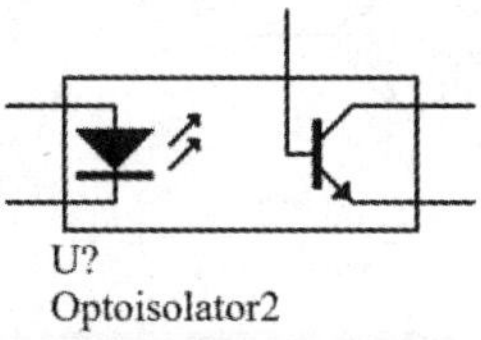	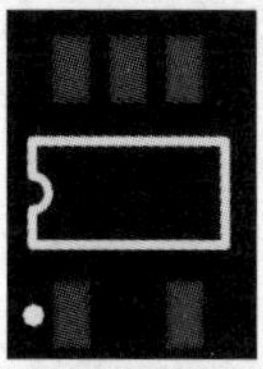
29	Phonejack2	JACK/6-V2	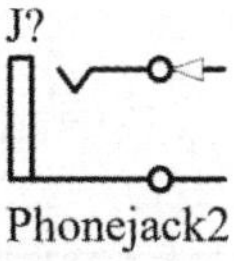	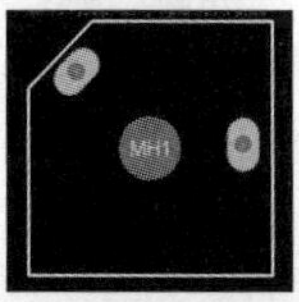
30	Photo Sen	PIN2	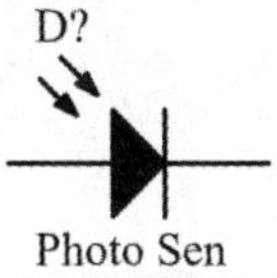	
31	Photo NPN	TO-220_A	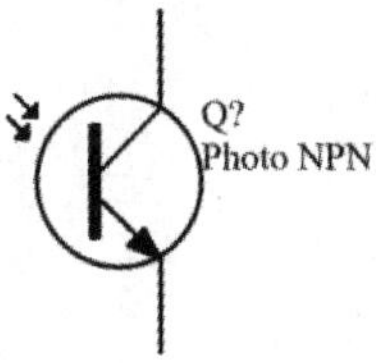	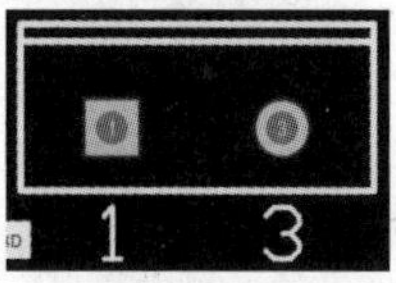
32	Relay	MODULE5B	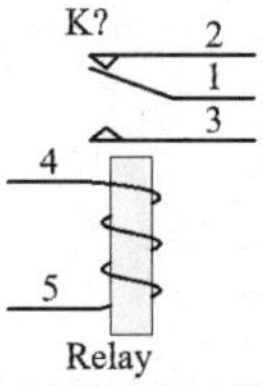	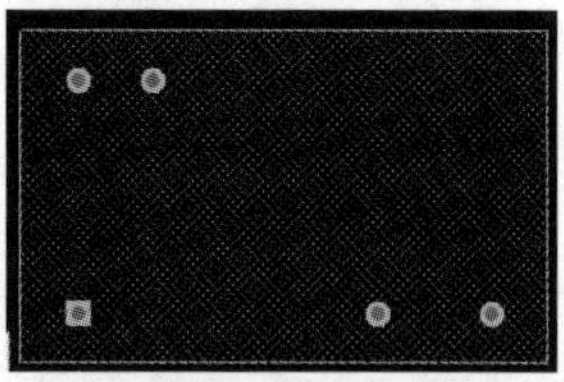
33	Relay-SPST	MODULE4	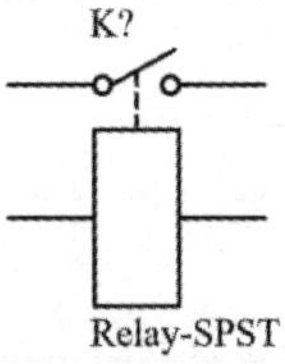	
34	Res1	AXIAL-0.3	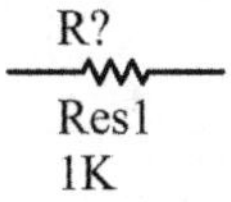	

续表

序号	元件名称	封装名称	原理图符号	PCB 封装形式
35	Res Adj2	AXIAL-0.6	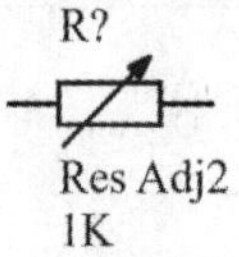	
36	Res Bridge	P04A	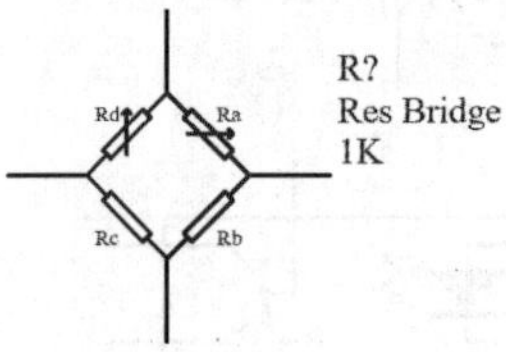	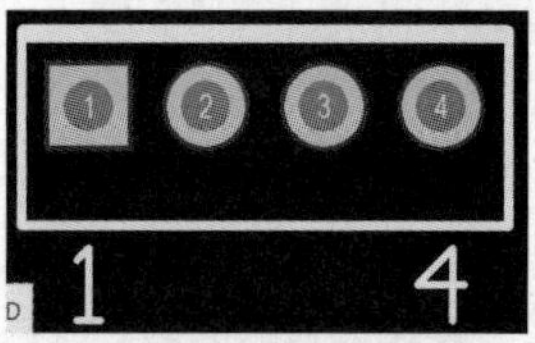
37	RPot	VR5	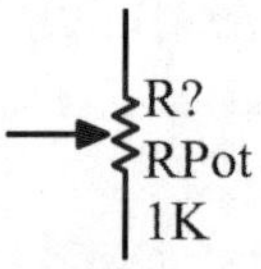	
38	SCR	TO-220-AB	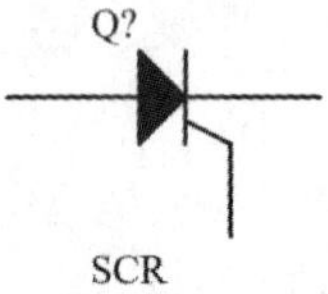	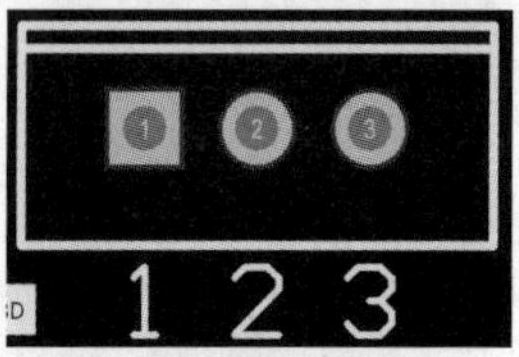
39	Speaker	PIN2		
40	SW-PB	SPST-2		
41	SW-DIP4	DIP-8	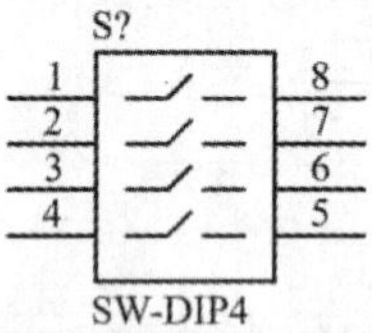	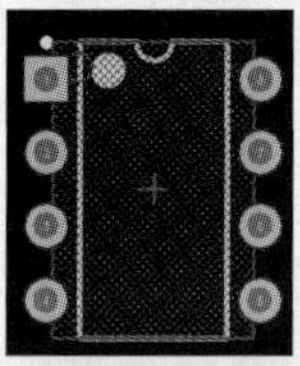
42	SW-SPST	SPST-2	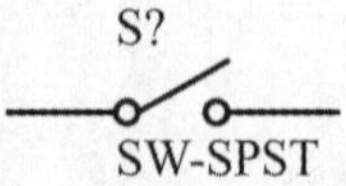	
43	Trans	TRANS	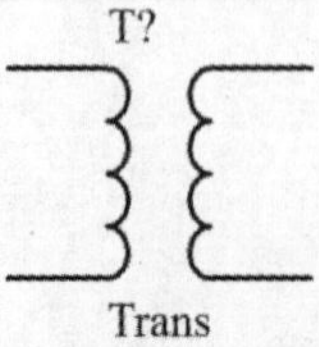	

续表

序号	元件名称	封装名称	原理图符号	PCB 封装形式
44	Trans CT	TRF_5	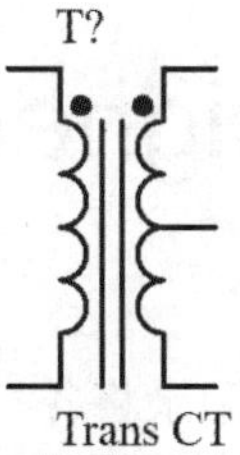	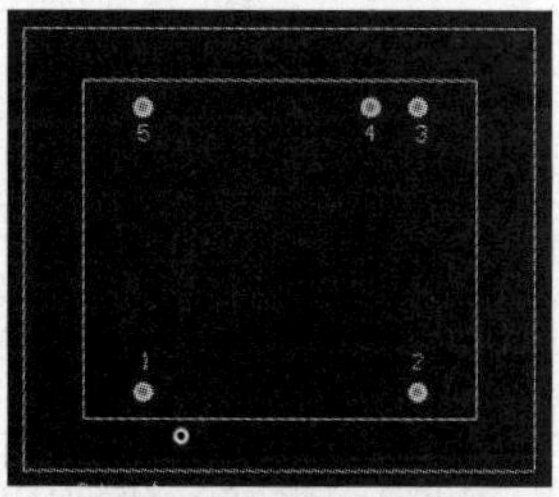
45	Triac	369-03	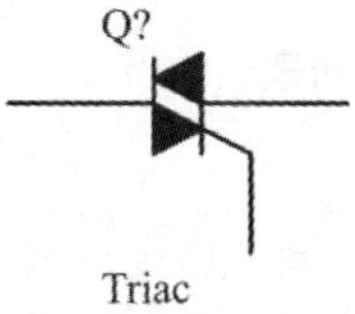	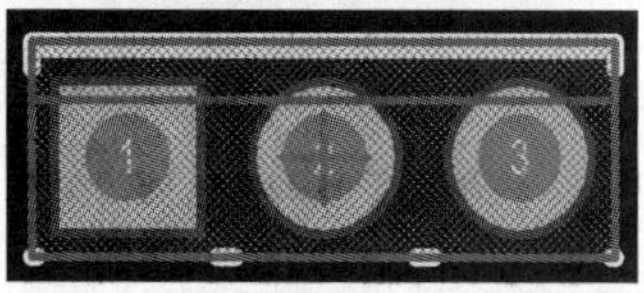

附录 B　Altium Designer 21 快捷操作

熟悉软件的快捷操作可以提高工作效率。本附录将各种设计领域中常用的默认快捷键整理在一起，供用户查阅。在使用快捷操作时，加号（+）表示按指示顺序在键盘上按住多个键。

1.　通用 Altium Designer 21 快捷操作列表

快捷操作	描述
F1	访问当前鼠标指针下资源的技术文档，特别是命令、对话框、面板和对象
F5	刷新活动文档（当该文档是基于 Web 的文档时）
F4	切换显示所有浮动面板
Ctrl+O	打开任何现有文档
Ctrl+S	保存活动文档
Ctrl+F4	关闭活动文档
Ctrl+P	打印活动文档
Alt+F4	退出 Altium Designer 21
Shift+F4	平铺所有打开的文档
移动面板时按住 Ctrl 键	防止自动对接、分组或捕捉

2.　通用编辑器快捷操作列表

快捷操作	描述	快捷操作	描述
Ctrl+C	复制	Delete	删除
Ctrl+X	剪切	Ctrl+Z	撤销
Ctrl+V	粘贴	Ctrl+Y	重做

3.　原理图/原理图库编辑器快捷操作列表

快捷操作	描述
Ctrl+F	查找文本
Ctrl+H	查找并替换文本
Ctrl+A	全选
Space	逆时针旋转 90°
Shift+F	访问“查找相似对象”功能（单击要用作基础模板的对象）
PageUp	相对于当前鼠标指针位置放大
PageDown	相对于当前鼠标指针位置缩小

续表

快捷操作	描述
单击	选择/取消选择鼠标指针下当前的对象
双击	修改当前鼠标指针下对象的属性
F5	打开或关闭 Net Color Override（网络颜色覆盖）功能
F11	打开或关闭【Properties】面板
Shift+E	打开或关闭电气栅格
G	向前循环预定义的捕捉网格设置
Ctrl+M	测量活动原理图文档上两点之间的距离
Alt＋单击网络	高亮显示网络
Shift+C	清除当前应用于活动文档的过滤器
Shift+Ctrl+L	按左边对齐选定的对象
Shift+Ctrl+R	按右边对齐选定的对象
Shift+Ctrl+T	按上边缘对齐选定的对象
Shift+Ctrl+B	按下边缘对齐选定的对象
Shift+Ctrl+H	使所选对象的水平间距相等

4. PCB/PCB 元件库编辑器快捷操作列表

快捷操作	描述
Ctrl+A	选择当前文档中的所有对象
Ctrl+R	复制所选对象并在工作区中需要的位置重复粘贴
Ctrl+H	选择连接到同一根铜线的所有电气对象
1	将 PCB 编辑区切换到 Board Planning Mode（板框设置模式）
2	将 PCB 编辑区切换到二维布局模式
3	将 PCB 编辑区切换到三维布局模式
PageUp	相对于当前鼠标指针位置放大
PageDown	相对于当前鼠标指针位置缩小
F5	打开或关闭 Net Color Override（网络颜色覆盖）功能
Q	在公制（mm）和英制（mil）之间切换当前文档的测量单位
L	访问【View Configuration】面板的【Layers&Colors】选项卡，用户可以在其中配置 PCB 的图层和给这些图层设置颜色
Ctrl+ D	访问【View Configuration】面板的【View Options】选项卡，用户可以在其中配置用于显示编辑区中每个设计项的模式
F11	打开或关闭【Properties】面板
单击	选择/取消选择鼠标指针下当前的对象
双击	修改当前鼠标指针下对象的属性

续表

快捷操作	描述
Ctrl＋单击	在网络对象上突出显示整个布线网络，即高亮显示
Ctrl+G	访问当前鼠标指针下的捕捉网格的【Cartesian Grid Editor[mil]】对话框
Shift+A	ActiveRoute 选定的连接
Ctrl+M	测量并显示当前文档中任意两点之间的距离
Shift+Ctrl+L	按左边对齐选定的对象
Shift+Ctrl+R	按右边对齐选定的对象
Shift+Curl+T	按上边缘对齐选定的对象
Shift+Ctrl+B	按下边缘对齐选定的对象
Shift+Ctrl+H	使所选对象的水平间距相等
Shift+Ctrl+V	使所选对象的垂直间距相等
＋（在数字小键盘上）	切换到下一个启用的图层
－（在数字小键盘上）	切换到先前启用的图层
Shift+S	循环切换可用的单层查看模式